파이썬과 케라스로 배우는

강화학습

개정판
—
텐서플로 2.0 반영

내 손으로 직접 구현하는 게임 인공지능

[예제파일 다운로드]

https://wikibook.co.kr/rlrev

https://github.com/rlcode/reinforcement-learning-kr-v2

파이썬과 케라스로 배우는 강화학습

개정판 — 텐서플로 2.0 반영

내 손으로 직접 구현하는 게임 인공지능

지은이 이웅원, 양혁렬, 김건우, 이영무, 이의령

펴낸이 박찬규 엮은이 이대엽 디자인 북누리 표지디자인 아로와 & 아로와나

펴낸곳 위키북스 전화 031-955-3658, 3659 팩스 031-955-3660

주소 경기도 파주시 문발로 115 세종출판벤처타운 311호

가격 28,000 페이지 380 책규격 175 x 235mm

1쇄 발행 2020년 04월 07일

2쇄 발행 2021년 04월 15일

ISBN 979-11-5839-201-7 (93500)

등록번호 제406-2006-000036호 등록일자 2006년 05월 19일

홈페이지 wikibook.co.kr 전자우편 wikibook@wikibook.co.kr

이 도서의 국립중앙도서관 출판시도서목록 CIP는

서지정보유통지원시스템 홈페이지(http://seoji.nl.go.kr)와

국가자료공동목록시스템(http://www.nl.go.kr/kolisnet)에서 이용하실 수 있습니다.

CIP제어번호 CIP2020012897

파이썬과
케라스로 배우는
강화학습

내 손으로
직접
구현하는
게임
인공지능

이웅원, 양혁렬,
김건우, 이영무,
이의령 지음

개정판
—
텐서플로 2.0
반영

위키북스

서문

2016년 3월, 세계적인 이벤트가 벌어졌습니다. 남녀노소를 불문하고 전 세계인의 관심이 쏠린 이 사건은 바로 구글 딥마인드의 컴퓨터 바둑 인공지능 프로그램인 알파고와 한국의 프로기사 이세돌 9단의 바둑 대국입니다.

수많은 전문가와 대부분의 사람은 당연히 이세돌이 이길 것이라 예상했습니다. 이세돌이 질 것이라는 생각보다는 '이세돌을 상대로 알파고가 얼마나 잘 버틸까'가 중요한 관심사였습니다. 하지만 모두의 예상과는 다르게 알파고는 당당하게 세계 정상급 프로기사에게 4:1, 5전 3선승으로 승리했습니다.

알파고와 이세돌의 경기 이후로 빠르게 인공지능에 대한 관심이 전 세계로 퍼졌습니다. 인공지능에 관심이 없던 사람들도 관심을 가지기 시작했고 많은 사람이 인공지능을 공부하기 시작했습니다. 그중에서 가장 많은 인기를 끌게 된 분야는 딥러닝입니다.

딥러닝은 사람의 뇌를 간단하게 모방한 인공신경망을 이용한 학습 방법입니다. 딥러닝은 주로 시각에 관련된 데이터를 처리하는 데 탁월한 성능을 자랑합니다. 딥러닝의 무한한 가능성을 기대하며 국내에서도 많은 사람이 딥러닝을 공부하기 시작했습니다.

이세돌 9단을 이겼던 알파고는 딥러닝만으로 만들어진 결과가 아닙니다. 알파고는 바둑의 규칙을 모르지만 직접 바둑을 두면서 어떻게 해야 상대방을 이길 수 있는지를 학습했습니다. 이처럼 알파고가 바둑의 규칙을 모르지만 학습할 수 있었던 것은 강화학습이라는 방법을 사용했기 때문입니다.

강화학습의 아이디어는 간단합니다. 하지만 이 간단한 아이디어를 구체화하고 현실화하기는 쉽지 않습니다. 처음 강화학습을 접하는 사람이 실제로 강화학습을 구현하려면 많은 시간과 노력이 필요합니다. 강화학습 이론 자체가 처음 공부하는 사람에게 생소하고 현재로서는 강화학습을 쉽게 설명하는 자료를 찾기 힘들기 때문입니다.

강화학습 이론을 이해했더라도 이론 자체만 알기 때문에 코드로 구현하려면 어떠한 구조로 강화학습을 구현해야 하는지 알기 어렵습니다. 만일 강화학습의 구현에 대해 알려줄 수 있는 쉬운 예제가 있다면 어느 정도 해결됐겠지만 그러한 예제는 찾기 어렵습니다. 또한 최근 대부분의 강화학습 알고리즘은 딥러닝을 사용하기 때문에 사실상 강화학습을 구현하려면 딥러닝도 알아야 한다는 부담이 있습니다.

서문

제가 처음 강화학습을 공부하기 시작한 건 '모두의연구소'의 강화학습 스터디에서였습니다. 우연치 않게 접한 강화학습이 생각보다 재미있어서 스터디 교재와 영어 강의를 통해 열심히 공부했습니다. 스터디가 끝날 즈음에 '그동안 강화학습에 대해 이해했던 내용을 정리해야겠다'라는 생각을 했습니다.

깃북이라는 플랫폼을 통해 작성한 180페이지 정도의 강화학습 자료를 만들고 나서 이 자료가 많은 사람들에게 도움될 수 있다는 사실을 깨닫게 됐습니다. 깃북을 보고 모인 4명과 함께 RLCode(Reinforcement Learning Code)라는 팀을 만들어 함께 강화학습과 관련된 코드를 작성했습니다. 그러면서 자연스레 이론과 구현은 전혀 다른 문제라는 것을 알게 됐습니다.

이론만 설명했던 반쪽짜리 지침서인 깃북을 넘어서 '이론부터 구현까지 알려줄 수 있는 지침서를 만들어야겠다'라는 생각을 했습니다. 시작하기 전에 "이 지침서가 진짜 필요한 것일까?", "그렇다면 왜 나여야만 하는가?"라는 질문을 스스로에게 해봤습니다. 해답은 깃북을 읽은 분들에게 있었습니다. 현재 9만 뷰가 넘어가는 반쪽짜리 지침서가 충분한 수요가 있다는 것과 제가 해야 한다는 것을 이야기해줬습니다.

처음 위키북스 박찬규 대표님을 만나고 6개월 뒤 이렇게 독자분들의 손에 RLCode의 책이 전해진다고 생각하니 가슴이 벅찹니다. 6개월 동안 크고 작은 문제를 해결하고 각자 본업이 있음에도 아낌없이 시간을 투자해준 RLCode의 멤버 이영무, 이의령, 양혁렬, 김건우 님에게 큰 감사를 드립니다. 그리고 필요할 때마다 여러 방면으로 도움을 주신 위키북스 출판사가 없었다면 저자가 되고 싶다는 저의 꿈을 이루지 못했을 겁니다.

저를 이 자리에 있게 하고 항상 믿어주시며 지원을 아끼지 않으신 부모님께 이 책을 바칩니다. 마지막으로 이 책의 표지가 '개'인 이유는 개는 시각장애인에게는 눈이 되어주고 청각장애인에게는 귀가 되어주기 때문입니다. 이 책 표지의 개처럼 인공지능이 사람에게 도움이 되는 방향으로 발전하기를 바랍니다.

RLCode 팀 리더
이웅원

개정판 서문

2016년에 우연히 강화학습을 접한 뒤 스스로 공부한 내용을 책으로 낼 수 있었던 건 뜻깊은 경험이었습니다. 누군가 공부한 내용이 다른 사람에게 도움이 될 수 있다는 사실에 보람을 많이 느꼈습니다. 2017년 여름에 처음 책을 출간한 뒤로 많은 분들이 이 책을 보셨습니다. 조금이나마 한국에서 강화학습을 공부하시는 분들과 커뮤니티의 발전에 도움이 되었다고 생각하니 기쁩니다.

2016년에 제가 처음 강화학습을 공부할 때는 대부분의 사람들이 텐서플로를 사용했습니다. 2017년이 되자 케라스, 파이토치 같은 간결하고 쉬운 프레임워크를 사용하는 분들이 많아졌습니다. 딥러닝 분야는 하루가 다르게 빠르게 발전하며 그에 따라 딥러닝과 관련된 도구들도 정말 빠르게 변화합니다. 2020년 현재, 텐서플로는 텐서플로 2.0을 출시하면서 또 한 번 큰 변화를 맞이했습니다.

《파이썬과 케라스로 배우는 강화학습》의 예제에서 케라스를 사용하기로 한 것은 독자분들이 좀 더 수월하게 강화학습을 시작할 수 있도록 돕기 위해서였습니다. 하지만 실제로 딥러닝이 서비스에 적용되는 현장에서는 텐서플로가 압도적으로 많이 사용됩니다. 텐서플로 2.0부터는 활용도가 높은 텐서플로에 케라스가 포함되었습니다. 따라서 현재 시점에서 강화학습을 공부하는 분들이 텐서플로 2.0으로 예제를 접할 수 있게 하는 것에 책임감을 느꼈습니다.

이 책의 예제를 케라스에서 텐서플로 2.0으로 업데이트하면서 미숙했던 이론과 코드 설명 또한 함께 수정했습니다. 책을 출간하는 과정도 쉽지 않지만 이렇게 개정판을 내는 과정 또한 쉽지 않습니다. 그러한 어려운 일을 묵묵히 함께해준 공동 저자 양혁렬 님께 감사드립니다. 또한 개정판 작업을 하는 과정을 아낌없이 지원해주신 위키북스 출판사에 감사의 말씀을 드립니다. 강화학습을 공부하는 것이 쉽지 않지만 강화학습이 인공지능의 미래라고 생각합니다. 함께 인공지능의 미래를 개척해나가요!

RLCode 팀 리더
이웅원

추천사

카카오브레인
AI 연구 총괄
김남주

2016년 초 이세돌 사범과 알파고의 바둑 대결은 우리 사회에 큰 충격을 주었습니다. 이세돌 사범이 이길 것이라는 대부분 전문가의 예상을 뒤집고 알파고라는 인공지능이 4:1로 승리했고 인간은 1승을 거두는데 위안을 삼아야 했습니다. 이후, 2017년 6월에 있었던 알파고2와 중국의 커제 9단의 대결에서는 인간이 한판도 이기지 못했으니, 이세돌 사범의 1승은 알파고와의 정식 대국에서 인간이 거둔 유일한 승리로 남게 되었습니다(커제 9단과의 대결 이후 알파고는 은퇴했습니다).

알파고 이후 강화학습은 일반인도 많이 들어봤을 만큼 인기 있는 기계학습 알고리즘으로 유명해졌고, 최근에는 실제 인공지능 연구에 있어 지도학습과 함께 약방의 감초처럼 사용되는 기본 기술로 자리 잡게 되었습니다.

하지만, 막상 강화학습을 배우려는 학생과 엔지니어들이 강화학습을 쉽게 공부할 수 있는 방법은 거의 없고, 한글로 된 자료나 책은 거의 전무하다고 할 수 있습니다. 저도 2년 전 영어로 된 Sutton 교수의 강화학습 입문책과 딥마인드 Silver의 강연자료를 보고 공부하느라 고생했던 기억이 납니다.

이런 상황에서 귀중한 시간을 할애해 쉽게 강화학습을 배울 수 있도록 책을 쓴 저자들에게 감사한 마음을 전하고 싶습니다. 〈파이썬과 케라스로 배우는 강화학습〉은 이웅원, 양혁렬, 김건우, 이영무, 이의령 다섯 분이 함께 강화학습을 공부한 경험을 바탕으로 저술되었기 때문에 강화학습을 공부하는 데 필요한 실질적이고 생생한 정보들을 제공하고 있습니다.

〈파이썬과 케라스로 배우는 강화학습〉은 강화학습 초보자들도 재미있게 입문할 수 있도록 강화학습의 역사와 배경을 설명하는 것으로 시작하였고, 간략한 이론 설명과 함께 실제로 돌아가는 풍부한 파이썬 예제를 통해 새로운 개념과 주제들을 쉽고 재미있게 소개해 나갑니다. 그렇다고 〈파이썬과 케라스로 배우는 강화학습〉이 단순한 입문서만은 아닙니다. 책 후반부에는 A3C와 같이 실제 연구에 사용되는 최신 강화학습 기법도 다룹니다. 따라서, 누구든 〈파이썬과 케라스로 배우는 강화학습〉을 충실하게 공부한다면 카카오브레인의 연구원들처럼 능숙하게 강화학습을 다룰 수 있게 될 것으로 저는 기대합니다. 또한 책에 소개된 모든 예제 코드들을 Github를 통해 공개하여 현장의 실무자들도 쉽게 참조하고 현업에 사용할 수 있게 배려해 주었습니다.

강화학습은 이미 실전에서 보편적으로 사용되는 기술이고, 더 이상 어려운 기술이 아닙니다.

〈파이썬과 케라스로 배우는 강화학습〉 덕분에 국내에서도 강화학습을 쉽게 다루는 학생과 엔지니어들이 많이 늘어나기를 희망하며, 이런 기회를 만들어 준 이웅원, 양혁렬, 김건우, 이영무, 이의령 다섯 분에게 다시 한 번 감사의 말씀을 드립니다.

추천사

경쟁이 아닌 상생의 힘을 믿는
모두의연구소 연구소장

김승일

이제 우리나라에서도 딥러닝 분야의 훌륭한 연구원과 개발자가 늘어나고, 이에 대한 연구 결과물도 그 수준이 매우 높아지고 있습니다. 하지만 아직도 강화학습 분야는 많은 분들이 시작하기 어려워하고 있습니다. 그 이유 중 하나는 아마도 쉽게 접할 수 있는 자료가 부족했기 때문일 것입니다.

이 책은 초보자도 쉽게 볼 수 있도록 MDP와 Bellman Equation과 같은 기본 개념부터 시작해서, Dynamic Programming, Monte Carlo Prediction, SARSA, Q-Learning, Actor-Critic 등 다양한 강화학습 알고리즘을 다양한 비유를 통해 매우 쉽게 설명하고 있습니다. 그리고 딥러닝을 강화학습에 접목한 Deep SARSA, Deep Q Networks, A3C도 다루고 있어, 강화학습의 고전적인 이론뿐 아니라 최근의 연구 결과까지 이 한 권의 책으로 엮어 내고 있습니다. 또한 초보자도 쉽게 접할 수 있는 파이썬과 케라스를 통해 각 알고리즘을 구현하고, 아타리 게임이나 OpenAI Gym 시뮬레이션 환경에서 알고리즘의 성능을 테스트해볼 수 있어서 지루하지 않게 강화학습을 배울 수 있을 것입니다.

번역본이 아닌 5명의 저자가 직접 집필한 강화학습 책이 나왔다는 것은 정말 환영할 만한 일입니다. 특히 관련 분야를 전공으로 한 연구원들도 쓰기 어려운 강화학습 책을 학부생 5명이 이렇게 놀라울 정도의 완성도 있는 내용으로 집필했다는 점이 저자들의 노력을 짐작하게 하고도 남으며, 무엇보다도 독자에게 큰 도움이 될 것입니다.

우리는 공유와 상생보다는 경쟁과 1등 문화에 익숙합니다. 그러나 인공지능 기반 기술은 경쟁하는 사회에서는 절대 발전할 수 없습니다. 이웅원 연구원은 이미 강화학습과 관련해서 전자책을 공개한 적이 있고, 본 책의 모든 코드는 깃허브를 통해 누구나 접근할 수 있습니다. 이 책을 읽는 독자도 본인의 지식을 다른 분들에게 나눠준다면 우리나라에서도 강화학습과 관련된 훌륭한 연구 결과물을 산출할 수 있지 않을까 합니다. 이 책을 시작으로 독자 여러분도 경쟁이 아닌 상생의 힘을 보여주기를 희망합니다.

추천사

빅뱅엔젤스 매니징파트너
루닛 Advisor
정지훈

인공지능 열풍이 뜨겁다. 그중에서도 딥마인드의 알파고를 통해 잘 알려진 강화학습은 앞으로 미래의 다양한 범용적인 문제를 해결하는 데 가장 중요한 역할을 할 것으로 기대되는 기술이다. 이런 강화학습과 관련해서 이 책은 쉬우면서도 다양한 문제를 직접 해결할 수 있는 길잡이 역할을 하게 될 것이다. 또 한 가지 이 책의 장점은 책에서 소개하는 다양한 예제들을 직접 github를 통해 접하고, 사용할 수 있다는 점이다. 향후 기술 발전으로 달라지는 내용이 생기더라도 그에 맞추어 예제들이 업데이트된다는 측면에서도 현재의 빠르게 발전하는 강화학습을 공부하는 데 많은 도움이 될 것이다.

마지막으로 이 책을 공동 집필한 모두의연구소에 대해서 한마디 하고 싶다. 과거 연구는 대학에서 전문연구자들만 하는 것으로 생각했었다. 그렇지만, 실제 이런 교육을 모두 마치고 연구자의 소양을 갖춘 수많은 사람들이 여러 기업에서 일하고 있다. 이들에게 연구에 대한 열망이 없을까? 그렇지 않다. 다만 기회가 주어지지 않았을 뿐... 이런 역량을 가진 많은 연구자들이 자발적으로 모여서 공동으로 연구를 진행하고, 연구 결과를 정리하며, 심지어 이렇게 좋은 책까지 발행하게 된 그 사실 자체가 우리 사회의 강화학습의 증거가 아닐까 싶다. 앞으로도 더 좋은 연구와 교육활동을 기대한다.

세상을 이롭게 하기위한 인공지능 연구소 THE ZILI

강은숙 님

강화학습 교재인 리처드 S. 서튼(Richard S. Sutton)의 책으로 공부할 때 겪었던 어려움을 이 책이 해결해줬습니다. 이 책은 이론과 코드라는 두 마리 토끼를 다 잡을 수 있게 구성돼 있습니다. 그리고 기술적인 용어에 대해 상황과 예시를 들어 이야기하듯 설명하고 있어서 부담 없이 술술 읽혀 이해가 잘 되는 부분이 좋았습니다.

여러 가지 수식과 기술적인 용어가 많은데, 이 책은 강화학습 수식을 처음 접하는 사람도 어려움을 느끼지 않도록 설명하고 정리해서 이론을 공부하는 데 많은 도움이 됐습니다. 이 책은 이론을 학습하고 난 뒤 그 이론을 코드로 직접 구현해보는 형식입니다. 이론에 대해 이해한 내용을 코드로 확인할 수 있어서 체계적으로 강화학습을 공부할 수 있습니다.

연세대학교 머신러닝 및 제어시스템 연구실
김명회 님

강화학습을 처음 공부하면서 여러 가지 강의를 접했는데 하나같이 이론 위주의 어려운 내용으로 돼 있어서 진입장벽이 높았습니다. 하지만 이 책은 그 진입장벽을 낮춰줬습니다. 또한 이론을 배움과 동시에 실제로 예제로 구현해볼 수 있어서 좋았습니다. 특히 어떤 이론을 배우고 그 이론을 바로 예제로 실습할 수 있어서 강화학습을 이해하는 데 도움됐습니다.

전 세계의 유명한 강화학습 강의 내용도 이 책에 골고루 쉽게 녹아 있어서 그러한 강의를 듣기 전에 읽어 보기에도 좋을 것 같습니다. 국내에는 특히 강화학습이나 여타 인공지능에 관한 초보자용 지침서가 아직 많이 부족한데 저 같은 초심자분들에게 이 책을 강력하게 추천합니다!

페이스북 그룹 PyTorch KR 운영자

조재민 님

이 책을 보면서 암이 나았습니다! 강화학습에 관심을 두고 공부를 시작할 때 슬프게도 한글 자료는 단 하나도 찾을 수 없었습니다. 어쩔 수 없이 유명한 영어 강의인 Udacity 강의와 데이비드 실버(David Silver)의 UCL 강의를 듣고 리처드 S. 서튼의 기본서를 참고해서 공부했습니다. 영어 사용자가 아니다 보니 새로운 단어나 개념이 등장하면 그 의미를 쉽게 파악하기 힘들었습니다. 또한 대부분의 강화학습 자료에서는 알고리즘이 의사코드(pseudocode)로만 간략하게 설명돼 있어서 어떻게 구현해야 할지 감을 잡지 못했습니다.

이 책은 고맙게도 그 두 가지 고민을 모두 해결해줬습니다. 우선 각 개념에 대한 친절한 그림과 함께 매우 자세히 한글로 설명합니다. 또한 각 장에서 개념을 설명한 후에는 알고리즘을 구현한 파이썬 코드의 각 모듈이 어떤 역할을 하는지도 한글로 친절히 설명해줍니다. 게다가 A3C 등 기존 입문서에서 다루지 않는 최신 알고리즘과 그에 대한 구현까지 설명합니다. 따라서 강화학습을 공부하는 모든 분들에게 이 책을 추천합니다!

베타리더 후기

전북대학교 IT 응용시스템공학과
주찬웅 님

만약 스스로 학습해서 브레이크아웃을 마스터한 AI를 보고 딥러닝을 시작한 분이라면 이 책을 추천합니다. 그동안 국내에서는 한글로 돼 있는 강화학습 자료를 찾기 힘들었습니다. 이 책은 한글로 쓰여져 있으면서 전 세계적으로도 유일무이한 예제와 함께 강화학습을 배울 수 있는 책입니다. 일반적인 강화학습부터 딥러닝을 접목한 딥-강화학습(Deep Reinforcement Learning)까지 모두 다루고 있습니다.

수학을 잘 모르더라도 수식에 대한 친절한 설명 덕분에 전혀 거부감 없이 쉽게 이해할 수 있습니다. 만약 아직 딥러닝 기초를 잘 모르는 분이라면 딥러닝에 대한 다른 기초적인 강의를 보고 오는 것이 좋을 것 같습니다. 물론 이 책에도 기초적인 딥러닝 설명은 담겨 있지만 크게 비중을 두고 있는 것이 아니기 때문입니다.

페이스북 그룹 TensorFlow KR 운영자

최성준 님

현재 인공지능이라는 분야에서 절대 빼놓을 수 없는 강화학습이라는 분야를 한국말로 풀어서 쓴 책입니다. 대부분의 인공지능 서적이 외국 서적을 번역한 것인 데 반해 이 책은 처음부터 한국어로 쓰여졌기에 더욱 수월하게 읽을 수 있습니다. 하지만 개인적으로 이 책이 가진 가장 큰 장점은 저자들이 직접 작성한 코드와 그 상세한 설명에 있다고 생각합니다. 강화학습에 입문하는 분들에게 이 책은 최소 한 달 정도의 시간은 아껴줄 수 있을 것 같습니다.

01 부

강화학습 소개

02부 강화학습 기초

03부 강화학습 심화

이 책의 목표

이 책을 통해 독자분들이 얻을 수 있는 것은 두 가지입니다.

1. 최소한의 수식과 직관적인 그림을 통해 강화학습을 이해하는 것

강화학습의 여러 알고리즘은 수식을 바탕으로 하고 있습니다. 하지만 이 수식이 실제 학습과 어떤 식으로 연결되는지 이해하기란 쉽지 않습니다. 강화학습과 관련된 수식이 그 자체는 간결하지만 수식에 함축적으로 들어있는 의미가 많기 때문입니다. 하지만 기존의 강화학습 교재에서는 기본적인 수식들은 독자가 안다고 가정하고 설명하는 경우가 많습니다.

강화학습과 관련된 전반적인 내용을 잘 알지 못하면 수식만 봐서는 강화학습을 직관적으로 이해하기 힘듭니다. 뭔가를 배울 때 그림이 상당히 중요한데, 수식만으로는 이해할 수 없던 점들을 그림으로 해결할 수 있기 때문입니다. 수식의 내용을 그림으로 잘 표현한다면 독자들이 강화학습을 이해하기가 훨씬 더 수월할 것입니다.

충분한 설명과 함께 필요한 부분들을 그림으로 설명한다면 독자분들이 강화학습이라는 학문에 흥미를 느낄 수 있을 것이라 생각합니다. 강화학습에 대한 풍부한 이해를 얻고 싶은 사람에게는 다소 부족할 수도 있지만 많은 사람에게 이 책은 충분한 흥미와 도움을 줄 수 있을 것입니다.

2. 간단한 게임에 강화학습 이론을 직접 구현해보는 것

강화학습을 공부하면서 어려웠던 점 가운데 또 다른 하나는 직접 눈으로 컴퓨터가 학습하는 것을 보기가 어려웠다는 것입니다. 제가 대학교에서 전공을 공부하면서 어려웠던 점도 실제로 이론들이 어떻게 적용되는지를 알지 못했던 것입니다. 이것은 강화학습에서도 마찬가지입니다.

이론을 배우는 것에 그치는 것이 아니라 배운 이론으로 실제로 컴퓨터를 학습시켜본다면 어떨까요? 강화학습이 더 재미있게 독자분들에게 다가갈 수 있을 것입니다. 이 책을 통해 독자들은 간단한 게임에서 강화학습을 직접 구현할 수 있습니다. 그로 인해 강화학습의 이론을 더욱 잘 이해할 수 있으며 실제로 구현할 때 어떤 점들을 고려해야 하는지 알게 될 것입니다.

이 책의 구성

이 책은 크게 '강화학습 소개', '강화학습 기초', '강화학습 심화'로 구성돼 있습니다.

1부 '강화학습 소개'에서는 강화학습의 개론적인 이야기와 간단한 예시를 통해 강화학습을 소개합니다.

1장 '강화학습 개요'에서는 강화학습이 무엇인지 알아보고 어떤 종류가 있는지, 그리고 강화학습이 적용된 예시를 통해 강화학습을 통해 컴퓨터가 학습하는 전체적인 과정을 간략하게 설명합니다.

2부 '강화학습 기초'에서는 강화학습의 바탕이 되는 이론과 수식을 살펴봅니다. 그리고 그리드월드라는 예제를 통해 강화학습의 기본적인 알고리즘을 살펴보고 직접 코드로 실습합니다.

2장 '강화학습 기초 1: MDP와 벨만 방정식'에서는 강화학습을 배우기 위한 기초를 다룹니다. 우선 강화학습 문제를 MDP를 통해 수학적으로 정의하고 가치함수라는 개념을 다룹니다. 그리고 강화학습에서 중요한 부분을 차지하는 벨만 방정식을 소개합니다. 또한 가치함수와 비슷하지만 이후에 가치함수를 대체해서 사용할 큐함수에 대해 설명합니다.

3장 '강화학습 기초 2: 그리드월드와 다이내믹 프로그래밍'에서는 강화학습의 기초에 대해 알기 위해 그리드월드라는 간단한 예제를 소개합니다. 이 예제를 통해 강화학습의 많은 부분을 공유하는 다이내믹 프로그래밍에 대해 알아봅니다. 또한 실습을 통해 다이내믹 프로그래밍의 이론뿐 아니라 어떻게 구현해야 하는지도 알 수 있습니다.

4장 '강화학습 기초 3: 그리드월드와 큐러닝'에서는 3장에서 살펴본 다이내믹 프로그래밍의 한계를 살펴보고 그리드월드 예제에 강화학습 알고리즘을 적용해봅니다. 다이내믹 프로그래밍과 강화학습의 차이를 살펴본 이후에 고전적인 강화학습 알고리즘인 몬테카를로, 살사, 큐러닝을 살펴보고 그리드월드 예제를 통해 실습해봅니다.

3부 '강화학습 심화'에서는 그리드월드 예제를 변형시켜서 기존 강화학습 알고리즘의 한계를 알아봅니다. 에이전트가 차원이 높고 복잡한 상태 공간에서 학습하기 위해 근사함수를 사용합니다. 근사함수를 사용한 알고리즘으로 딥살사, REINFORCE, DQN, 액터-크리틱을 살펴봅니다.

5장 '강화학습 심화 1: 그리드월드와 근사함수'에서는 그리드월드의 환경이 시간에 따라 변하도록 만듭니다. 이러한 환경에 강화학습을 적용하기 위한 근사함수의 역할을 하는 인공신경망의 개념을 살펴봅니다. 그리고 인공신경망을 구현하는 데 필요한 케라스의 기본적인 사용법을 살펴봅니다. 그리고 강화학습에 인공신경망을 결합한 딥살사와 REINFORCE를 코드로 실습합니다.

6장 '강화학습 심화 2: 카트폴'에서는 오픈에이아이 짐의 가장 기본 예제인 카트폴을 소개합니다. 카트폴 예제에 딥마인드의 유명한 알고리즘인 DQN을 적용해 봅니다. 그리고 REINFORCE와 달리 매 타임스텝마다 학습할 수 있는 액터-크리틱 알고리즘의 이론을 배우고 코드를 통해 실습합니다. 이어서, 연속적 행동을 액터-크리틱 알고리즘을 통해 처리할 수 있는 방법에 대해서도 살펴봅니다.

7장 '강화학습 심화 3: 아타리'에서는 아타리 사의 유명한 게임인 브레이크아웃에 강화학습을 적용해 봅니다. 게임 화면을 상태로 받아오기 위한 컨볼루션 인공신경망의 개념을 살펴보고 컨볼루션 인공신경망을 사용한 DQN을 코드로 실습합니다. 그리고 하나의 에이전트가 아닌 여러 에이전트를 통해 학습하는 액터-크리틱인 A3C 알고리즘을 브레이크아웃에 적용해봅니다.

이 책의 예제 코드

이 책의 코드는 https://github.com/rlcode/reinforcement-learning-kr-v2에서 내려받을 수 있습니다.

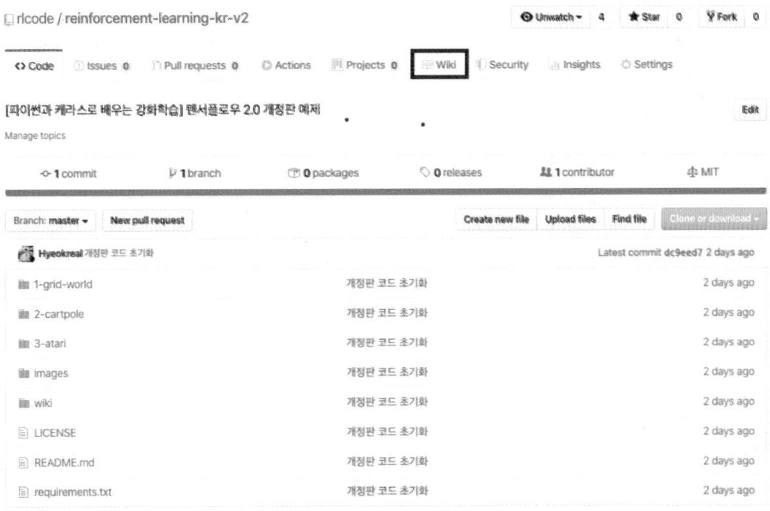

그림 0.1 rlcode 깃허브 저장소

코드를 실행하는 데 필요한 설치와 관련된 내용은 wiki 폴더에 들어있습니다. 그림 0.1 캡처화면에서 보는 것처럼 상단 탭에서 wiki 버튼을 클릭하면 확인할 수 있습니다. 이 책의 코드는 파이썬 3.6 버전으로 작성됐으며, 설치 환경은 윈도우10, 리눅스, 맥 OS에 대해 테스트하였습니다.

1부

강화학습 소개

1장

강화학습 개요

모든 학문은 저마다 뿌리를 가지고 있습니다. 강화학습 또한 마찬가지입니다. 다른 머신러닝 분야가 그러하듯 강화학습의 시작도 20세기로 거슬러 올라갑니다. 행동심리학에서 행해진 실험에서 "강화"라는 개념이 등장했습니다. 머신러닝 분야의 연구자들은 이 개념을 컴퓨터의 학습에 도입했습니다.

행동심리학과 머신러닝에 뿌리를 둔 강화학습에 대해 공부하려면 강화학습이 풀려고 하는 문제에 대해 정의를 먼저 해야 합니다. 강화학습은 다른 머신러닝 분야와 다르게 순차적으로 행동을 결정해야 하는 문제를 다룹니다. 이러한 문제를 컴퓨터가 풀기 위해서는 문제를 수학적으로 잘 정의해야 합니다.

1장에서는 강화학습의 개념과 강화학습 문제의 정의를 살펴보겠습니다. 그리고 아타리 게임 중 하나인 브레이크아웃을 통해 강화학습의 전반적인 흐름을 살펴보겠습니다.

강화학습의 개념

스키너의 강화 연구

강화학습 Reinforcement Learning 의 개념을 이해하려면 행동심리학과 강화학습 그리고 머신러닝 Machine Learning 과 강화학습의 연관성에 대해 알아야 합니다. 행동심리학에서 "강화 Reinforcement "라는 개념은 상당히 보편적으로 알려진 개념입니다. 강화는 동물이 "시행착오 Trial and Error "를 통해 학습하는 방법 중 하나입니다. 강화라는 개념을 처음으로 제시한 것은 스키너 Skinner 라는 행동심리학자입니다.

행동심리학에는 시행착오 학습이라는 개념이 있습니다. 시행착오 학습은 동물들이 이것저것 시도해보면서 그 결과를 통해 학습하는 것을 말합니다. 스키너는 쥐 실험을 통해 동물이 행동과 그 결과 사이의 관계를 학습하는 것을 확인했습니다. 스키너는 상자 안에 굶긴 쥐를 집어넣고 그림 1.1과 같이 실험을 수행했습니다.

그림 1.1 스키너의 쥐 실험

1. 굶긴 쥐를 상자에 넣는다.
2. 쥐는 돌아다니다가 우연히 상자 안에 있는 지렛대를 누르게 된다.
3. 지렛대를 누르자 먹이가 나온다.
4. 지렛대를 누르는 행동과 먹이와의 상관관계를 모르는 쥐는 다시 돌아다닌다.
5. 그러다가 우연히 쥐가 다시 지렛대를 누르면 쥐는 이제 먹이와 지렛대 사이의 관계를 알게 되고 점점 지렛대를 자주 누르게 된다.
6. 이 과정을 반복하면서 쥐는 지렛대를 누르면 먹이를 먹을 수 있다는 것을 학습한다.[1]

즉, 강화라는 것은 동물이 이전에 배우지 않았지만 직접 시도하면서 행동과 그 결과로 나타나는 좋은 보상 사이의 상관관계를 학습하는 것입니다. 그러면서 동물이 좋은 보상을 얻게 해주는 행동을 점점 더 많이 하는 것을 말합니다.

강화의 핵심은 쥐가 점점 보상을 얻게 해주는 행동을 자주 한다는 것입니다. 이때 쥐는 페달을 밟을 때 먹이가 왜 나오는지에 대해 이해한 것이 아닙니다. 쥐는 페달을 밟았을 때 왜 먹이가 나오는지 모르지만 페달을 밟을 때마다 먹이가 나온다는 건 알게 됩니다. 따라서 이해는 못 하더라도 행동과 행동의 결과를 보상을 통해 연결할 수 있습니다.

우리 주변에서의 강화

강화는 행동심리학에서 연구됐던 분야지만 사실 강화라는 것은 우리에게 친숙한 개념입니다. 강화의 예시는 우리 자신에게서 쉽게 찾아볼 수 있습니다. 사람도 어떤 것을 처음 배울 때 그것에 대한 사전지식이 없는 경우가 많습니다. 아이가 첫걸음을 떼는 과정을 통해 강화에 대해 생각해보겠습니다.

1 https://ko.wikipedia.org/wiki/조작적_조건화

처음 걷는 것을 배울 때 아이는 지금까지 누구에게 걷는 것을 배운 적이 없지만 스스로 이것저것 시도해 보면서 걷습니다. 그러다가 우연히 걷게 되면 처음에는 자신이 하는 행동과 걷게 된다는 보상 사이의 연관관계를 몰라서 다시 넘어집니다. 하지만 시간이 지남에 따라 그 관계를 학습해서 결국 잘 걷습니다. 이렇게 사람과 동물에게 학습의 기본이 되는 강화라는 개념이 강화학습의 모티프가 된 것입니다.

머신러닝과 강화학습

강화학습을 정의하려면 행동심리학의 강화라는 개념 이외에 머신러닝을 알아야 합니다. 머신러닝은 인공지능의 한 범주로서 컴퓨터가 스스로 학습하게 하는 알고리즘을 개발하는 분야입니다. 1959년, 아서 사무엘은 머신러닝을 "기계가 일일이 코드로 명시하지 않은 동작을 데이터로부터 학습해서 실행할 수 있도록 하는 알고리즘을 개발하는 연구 분야"라고 정의했습니다. 즉, 미리 프로그램돼 있는 대로 작동하는 것이 아니고 주어진 데이터를 토대로 스스로 성능을 높여가는 것을 말합니다.

그림 1.2 머신러닝은 지도학습, 비지도학습, 강화학습으로 나뉜다

머신러닝은 그림 1.2와 같이 크게 세 가지로 나뉩니다. 바로 지도학습Supervised Learning과 비지도학습Unsupervised Learning, 강화학습입니다. 지도학습은 "정답"을 알고 있는 데이터를 이용해 컴퓨터를 학습시킵니다. 컴퓨터는 자신이 낸 답과 정답의 차이를 통해 지속해서 학습합니다.

정답이 있는 수학 문제를 푼다고 가정해봅시다. 사람이 처음 문제를 풀면 정답과 다른 값이 나올 것입니다. 그러면 문제를 푸는 사람은 자신이 낸 답과 정답의 차이를 보면서 자신의 오류를 고칠 수 있습니다. 이 과정을 반복한다면 결국 정확히 정답을 맞출 수 있습니다.

이 같은 방식으로 컴퓨터가 학습하는 것을 지도학습이라 하며, 회귀분석 Regression 과 분류 Classification 등 많은 머신러닝 기법들이 이 학습에 해당합니다. 지도학습은 딥러닝과도 깊은 연관관계가 있습니다. 딥러닝의 예로 가장 유명한 MNIST 예제는 손글씨로 쓴 숫자를 보고 어떤 숫자인지 맞추는 것입니다. 컴퓨터는 처음에 숫자를 틀리게 분류할 것입니다. 정답은 3인데 컴퓨터는 2라고 답을 내놓을 수 있습니다. 하지만 컴퓨터는 자신이 내놓은 답과 진짜 답 사이의 차이를 통해 반복적으로 학습합니다. 이렇게 할 경우 90% 이상의 정확도로 답을 맞출 수 있습니다.

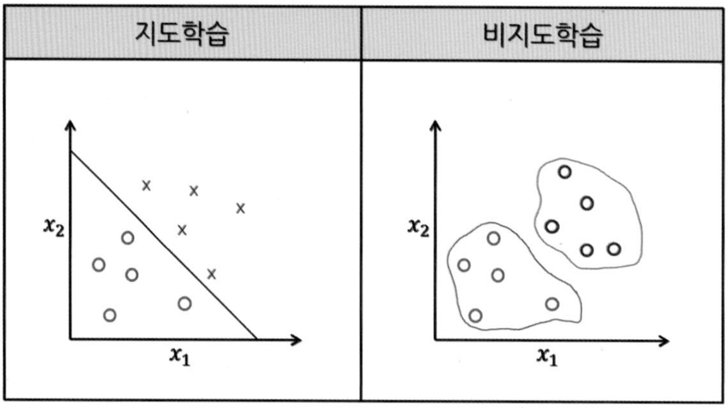

그림 1.3 지도학습과 비지도학습의 차이

비지도학습은 그림 1.3처럼 지도학습과는 다르게 정답이 있는 것이 아닙니다. 그림에서처럼 그저 여러 개의 점이 주어지면 비슷한 것끼리 묶어주는 식의 학습이 비지도학습입니다. 이와 같이 비지도학습은 정답이 없이 주어진 데이터로만 학습합니다.

대표적으로 군집화Clustering가 비지도학습에 해당합니다. 실제로 군집화를 이용해 페이스북에서 비슷한 성향을 가진 사람들끼리 묶거나 어떤 제품에 대해 시장조사를 할 때 시장을 그 특성에 따라 나눌 수 있습니다.

강화학습은 지도학습, 비지도학습과 그 성격이 다릅니다. 따라서 강화학습은 머신러닝에서 따로 분류됩니다. 정답이 주어진 것은 아니지만 그저 주어진 데이터에 대해 학습하는 것도 아니기 때문입니다. 강화학습은 "보상Reward"을 통해 학습합니다. 보상은 컴퓨터가 선택한 행동Action에 대한 환경의 반응입니다. 이 보상은 직접적인 답은 아니지만 컴퓨터에게는 간접적인 정답의 역할을 합니다.

지도학습에서는 직접적인 정답을 통해 오차를 계산해서 학습했지만 강화학습에서는 자신의 행동의 결과로 나타나는 보상을 통해 학습합니다. 강화학습을 수행하는 컴퓨터는 행동심리학에서 살펴본 "강화"처럼 보상을 얻게 하는 행동을 점점 많이 하도록 학습합니다.

스스로 학습하는 컴퓨터, 에이전트

앞으로 강화학습을 통해 스스로 학습하는 컴퓨터를 에이전트agent라고 할 것입니다. 에이전트는 환경에 대해 사전지식이 없는 상태에서 학습을 합니다. 에이전트는 자신이 놓인 환경에서 자신의 상태를 인식한 후 행동합니다. 그러면 환경은 에이전트에게 보상을 주고 다음 상태를 알려줍니다. 이 보상을 통해 에이전트는 어떤 행동이 좋은 행동인지 간접적으로 알게 됩니다. 이러한 보상을 지속해서 얻는다면 에이전트는 좋은 행동을 학습할 수 있습니다. 그림 1.4는 이 과정을 그림으로 나타낸 것입니다.

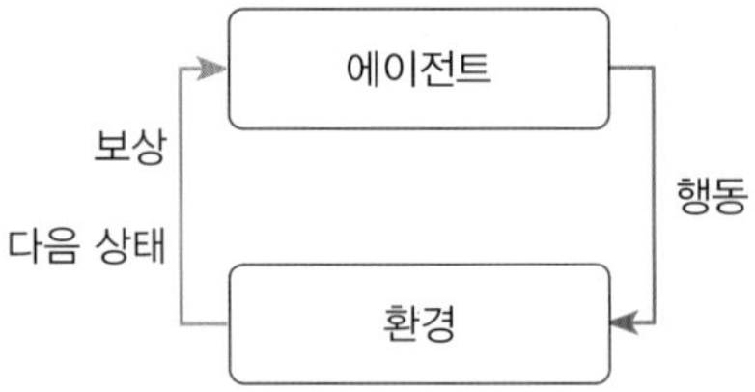

그림 1.4 에이전트와 환경의 상호작용

에이전트는 자신의 행동과 행동의 결과를 보상을 통해 학습하면서 어떤 행동을 해야 좋은 결과를 얻게 되는지 알게 됩니다. 따라서 에이전트는 점점 보상을 받는 행동을 자주 하게 되고 환경으로부터 더 많은 보상을 얻게 됩니다. 강화학습의 목적은 에이전트가 환경을 탐색하면서 얻는 보상들의 합을 최대화하는 "최적의 행동양식, 또는 정책"을 학습하는 것입니다.

보상은 양수로 설정할 수도 있고 경우에 따라 음수로 설정할 수도 있습니다. 보상을 음수로 설정한다면 처벌이 됩니다. 상벌을 적절히 융합할 수 있다면 효과적인 학습이 가능합니다. 상만 받거나 벌만 받는 것보다 에이전트는 적절한 상벌을 통해 자신이 무엇을 해야 하는지 더 명확하게 알 수 있습니다. 이것은 강화학습의 중요한 문제로서 실질적으로 강화학습을 문제에 적용할 때 고려해야 하는 점입니다.

그림 1.5 자전거 타기를 처음 배울 때 사람은 사전지식이 없어도 학습한다

이러한 강화학습의 장점은 무엇일까요? 강화학습의 장점은 환경에 대한 사전지식이 없어도 학습한다는 것입니다. 그림 1.5처럼 어렸을 때 자전거 타기를 배웠던 경험을 떠올려봅시다. 자전거 타기를 배울 때 "이 자전거는 무게가 얼마나 나가고 탄성이 얼마라서 충격을 얼마만큼 흡수할 수 있고 핸들을 틀었을 때 실제로 바퀴가 어느 정도 돌아가고 그에 따라서 대응할 수 있는 나의 반응 속도는 이러하기 때문에 나는 지금 10도 정도 핸들을 튼다"라는 식으로 자전거를 타지 않습니다.

아마도 자전거에 대해 아무것도 모르지만 자전거를 타보면서 어떻게 자전거를 타는지 배웠을 것입니다. 처음에는 휘청거리면서 넘어지기도 했지만 어떻게 해야 자전거가 넘어지지 않고 앞으로 잘 나갈 수 있는지 학습하면서 자전거를 부드럽게 탔을 것입니다.

이처럼 환경에 대한 정확한 지식이 없어도 학습할 수 있다는 점은 강화학습의 상당한 장점입니다. 실제 세상에서 에이전트가 어떠한 기능을 학습하려면 다양한 상황에 대한 정보가 있어야 합니다. 이러한 정보 없이 에이전트는 시행착오를 통해 어떠한 기능을 학습합니다. 또한 에이전트가 미리 아는 환경이라도 환경에 대한 정보를 통해 계산하려면 많은 시간이 걸립니다.

알파고 AlphaGo 에 대해 강화학습 관점에서 생각해봅시다. 알파고 또한 바둑이라는 게임의 규칙과 사전지식이 없는 상태에서 바둑을 두면서 학습한 것입니다. 처음에는 무작위로 바둑돌을 놓다가 어쩌다가 상대방을 이기게 됩니다. 그러면 에이전트는 보상을 받고 상대방을 이기게 한 행동을 더 하려고 합니다.

이기는 숫자가 늘어갈수록 알파고는 어떤 상황에서 돌을 어디에 놔야 이기게 되는지를 학습합니다. 수많은 모의대국을 치르면서 바둑이 무엇인지도 모르는 알파고가 세계적인 수준의 프로기사와 바둑을 둘 정도로 성장하게 된 것입니다. 실제로 알파고는 바둑을 학습할 때 사람이 둔 기보를 통해 지도학습을 하는 단계도 있지만 이 책에서는 해당 내용을 생략하겠습니다.

그림 1.6 알파고의 모의대국

강화학습 문제

강화학습은 마치 사람처럼 환경과 상호작용하면서 스스로 학습하는 방식입니다. 하지만 다른 머신러닝과 마찬가지로 강화학습은 문제 자체에 대해 잘 이해하지 않으면 엉뚱한 결과를 낳습니다. 강화학습은 어떤 문제에 적용할까요?

그림 1.7 순차적으로 행동을 결정해야 하는 문제

강화학습은 결정을 순차적으로 내려야 하는 문제에 적용됩니다. 그림 1.7은 순차적 결정 문제를 그림으로 나타낸 것으로서 현재 위치에서 행동을 한 번 선택하는 것이 아니라 계속적으로 선택해야 합니다. 하지만 이렇게 순차적으로 결정을 내리는 문제의 해결책이 강화학습만 있는 것은 아닙니다.

뒤에서 배울 다이내믹 프로그래밍 Dynamic Programming 또한 순차적으로 행동을 결정해야 하는 문제에 적용할 수 있습니다. 다이내믹 프로그래밍 외에도 진화 알고리즘 Evolutionary Algorithm 또한 이러한 문제를 푸는 데 적용할 수 있습니다. 다이내믹 프로그래밍과 진화 알고리즘은 각기 한계를 가지고 있으며 강화학습이 그 한계를 극복할 수 있습니다.

순차적 행동 결정 문제

순차적으로 행동을 결정해야 하는 문제를 어떻게 수학적으로 표현할 수 있을까요? 100명의 학생이 있고 학생들의 수학 실력을 비교해서 수학 성적을 높일 전략을 세우려 한다면 어떻게 학생들의 수학 실력을 비교할 수 있을까요?

가장 간단한 방법은 시험을 통해 수학 실력을 수치화하는 것입니다. 시험점수가 학생들의 진정한 수학 실력을 나타내주지는 않을지라도 대체적으로 수학 실력과 비례할 것입니다. 만약 학생들의 수학 실력을 수치화하지 않는다면 수학 점수를 높이기 위한 전략을 세우기 어렵습니다.

이와 마찬가지로 에이전트가 학습하고 발전하려면 문제를 수학적으로 표현해야 합니다. 그렇지 않으면 에이전트의 입장에서는 학습을 하거나 최적화하기 어려울 것입니다.

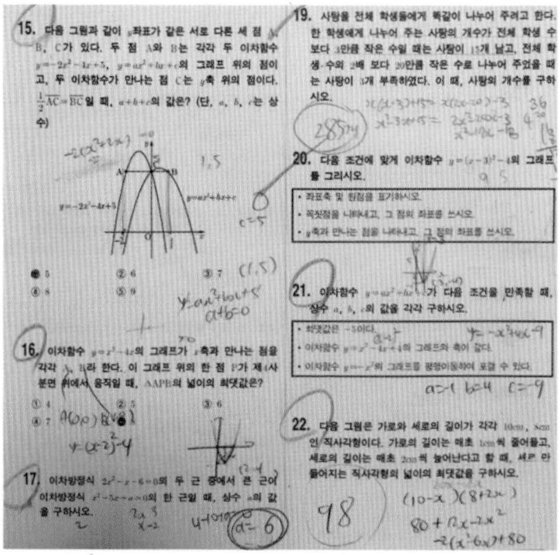

그림 1.8 시험이라는 수단으로 학생들의 수학 실력을 수치화한다

순차적으로 행동을 결정하는 문제를 정의할 때 사용하는 방법이 MDP Markov Decision Process 입니다. MDP는 순차적 행동 결정 문제를 수학적으로 정의해서 에이전트가 순차적 행동 결정 문제에 접근할 수 있게 합니다.

순차적 행동 결정 문제의 구성 요소

순차적 행동 결정 문제를 풀기 위해서는 문제를 수학적으로 정의해야 합니다. 수학적으로 정의된 문제는 다음과 같은 구성 요소를 가집니다. 이 구성 요소들을 MDP라고 부르며 2장에서 자세히 다룰 것입니다.

1. 상태 state

에이전트의 상태로서 공학에서 많이 사용하는 개념입니다. 상태라고 하면 어떠한 정적인 요소만 포함한 현재 에이전트의 정보라고 보통 생각합니다. 하지만 그뿐만 아니라 에이전트가 움직이는 속도와 같은 동적인 요소 또한 상태로 표현할 수 있습니다.

상태의 정의가 중요한데, 에이전트가 상태를 통해 상황을 판단해서 행동을 결정하기에 충분한 정보를 제공해야 합니다. 엄밀히 말하면 상태보다는 "관찰"이라는 것이 정확한 표현입니다. 탁구를 치는 에이전트라고 생각해봅시다. 탁구공의 위치만 알고 속도를 모른다면 에이전트는 사실상 탁구를 칠 수가 없습니다. 에이전트가 탁구를 치는 것을 학습하려면 탁구공의 위치, 속도, 가속도 같은 정보가 필요합니다.

그림 1.9 에이전트가 탁구를 치려면 공의 위치뿐만 아니라 속도 정보도 필요하다

2. 행동 action

에이전트가 어떠한 상태에서 취할 수 있는 행동으로서 "상", "하", "좌", "우"와 같은 것을 말합니다. 게임에서의 행동이라면 게임기를 통해 줄 수 있는 입력일 것입니다. 학습이 되지 않은 에이전트는 어떤 행동이 좋은 행동인지에 대한 정보가 전혀 없습니다. 따라서 처음에는 무작위로 행동을 취합니다. 하지만 에이전트는 학습하면서 특정한 행동들을 할 확률을 높입니다. 에이전트가 행동을 취하면 환경은 에이전트에게 보상을 주고 다음 상태를 알려줍니다.

3. 보상 reward

보상은 강화학습을 다른 머신러닝 기법과 다르게 만들어주는 가장 핵심적인 요소입니다. 사실상 에이전트가 학습할 수 있는 유일한 정보가 바로 보상입니다. 이 보상이라는 정보를 통해 에이전트는 자신이 했던 행동들을 평가할 수 있고 이로 인해 어떤 행동이 좋은 행동인지 알 수 있습니다.

앞에서 말했듯이 강화학습의 목표는 시간에 따라 얻는 보상들의 합을 최대로 하는 정책을 찾는 것입니다. 보상은 에이전트에 속하지 않는 환경의 일부입니다. 에이전트는 어떤 상황에서 얼마의 보상이 나오는지 미리 알지 못합니다.

4. 정책 Policy

순차적 행동 결정 문제에서 구해야 할 답은 바로 정책입니다. 에이전트가 보상을 얻으려면 행동을 해야 하는데 특정 상태가 아닌 모든 상태에 대해 어떤 행동을 해야 할지 알아야 합니다. 이렇게 모든 상태에 대해 에이전트가 어떤 행동을 해야 하는지 정해놓은 것이 정책입니다.

순차적 행동 결정 문제를 풀었다고 한다면 제일 좋은 정책을 에이전트가 얻었다는 것입니다. 제일 좋은 정책은 최적 정책 optimal policy 이라고 하며 에이전트는 최적 정책에 따라 행동했을 때 보상의 합을 최대로 받을 수 있습니다.

여기까지 강화학습 문제의 정의에 대해 간단히 살펴봤습니다. 강화학습은 문제의 정의를 어떻게 설정하느냐에 따라 학습을 잘하는지가 결정됩니다. 따라서 적절한 보상을 받으며 에이전트가 학습할 수 있게 하는 것이 중요합니다. 그리고 에이전트가 판단하기에 충분한 정보를 얻을 수 있도록 순차적 행동 결정 문제를 정의해야 합니다.

방대한 상태를 가진 문제에서의 강화학습

강화학습은 최근에 방대한 상태를 가진 문제에서 뛰어난 성능을 보여주고 있습니다. 그러한 점을 가장 잘 보여주는 것이 바로 알파고입니다. 바둑에서 가능한 경우의 수는 10^{360}으로서 우주의 원자 수인 10^{80}에 비해서도 월등히 많은 수입니다.

이것이 바로 1997년에 IBM의 딥블루 Deep Blue 가 세계챔피언을 이긴 후에 오랫동안 컴퓨터가 바둑을 정복하지 못한 이유이고 딥마인드 DeepMind 가 바둑에 도전한 이유입니다. 따라서 단순히 체스를 이기고 좀 더 어려운 바둑을 이긴 것이 아니라 상태가 아무리 많더라도 문제를 풀 수 있다는 것을 증명한 것입니다.

그림 1.10 딥블루와 세계 체스 챔피언 가리 카스파로프의 대결

하지만 이보다 더 많은 상태를 가지고 있는 문제가 바로 로봇의 학습 문제입니다. 로봇이 관찰하는 정보와 행동, 보상이 모두 연속적이기 때문에 사실상 가능한 경우의 수는 무한대라고 할 수 있습니다. 그리고 환경이 통제된 실험실이 아니라 실제 밖에서 로봇이 학습하려면 이미 문제는 단순히 계산으로 풀 수 있는 정도를 넘어섭니다.

따라서 로봇에 강화학습을 적용하려면 알파고와 같이 수많은 상태에 대한 정보를 함수와 같은 형태로 근사하는 인공신경망 Artificial Neural Network 을 사용해야 합니다. 강화학습과 인공신경망의 조합은 알파고에서만 빛을 발하는 것이 아닙니다. 강화학습과 인공신경망의 조합은 현실 세계의 문제를 학습할 수 있는 길을 열어주고 있습니다. 그림 1.11은 UC 버클리 대학교에 했던 연구로서 강화학습에 인공신경망을 적용해 로봇이 레고 블록을 쌓는 것을 학습하는 사례입니다.

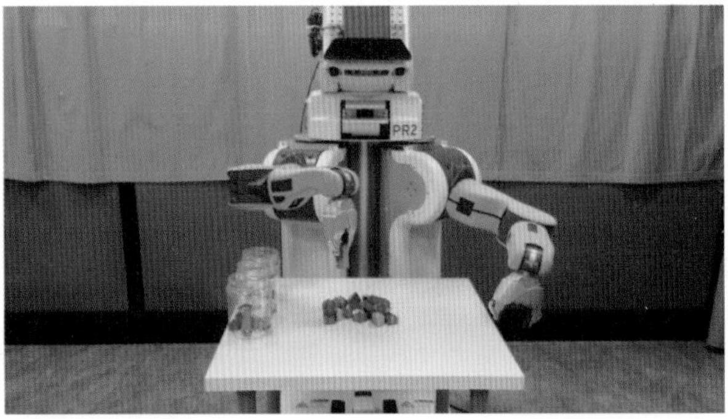

그림 1.11 UC 버클리 대학의 PR2 로봇[2]

그렇다고 해서 당장 강화학습이 로봇이나 에이전트가 인간처럼 지능적으로 판단하고 행동할 수 있게 해주는 것은 아닙니다. 이제야 간단한 기능들을 학습하기 시작했기 때문입니다. 이러한 연구들이 쌓여서 그 간단한 기능을 가지고 어떠한 작업을 하고 그러한 작업을 토대로 어떠한 임무를 수행할 수 있을 때 지능이라는 말에 좀 더 적합할 것입니다.

2 http://robotics.usc.edu/resl/robots/4/

강화학습의 예시: 브레이크아웃

딥마인드에 의해 다시 빛을 본 아타리 게임

앞에서 강화학습의 개념에 대해 살펴봤습니다. 강화학습은 에이전트가 직접 환경과 상호작용하면서 보상을 최대화하도록 정책을 찾는 과정입니다. 이 책에서는 이 강화학습을 통해 몇 가지 간단한 게임을 학습해볼 것입니다. 그중에서 마지막 게임인 브레이크아웃에 강화학습을 어떤 식으로 적용하는지 알아보겠습니다. 이를 통해 이 책의 흐름이 앞으로 어떻게 될 것인지 알 수 있습니다.

아타리Atari의 고전 게임인 브레이크아웃Breakout에 강화학습을 적용하려면 어떻게 해야 할까요? 아타리 게임에 강화학습을 적용한 논문이 딥마인드의 "Playing Atari with Deep Reinforcement Learning"[3] 입니다. 이 논문에서는 다양한 아타리 게임에 강화학습을 적용했는데, 그중에서도 가장 유명한 게임 중 하나인 브레이크아웃을 예시로 살펴보겠습니다.

딥마인드에서는 이 게임을 학습하는 동영상을 유튜브에 공개했습니다. 이 동영상을 보면 에이전트는 단순히 벽돌만 깨는 것을 학습한 것이 아니고 한쪽을 터널로 뚫어서 여러 개의 벽돌을 한꺼번에 깨버리는 것도 학습했습니다.

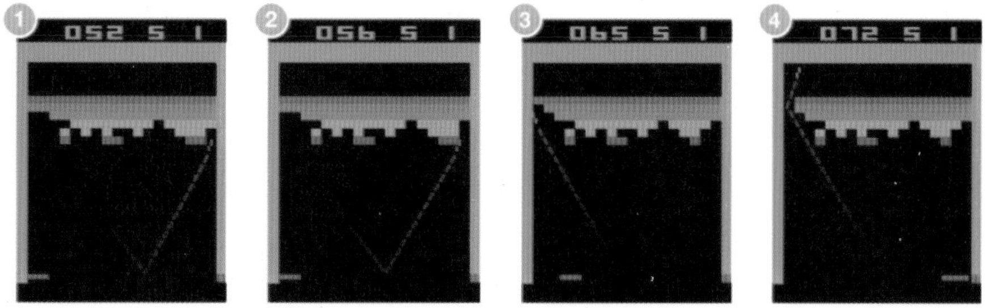

그림 1.12 딥마인드의 브레이크아웃 게임 학습 과정

3 https://www.cs.toronto.edu/~vmnih/docs/dqn.pdf

그림 1.12는 에이전트가 어떻게 브레이크아웃을 학습시키는지 간략하게 보여줍니다. 에이전트는 그림 1.12의 네 번째 화면처럼 한쪽 구멍을 뚫어서 위쪽 벽돌을 한꺼번에 깨버리는 전략을 학습하기도 합니다.

브레이크아웃의 MDP와 학습 방법

브레이크아웃 게임에서는 MDP를 어떻게 구성할까요? 그리고 에이전트는 어떻게 학습할까요?

1. MDP

상태: 브레이크아웃에서 에이전트가 환경으로부터 받아들이는 상태는 게임 화면입니다. 에이전트가 상황을 파악할 수 있도록 그림 1.13과 같은 화면을 연속으로 4개를 받습니다. 이 4개의 화면이 하나의 상태로 에이전트에게 제공됩니다. 이때 게임 화면은 흑백화면이기 때문에 2차원 픽셀 데이터입니다.

행동: 제자리, 왼쪽, 오른쪽, 발사가 가능하고 브레이크아웃에서 발사는 게임을 시작할 때 사용합니다. 사실상 게임 도중에 에이전트가 취할 행동은 발사를 제외한 3가지입니다. 환경에 따라 특정 순간에 특정 행동이 불가능할 수도 있습니다. 하지만 브레이크아웃에서는 항상 3가지의 행동이 가능합니다.

보상: 벽돌이 하나씩 깨질 때마다 보상을 (+1)씩 받고 더 위쪽을 깰수록 더 큰 보상을 받습니다. 아무것도 깨지 않을 때는 보상으로 (0)을 받습니다. 그리고 공을 놓쳐서 목숨을 잃을 경우에 보상으로 (−1)을 받습니다.

그림 1.13 오픈에이아이 짐의 브레이크아웃 게임 화면

2. 학습

처음에 에이전트는 게임이나 상황에 대해 전혀 모릅니다. 따라서 에이전트는 무작위로 제자리, 왼쪽, 오른쪽으로 움직입니다. 그러다가 에이전트가 우연히 공을 쳐서 벽돌을 깨면 게임 환경 으로부터 +1의 보상을 받습니다. 만약 에이전트가 공을 놓친다면 게임으로부터 −1의 보상을 받습니다. 이러한 상황이 반복이 된다면 에이전트는 게임을 하면서 어떻게 해야 공을 떨어뜨리지 않고 벽을 깰 수 있는지 학습할 수 있습니다.

그림 1.13에서 왼쪽 상단의 "000"이 점수인데 이 점수는 누적되는 보상입니다. 에이전트는 게임으로부터 즉각적인 보상을 받지만 에이전트의 목표는 즉각적인 보상이 아닌 누적되는 보상의 합을 최대화하는 것입니다.

강화학습을 통해 학습되는 것은 인공신경망입니다 인공신경망에 대해서는 5장에서 다룰 것입니다 . 인공신경망은 입력이 들어와서 출력이 나가는 시스템입니다. 입력으로 그림 1.14와 같이 4개의 연속적인 게임 화면이 들어옵니다.

인공신경망으로 입력이 들어오면 그 상태에서 에이전트가 할 수 있는 행동이 얼마나 좋은지 출력으로 내놓습니다. 행동이 얼마나 좋은지가 행동의 가치가 되고 이것을 큐함수 Q Function 라고 합니다 큐함수에 대해서는 3장에서 다룰 것입니다 .

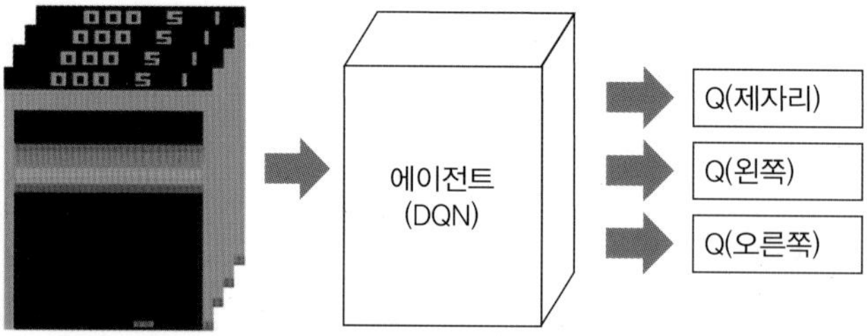

그림 1.14 브레이크아웃 게임의 심층 신경망

이 문제에 사용한 인공신경망을 DQN Deep Q-Network 이라고 합니다. 그림 1.14에서 에이전트라고 표시된 상자가 DQN입니다. DQN으로 상태가 입력으로 들어오면 DQN은 그 상태에서 제자리, 왼쪽, 오른쪽 행동의 큐함수를 출력으로 내놓습니다. 에이전트는 출력으로 나온 큐함수에 따라서 행동합니다. 즉, DQN이 출력한 큐함수를 보고 큰 가치를 지니는 행동을 선택합니다. 에이전트가 그 행동을 취하면 환경은 에이전트에게 보상과 다음 상태를 알려줍니다. 에이전트는 환경과 상호작용하면서 DQN을 더 많은 보상을 받도록 조금씩 조정합니다.

에이전트는 초반에 많은 탐험을 해야 합니다. 학습을 시작한 지 얼마 안 됐을 때는 에이전트가 환경에서 경험한 것이 적기 때문에 현재 최적이라고 판단한 것이 진짜 최적일지 알 수 없습니다. 따라서 에이전트는 탐험을 계속하는데 그러다가 우연히 터널을 뚫게 됩니다. 이를 통해서 에이전트는 일종의 전략을 학습하게 됩니다.

에이전트는 이와 같은 방식으로 브레이크아웃을 학습하는데 이 예제에 대한 자세한 이론과 코드는 뒤에서 다루겠습니다. 여기서는 어떤 흐름으로 에이전트가 강화학습을 통해 학습하는지를 아는 것이 목적입니다. 에이전트는 다음과 같은 흐름으로 학습합니다.

1. 에이전트는 4개의 연속된 게임 화면을 입력으로 받는다.
2. 처음에는 아무것도 모르므로 임의로 행동을 취한다.
3. 그에 따라 보상을 받게 되면 그 보상을 통해 학습한다.
4. 결국 사람처럼 혹은 사람보다 잘하게 된다.

에이전트가 강화학습을 통해 브레이크아웃을 학습하는 것은 사람의 학습 과정과 비슷한 면이 있습니다. 비슷한 점은 사람이 게임 화면을 보고 학습해 나가듯이 브레이크아웃을 학습하는 에이전트 또한 화면을 보고 학습한다는 것입니다.

그림 1.15 브레이크아웃의 에이전트는 게임 화면으로 학습한다[4]

하지만 사람과 다른 점 또한 있습니다. 그것은 에이전트는 게임의 규칙을 전혀 모른다는 것입니다. 처음 브레이크아웃을 하는 사람이 있다면 아마도 게임을 시작하기 전에 게임의 규칙이 무엇인지 알아볼 것입니다. 또한 처음부터 의도를 가지고 그 게임의 규칙에 맞게 플레이하면서 점수를 올려나갈 것입니다. 어떻게 보면 게임의 규칙을 몰라도 학습할 수 있다는 것은 강화학습의 장점이면서도 초반의 느린 학습의 원인이 되기도 합니다.

4 https://commons.wikimedia.org/wiki/File:Girl_plays_Pac_Man.JPG

잘하는 친구가 옆에서 가르쳐준다면 더 빠르게 배울 수 있지 않을까요? 에이전트가 우연히 배웠던, 터널을 뚫었던 것도 누군가가 알려줄 수 있었다면 훨씬 더 빠르게 습득했을 것입니다.

그림 1.16 옆에서 가르쳐준다면 에이전트는 더 빠르게 학습할 것이다[5]

사람은 하나를 학습하면 다른 곳에도 그 학습이 영향을 미칩니다. 예를 들어, 어떤 학생이 수학을 배웠다면 과학을 배우기도 더 수월할 것입니다. 하지만 현재 강화학습 에이전트는 각 학습을 다 별개로 취급해서 항상 바닥부터 학습해야 합니다.

이렇게 간단히 살펴본 사람과 강화학습 에이전트의 차이는 현재 및 미래 강화학습 분야의 연구 분야로서 지속적으로 해결해야 할 과제입니다.

5 · 이미지 출처: https://commons.wikimedia.org/wiki/File:Tutoring_Center_(3349979270).jpg
· 라이선스: CC-BY 2.0(https://creativecommons.org/licenses/by/2.0/deed.en)

정리

강화학습의 개념

스키너의 연구에서 알 수 있듯이 강화는 좋은 행동을 점점 더 많이 하는 것을 말합니다. 어린 아기가 걷는 법을 배울 때도 스스로를 강화합니다. 이런 강화의 개념을 컴퓨터의 학습에 도입한 것이 강화학습입니다. 스스로 학습하는 컴퓨터인 에이전트는 환경과 직접적으로 상호작용하며 학습합니다. 강화학습의 에이전트는 환경이 주는 정보인 보상을 통해 어떤 행동을 더 해야 할지 알 수 있으므로 사전지식이 없어도 학습할 수 있습니다.

강화학습 문제

어떠한 문제를 컴퓨터가 풀기 위해서는 문제를 수학적으로 정의해야 합니다. 강화학습이 풀고자 하는 순차적 행동 결정 문제는 MDP로 정의할 수 있습니다. MDP는 상태, 행동, 보상, 정책으로 구성돼 있습니다. 고전적인 강화학습은 한정된 양의 상태를 가진 환경에 대해서만 학습할 수 있었습니다. 하지만 최근 인공신경망이 강화학습과 함께 사용되면서 바둑이나 로봇의 학습과 같은 방대한 양의 상태를 가진 환경에 대해서도 학습이 가능해졌습니다.

강화학습의 예시: 브레이크아웃

딥마인드는 아타리의 고전 게임에 강화학습을 적용했는데 그중에서 브레이크아웃이라는 게임에서 터널을 뚫는 전략을 학습했습니다. 브레이크아웃에서 에이전트는 상태로 4개의 연속된 게임 화면을 받아서 학습했습니다. 에이전트는 DQN이라는 인공신경망을 사용해 각 행동이 얼마나 좋은지 알 수 있으며, 이 정보를 큐함수라고 합니다. 에이전트는 큐함수에 따라 행동하며 환경으로부터 오는 보상으로 스스로를 강화합니다.

2부

강화학습 기초

2장

강화학습 기초 1: MDP와 벨만 방정식

강화학습이 결국 어떠한 방정식을 풀어내는 방법이라면 그 방정식이 무엇인지 아는 것이 중요할 것입니다. 또한 그 방정식에 대한 이해가 중요할 것입니다. 여기서 그 방정식이란 바로 벨만 방정식을 가리킵니다.

이번 장에서는 강화학습을 공부하기에 앞서 순차적 행동 결정 문제에 대해 살펴보겠습니다. 순차적 행동 결정 문제는 MDP로 정의할 수 있습니다. 여기서는 순차적 행동 결정 문제의 간단한 예시인 그리드월드를 통해 MDP에 대해 살펴봅니다.

MDP를 통해 정의된 문제에서 에이전트가 학습하기 위해 가치함수라는 개념을 도입하는데, 이 개념은 벨만 방정식과 연결됩니다. 이러한 개념들을 하나하나 짚어가면서 자세히 설명할 것입니다. 이번 장의 내용을 모두 학습하고 나면 강화학습 문제를 어느 정도 이해할 수 있을 것입니다.

MDP

강화학습은 순차적으로 행동을 계속 결정해야 하는 문제를 푸는 것입니다. MDP는 순차적으로 결정해야 하는 문제를 수학적으로 표현합니다. 이번 장에서는 MDP의 구성 요소에 대해 자세히 살펴보겠습니다.

MDP는 그림 2.1과 같이 상태, 행동, 보상함수, 상태 변환 확률State Transition Probability, 할인율Discount Factor로 구성돼 있습니다.

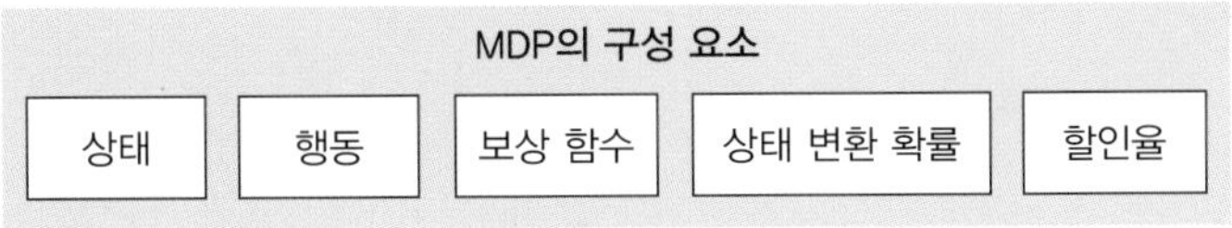

그림 2.1 MDP의 구성 요소

사람이 어떤 문제를 처음 접하면 해당 문제를 풀기 위해서 무엇부터 생각할까요? 풀고자 하는 문제는 어떤 문제인지 파악하려 할 것입니다. 만약 격자로 이뤄진 환경에서 길을 찾아가는 문제가 있다고 해봅시다. 이 문제를 어떤 식으로 정의해야 에이전트가 출제자의 의도에 맞게 학습할까요? 사람이라면 문제에 대한 정의 또한 스스로 할 것입니다. 하지만 에이전트는 그렇게 지능적이지 않습니다. 강화학습에서는 사용자가 문제를 정의해야 합니다.

문제를 잘못 정의하면 에이전트가 학습을 못 할 수도 있습니다. 따라서 문제의 정의는 에이전트가 학습하는 데 가장 중요한 단계 중 하나입니다. 에이전트를 구현하는 사람은 학습하기에 많지도 않고 적지도 않은 적절한 정보를 에이전트가 알 수 있도록 문제를 정의해야 합니다.

순차적으로 행동을 결정하는 문제에 대한 정의가 바로 MDP입니다. MDP의 이해를 돕기 위해 그리드월드 Grid World 라는 예제를 보겠습니다. 그리드월드는 그림 2.2와 같은 예제입니다. 그리드 grid 는 격자이고 그리드월드는 격자로 이뤄진 환경에서 문제를 푸는 각종 예제를 뜻합니다. MDP는 이러한 환경을 컴퓨터가 이해할 수 있게 재정의합니다.

이제부터 MDP의 구성 요소를 하나하나 살펴보겠습니다.

상태

$\boldsymbol{S}$는 에이전트가 관찰 가능한 상태의 집합입니다. 상태라는 말의 의미가 모호할 수 있는데 "자신의 상황에 대한 관찰"이 상태에 대한 가장 정확한 표현입니다. 로봇과 같은 실제 세상에서의 에이전트에게 상태는 센서 값이 될 것입니다. 하지만 이 책에서와 같이 게임을 학습하기 위한 에이전트는 사용자가 상태를 정의해줘야 합니다. 이때 '내가 정의하는 상태가 에이전트가 학습하기에 충분한 정보를 주는 것인가?'라는 질문을 해야 합니다.

그리드월드에서 에이전트가 학습할 때는 상태 공간이 워낙 작으므로 상태의 정의 문제가 중요하지 않을 수도 있습니다. 애초에 문제가 작기 때문에 학습이 잘 안 된다는 문제를 발견하기 어려운 것입니다. 하지만 방대하고 복잡한 상태 안에서 학습하는 에이전트를 구현할 때는 많이 고민해야 할 문제입니다.

그리드월드에서 상태의 개수는 유한합니다. 만약 그리드월드에 상태가 다섯 개 있다면 수식 2.1처럼 표현할 수 있을 것입니다. 볼드체에 기울어진 문자는 집합을 의미합니다.

$$\boldsymbol{S} = \{(x_1, y_1), (x_2, y_2), (x_3, y_3), (x_4, y_4), (x_5, y_5)\}$$

수식 2.1 상태의 집합

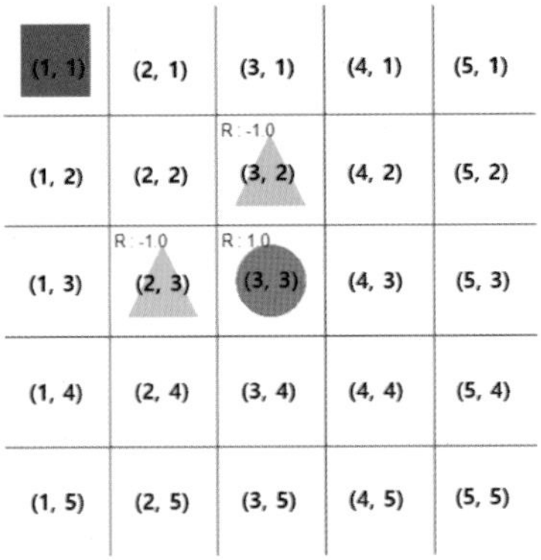

그림 2.2 그리드월드에서 상태는 좌표를 의미한다

그림 2.2와 같이 그리드월드에서는 격자 상의 각 위치(좌표)가 상태가 됩니다. 그리드월드의 상태는 모든 격자의 위치로서 총 25개가 있습니다. 빨간색 네모가 에이전트인데, 그림 2.2에서처럼 에이전트가 (1, 1)에 있으면 에이전트의 상태는 (1, 1)이 됩니다. 그리드월드의 상태를 집합으로 나타낸다면 수식 2.2와 같을 것입니다. 각 상태는 (x, y)로 이뤄진 좌표로서 그리드월드의 가로축이 x축이고 세로축이 y축입니다.

$$S = \{(1,1), (1,2), (1,3), \cdots, (5,5)\}$$

수식 2.2 그리드월드의 상태 집합

에이전트는 시간에 따라 25개의 상태의 집합 안에 있는 상태를 탐험하게 됩니다. 시간은 t라고 표현합니다. 시간 t일 때 상태를 S_t라고 표현하는데, 만약 시간이 t일 때 상태가 (1, 3)이라면 수식 2.3과 같이 표현합니다.

$$S_t = (1,3)$$

수식 2.3 시간 t에 (1, 3)이라는 상태

어떤 t에서의 상태 S_t는 정해져 있지 않습니다. 때에 따라서 t = 1일 때 $S_t = (1, 3)$일 수도 있고 $S_t = (4, 2)$일 수도 있습니다. MDP에서 상태는 시간에 따라 확률적으로 변합니다. 시간 t에 에이전트가 있을 상태는 전체 상태 중에 하나가 될 것입니다. 시간 t까지 에이전트가 움직이는 것을 임의 실험이라고 본다면 시간 t에 에이전트가 있을 상태는 확률 변수가 됩니다. 확률 변수는 다음 그림 2.3과 같이 주사위를 던지는 실험을 통해 이해해볼 수 있습니다. 주사위를 던지는 실험은 임의 실험이고 주사위를 던져서 나오는 값은 변수가 됩니다. 임의의 실험에서 나오는 변수는 자신이 나타날 확률값을 가지고 있습니다. 따라서 이 변수는 확률 변수가 됩니다.

그림 2.3 주사위는 던질 때마다 어떤 수가 나올지 알 수 없다

앞으로 확률변수는 대문자로 표현할 것입니다. 따라서 시간 t에서의 상태를 S_t와 같이 대문자로 씁니다. 보통 "시간 t에서의 상태 S_t가 어떤 상태 s다"를 표현할 때 수식 2.4와 같이 적습니다.

$$S_t = s$$

수식 2.4 시간 t에서의 상태

행동

에이전트가 상태 S_t에서 할 수 있는 가능한 행동의 집합은 $\boldsymbol{A}$입니다. 보통 에이전트가 할 수 있는 행동은 모든 상태에서 같습니다. 따라서 하나의 집합 $\boldsymbol{A}$로 나타낼 수 있습니다. 어떤 특정한 행동은 특정한 상태를 s로 나타내는 것과 마찬가지로 소문자 a로 표현합니다. 따라서 시간 t에 에이전트가 특정한 행동 a를 했다면 수식 2.5와 같이 표현할 수 있습니다.

$$A_t = a$$

수식 2.5 시간 t에서의 행동 a

A_t는 어떤 t라는 시간에 집합 $\boldsymbol{A}$에서 선택한 행동입니다. t라는 시간에 에이전트가 어떤 행동을 할지 정해져 있는 것이 아니므로 A_t와 같이 대문자로 표현합니다. 즉, 확률변수입니다. 보통 에이전트가 할 수 있는 행동들의 집합은 한 문제 내에서 변하지 않습니다. 그리드월드에서는 에이전트가 할 수 있는 행동은 수식 2.6과 같이 up, down, left, right로 네 가지입니다.

$$\boldsymbol{A} = \{\text{up}, \text{down}, \text{left}, \text{right}\}$$

수식 2.6 그리드월드에서 에이전트가 할 수 있는 행동의 집합

만약 시간 t에서 상태가 (3, 1)이고 A_t =right라면 다음 시간의 상태는 그림 2.4와 같이 (4, 1)이 됩니다.

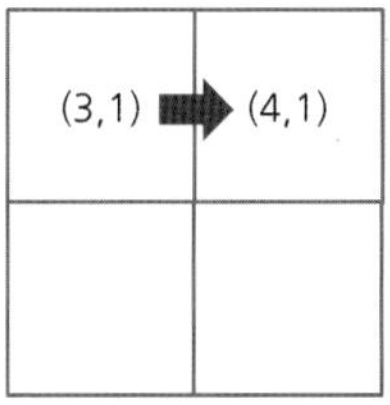

그림 2.4 어떤 상태에서 행동을 한 후 에이전트가 이동한다

만약 바람과 같은 예상치 못한 요소가 있다면 에이전트는 (4, 1)에 도달하지 못할 수도 있습니다. 이러한 요소를 포함해서 에이전트가 특정 행동을 했을 때 어디로 이동할지 결정하는 것이 상태 변환 확률입니다. 상태 변환 확률은 뒤에서 자세히 설명할 것입니다.

보상함수

보상은 에이전트가 학습할 수 있는 유일한 정보로서 환경이 에이전트에게 주는 정보입니다. 시간 t에서 상태가 $S_t = s$이고 행동이 $A_t = a$일 때 에이전트가 받을 보상은 수식 2.7과 같습니다.

$$r(s, a) = E[R_{t+1} \mid S_t = s, A_t = a]$$

수식 2.7 보상함수의 정의

수식 2.7은 보상함수Reward Function의 정의입니다. 보상함수는 시간 t일 때 상태가 $S_t = s$이고 그 상태에서 행동 $A_t = a$를 했을 경우에 받을 보상에 대한 기댓값Expectation E입니다. 보상함수 r(s, a)가 보상의 기댓값이라고 하는데 기댓값이 무엇일까요?

기댓값이란 일종의 평균입니다. 앞에서 언급했던 주사위의 기댓값을 생각해보겠습니다. 주사위의 값이 1부터 6까지고 모든 면이 동등한 확률로 나온다면 주사위에서 수식 2.8과 같은 값이 나올 것이라고 기대할 수 있습니다.

$$\text{기댓값} = 1 \times \frac{1}{6} + 2 \times \frac{1}{6} + 3 \times \frac{1}{6} + 4 \times \frac{1}{6} + 5 \times \frac{1}{6} + 6 \times \frac{1}{6} = \frac{21}{6}$$

수식 2.8 주사위의 기댓값 계산

기댓값은 어떤 정확한 값이 아니라 나오게 될 숫자에 대한 예상입니다. 보상 또한 기댓값이어서 상태 s에서 행동 a를 했을 경우에 받을 것이라 예상되는 숫자입니다. 기댓값은 수식 2.9에서처럼 대문자 E로 표시합니다. 기댓값이라는 뜻을 가진 영어단어 "Expectation"의 첫 글자를 따온 것입니다.

$$r(s, a) = E[R_{t+1} \mid S_t = s, A_t = a]$$

수식 2.9 기댓값의 표현

보상함수는 왜 기댓값으로 표현하는 것일까요? 보상을 에이전트에게 주는 것은 환경이고 환경에 따라서 같은 상태에서 같은 행동을 취하더라도 다른 보상을 줄 수도 있습니다. 이 모든 것을 고려해서 보상함수를 기댓값으로 표현합니다.

$$r(s, a) = E[R_{t+1} \mid S_t = s, A_t = a]$$

수식 2.10 조건부확률의 표현

괄호 안의 "|"는 조건문에 대한 표현입니다. |을 기준으로 뒤에 나오는 부분들이 현재의 조건을 의미합니다. 보상함수의 조건 혹은 입력은 상태와 행동입니다. 어떤 상태 s에서 행동 a를 할 때마다 받는 보상이 다를 수 있으므로 기댓값의 표현인 E가 붙은 것입니다.

$$r(s, a) = E[R_{t+1} \mid S_t = s, A_t = a]$$

수식 2.11 t + 1에서 받는 보상

보상함수에서 특이한 점은 에이전트가 어떤 상태에서 행동한 것은 시간 t에서인데 보상을 받는 것은 t + 1이라는 것입니다. 이것은 보상을 에이전트가 알고 있는 것이 아니고 환경이 알려주는 것이기 때문입니다. 에이전트가 상태 s에서 행동 a를 하면 환경은 에이전트가 가게 되는 다음 상태 s′과 에이전트가 받을 보상을 에이전트에게 알려줍니다. 환경이 에이전트에게 알려주는 것이 $t+1$인 시점입니다. 따라서 에이전트가 받는 보상을 R_{t+1}이라고 표현합니다.

그리드월드에서 에이전트는 그림 2.5처럼 파란색 동그라미가 있는 상태로 가는 행동을 했을 때는 (+1)의 보상을, 초록색 세모가 있는 상태로 가는 행동을 했을 때는 (−1)의 보상을 받습니다. 에이전트는 환경으로부터 하나의 시간 단위가 지난 다음에 보상을 받습니다. 이 시간 단위를 타임스텝 time step 이라고 하겠습니다.

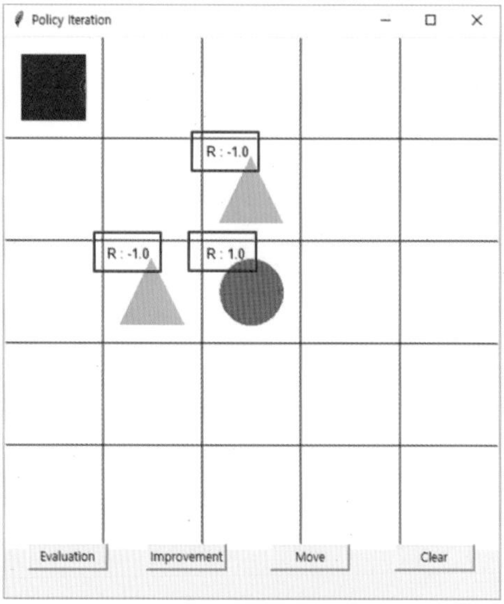

그림 2.5 그리드월드에서의 보상

상태 변환 확률

그림 2.6 에이전트가 상태 s에서 행동 a를 해서 s'으로 가게 되는 확률

에이전트가 어떤 상태에서 어떤 행동을 취한다면 에이전트의 상태는 변할 것입니다. 그림 2.6에서처럼 에이전트가 앞으로 나아가는 행동을 하면 s보다 앞에 있는 s'이라는 상태에 도달할 것입니다. s'이라는 것은 다음 타임스텝에 에이전트가 갈 수 있는 어떤 특정한 상태를 의미합니다.

하지만 꼭 앞에 있는 상태에 도달하지 못할 수도 있습니다. 옆에서 바람이 불 수도 있고 갑자기 넘어질 수도 있습니다. 이처럼 상태의 변화에는 확률적인 요인이 들어갑니다. 이를 수치적으로 표현한 것이 상태 변환 확률입니다.

$$P_{ss'}^{a} = P[S_{t+1} = s' \mid S_t = s, A_t = a]$$

수식 2.12 상태 변환 확률

수식 2.12의 괄호 앞의 P는 확률을 의미합니다. 상태 변환 확률은 상태 s에서 행동 a를 취했을 때 다른 상태 s'에 도달할 확률입니다. 이 값은 보상과 마찬가지로 에이전트가 알지 못하는 값으로서 에이전트가 아닌 환경의 일부입니다. 상태 변환 확률은 환경의 모델model 이라고도 부릅니다. 환경은 에이전트가 행동을 취하면 상태 변환 확률을 통해 다음에 에이전트가 갈 상태를 알려줍니다.

할인율

에이전트가 항상 현재에 판단을 내리기 때문에 현재에 가까운 보상일수록 더 큰 가치를 가집니다. 보상의 크기를 100이라고 했을 때 현재 시각에 보상을 받을 때는 에이전트는 100의 크기 그대로 받아들입니다. 하지만 현재로부터 일정 시간이 지나서 보상 100을 받는다면 그것을 100이라고 생각하지 않습니다. 에이전트는 그 보상이 얼마나 시간이 지나서 받는지를 고려해서 현재의 가치로 따집니다.

여러분이 복권에 당첨됐다고 해봅시다. 당첨금인 1억 원을 당장 받을 수 있고 10년 뒤에 받을 수도 있습니다. 여러분은 어떤 선택을 할 것인가요? 당연히 당장 받는 것을 선호할 것입니다. 우리는 나중에 받을 보상을 현재의 보상과 같게 하려고 "이자"라는 제도를 두고 있습니다.

이자는 나중에 받을 보상에 추가적인 보상을 더해 현재의 보상과 같게 합니다. 반대로 말하면 같은 보상이면 나중에 받을수록 가치가 줄어든다는 것입니다. 이를 수학적으로 표현하기 위해 우리는 "할인율 Discount Factor "이라는 개념을 도입합니다.

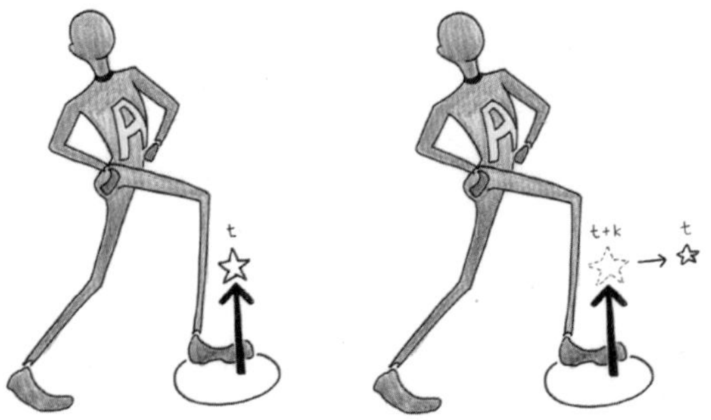

그림 2.7 바로 보상을 받는 것과 시간이 더 흐르고 보상을 받는 경우의 차이

그림 2.7에서 왼쪽은 보상[별]을 현재 시각에 바로 받는 것이고 오른쪽이 시간이 k만큼 지나서 같은 보상을 받는 것입니다. 미래에 받은 보상은 현재의 가치로 환산한다

면 그 크기가 적어집니다. 이렇게 미래의 가치를 현재의 가치로 환산하는 것을 할인한다고 하고 시간에 따라 할인하는 비율을 할인율이라고 합니다. 할인율은 수식 2.13과 같이 γ라고 표기합니다. 할인율 γ는 0과 1 사이의 값입니다. 따라서 보상에 곱해지면 보상이 감소합니다.

$$\gamma \in [0,1]$$

수식 2.13 할인율의 정의

만약 현재의 시간 t로부터 시간 k가 지난 후에 보상을 R_{t+k}를 받을 것이라고 하면 현재 그 보상의 가치는 수식 2.14와 같습니다. 현재로부터 시간이 k만큼 지났기 때문에 미래에 받을 보상 R_{t+k}는 γ^{k-1}만큼 할인됩니다. 더 먼 미래에 받은 보상일수록 현재의 에이전트는 더 작은 값으로 받아들입니다.

$$\gamma^{k-1} R_{t+k}$$

수식 2.14 할인율을 고려한 미래 보상의 현재 가치

정책

정책은 모든 상태에서 에이전트가 할 행동입니다. 상태가 입력으로 들어오면 행동을 출력으로 내보내는 일종의 함수라고 생각해도 좋습니다. 정책은 각 상태에서 단 하나의 행동만을 나타낼 수도 있고 확률적으로 $a_1 = 10\%, a_2 = 90\%$와 같이 나타낼 수도 있습니다.

에이전트가 강화학습을 통해 학습해야 할 것은 수많은 정책 중에서 최적 정책입니다. 최적 정책은 각 상태에서 단 하나의 행동만을 선택합니다. 하지만 에이전트가 학습하고 있을 때는 정책이 하나의 행동만을 선택하기보다는 확률적으로 여러 개의 행동을 선택할 수 있어야 합니다. 그래야 에이전트가 다양한 상황에 대해 학습하고 최적 정책을 찾을 수 있을 것입니다. 정책을 수식으로 나타내면 수식 2.15와 같습니다.

$$\pi(a \mid s) = P[A_t = a \mid S_t = s]$$

수식 2.15 정책의 정의

시간 t에 $S_t = s$에 에이전트가 있을 때 가능한 행동 중에서 $A_t = a$를 할 확률을 나타냅니다. 이러한 정책은 그리드월드 예제에서 그림 2.8처럼 나타날 수 있습니다. 이 정책은 하나의 예시로서 각 상태마다 어떤 행동을 해야 할지 알려줍니다.

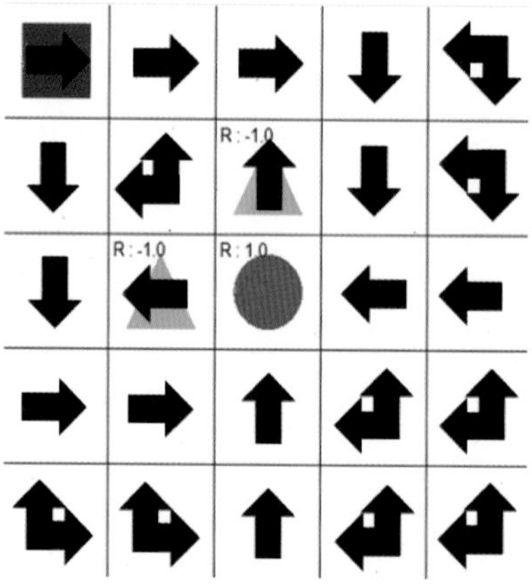

그림 2.8 그리드월드에서 정책의 예시

정책만 가지고 있으면 에이전트는 사실 모든 상태에서 자신이 해야 할 행동을 알 수 있습니다. 하지만 강화학습 문제를 통해 알고 싶은 것은 그냥 정책이 아니라 "최적 정책"입니다. 최적 정책을 얻기 위해서 현재의 정책보다 더 좋은 정책을 학습해나가는 것이 강화학습입니다.

이처럼 MDP를 통해 순차적 행동 결정 문제를 정의했습니다. 에이전트가 현재 상태에서 앞으로 받을 보상들을 고려해서 행동을 결정합니다. 그러면 환경은 에이전트에게 실제 보상과 다음 상태를 알려줍니다.

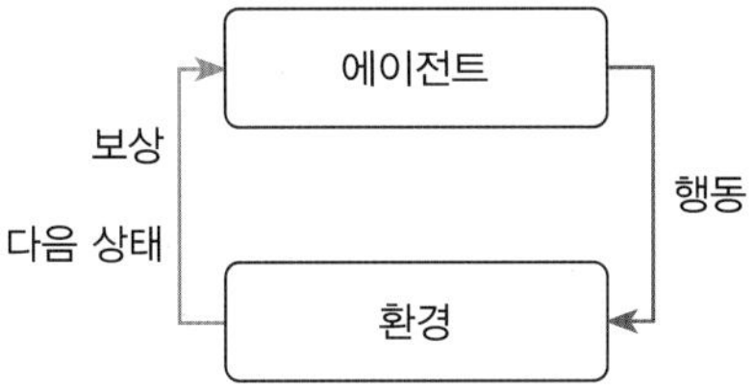

그림 2.9 에이전트와 환경의 상호작용

이러한 과정을 반복하면서 에이전트는 어떤 상태에서 앞으로 받을 것이라 예상했던 보상에 대해 틀렸다는 것을 알게 됩니다. 이때 앞으로 받을 것이라 예상하는 보상을 가치함수 Value Function 라고 하며 다음 절에서 설명할 것입니다. 그러한 과정에서 에이전트는 실제로 받은 보상을 토대로 가치함수와 정책을 바꿔나갑니다. 이러한 학습 과정을 충분히 반복한다면 가장 많은 보상을 받게 하는 정책을 학습할 수 있습니다.

가치함수

가치함수

이제 에이전트가 학습할 수 있도록 문제를 MDP로 정의했습니다. 에이전트는 MDP를 통해 최적 정책을 찾으면 됩니다. 하지만 에이전트가 어떻게 최적 정책을 찾을 수 있을까요?

어떠한 특정한 상태에 에이전트가 있다고 가정해봅시다. 이 에이전트 입장에서 어떤 행동을 하는 것이 좋은지를 어떻게 알 수 있을까요? 현재 상태에서 앞으로 받을 보상들을 고려해서 선택해야 좋은 선택을 할 수 있습니다. 하지만 아직 받지 않은 많은 보상들을 어떻게 고려할 수 있을까요? 앞으로 받을 보상에 대한 개념이 바로 가치함수입니다.

그림 2.10 에이전트는 가치함수를 통해 행동을 선택할 수 있다.

현재 시간 t로부터 에이전트가 행동을 하면서 받을 보상들을 합한다면 수식 2.16과 같습니다.

$$R_{t+1} + R_{t+2} + R_{t+3} + R_{t+4} + R_{t+5} + \cdots$$

수식 2.16 일련의 보상들의 단순합

보상은 행동을 했을 때가 아닌 그다음 타임스텝에 받는다는 것을 기억합시다. 따라서 시간 t에 행동을 해서 받는 보상은 R_{t+1}입니다. 그다음 시간에 행동을 해서 받는 보상은 R_{t+2}이고 그렇게 시간마다 받는 보상을 다 합하면 수식 2.16과 같은 식이 나옵니다.

수식 2.16에서는 시간마다 받는 보상을 모두 포함했지만 에이전트가 시간마다 보상을 받을 수도 있고 게임이 끝날 때 한 번에 받을 수도 있습니다. 대문자로 쓴 보상 R은 확률변수입니다.

수식 2.16에서처럼 시간에 따른 보상을 단순하게 더한다면 세 가지 문제가 생깁니다.

1. 에이전트 입장에서는 지금 받은 보상이나 미래에 받는 보상이나 똑같이 취급합니다. 에이전트는 그림 2.11에서 현재에 100의 보상을 받은 경우와 시간이 좀 흘러서 100의 보상 받은 경우를 구분할 수 없습니다. 할인하지 않았다면 에이전트가 보게 되는 보상의 합은 단순한 덧셈이기 때문입니다.

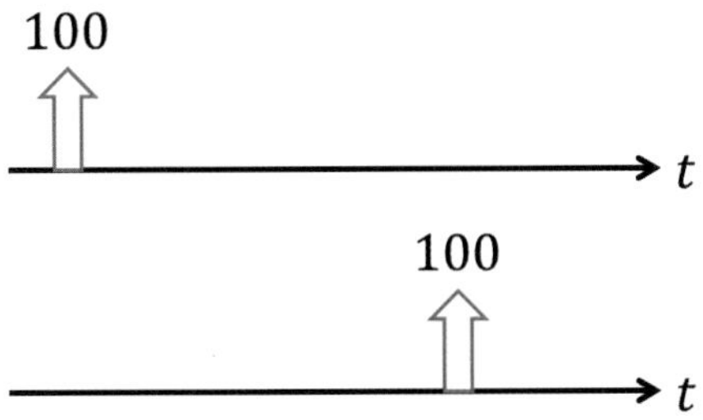

그림 2.11 현재 받는 보상과 미래에 받는 보상

2. 100이라는 보상을 1번 받는 것과 20이라는 보상을 5번 받는 것을 구분할 방법이 없습니다. 사람은 당연하게 구분하는 것을 에이전트는 구분할 수 없습니다.

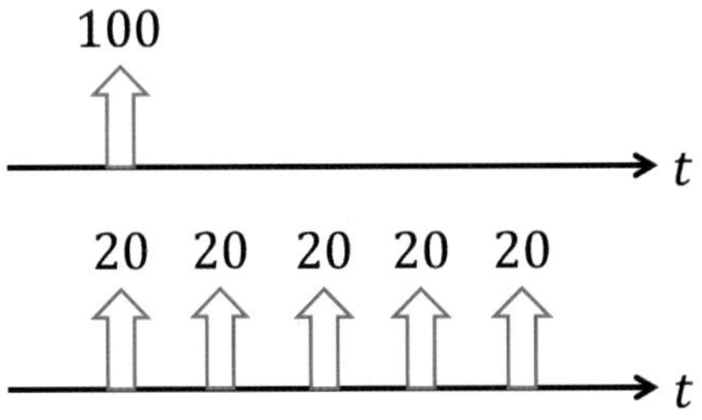

그림 2.12 한 번에 받는 보상과 여러 번 나눠서 받는 보상

3. 시간이 무한대라고 하면 보상을 시간마다 0.1씩 받아도 합이 무한대이고 1씩 받아도 합이 무한대입니다. 수치적으로 두 경우를 구분할 수 없습니다.

$$0.1 + 0.1 + 0.1 + \cdots = \infty$$
$$1 + 1 + 1 + \cdots = \infty$$

수식 2.17 시간이 무한대일 경우 보상의 합

이러한 문제 때문에 에이전트는 단순한 보상의 합으로는 시간 t에 있었던 상태가 어떤 가치를 가지는지 판단하기가 어렵습니다. 따라서 좀 더 정확하게 상태의 가치를 판단하기 위해 할인율이라는 개념을 사용합니다. 할인율은 미래의 보상을 현재의 보상으로 변환하기 위해 미래에 받은 보상에 곱해주는 0과 1사이의 값을 의미합니다. 할인율을 이용해 앞으로 받을 보상의 현재 가치를 나타내면 그림 2.13과 같습니다.

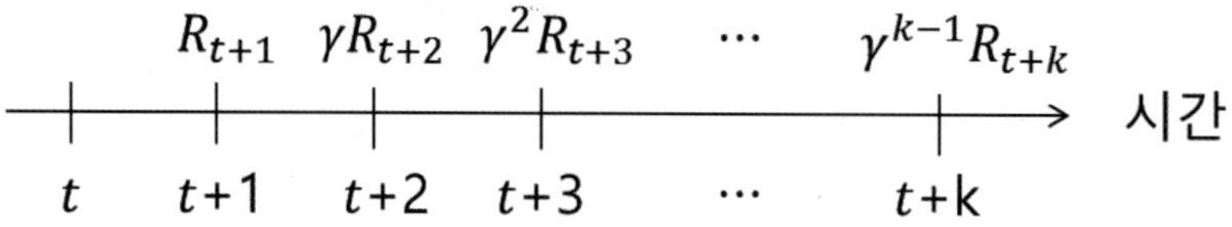

그림 2.13 할인율을 고려한 미래 보상의 현재 가치

그림 2.13에서 축 아래 부분은 타임스텝으로 현재 시간 t로부터 얼마나 미래 시점인지를 알려줍니다. 각 타임스텝마다 받은 보상을 시간 t의 시점에서의 보상으로 바꾼 것이 축의 윗부분입니다. 만약 t+3 시점에 받은 보상의 크기가 4이고 할인율이 0.5라면 t 시점에서 그 보상은 0.5×0.5×4=1의 가치를 가집니다.

시간 t 이후의 '시간 t 시점에서의 보상'을 모두 더하면 수식 2.18과 같이 나타낼 수 있습니다. k라는 시간 뒤에도 계속 에피소드가 계속된다고 가정합니다.

$$R_{t+1} + \gamma R_{t+2} + \gamma^2 R_{t+3} + \gamma^3 R_{t+4} + \gamma^4 R_{t+5} \cdots$$

수식 2.18 할인율을 적용한 보상들의 합

이 값을 반환값[Return] G_t라고 합니다. 다시 G_t에 대해 정리해보면 수식 2.19와 같이 나타낼 수 있습니다.

$$G_t = R_{t+1} + \gamma R_{t+2} + \gamma^2 R_{t+3} + \cdots$$

수식 2.19 반환값의 정의

반환값이라는 것은 에이전트가 실제로 환경을 탐험하며 받은 보상의 합입니다. 이 책에서는 에이전트와 환경이 유한한 시간동안 상호작용 하는 경우만 다룹니다. 이렇게 유한한 에이전트와 환경의 상호작용을 에피소드라고 부릅니다. 에피소드에서는 에피소드를 끝낼 수 있는 마지막 상태가 있습니다. 체스의 경우를 생각한다면 킹을 잃는 순간이 마지막 상태가 됩니다.

에이전트는 환경과 유한한 시간동안 상호작용을 할 것이고 마지막 상태가 되면 그때 반환값을 계산할 수 있습니다. 즉, 에이전트가 에피소드가 끝난 후에 '그때로부터 얼마의 보상을 받았지?'라며 보상을 정산하는 것이 반환값입니다. 만일 에피소드를 $t = 1$부터 5까지 진행했다면 에피소드가 끝난 후에 방문했던 상태들에 대한 5개의 반환값이 생길 것입니다.

$$G_1 = R_2 + \gamma R_3 + \gamma^2 R_4 + \gamma^3 R_5 + \gamma^4 R_6$$
$$G_2 = R_3 + \gamma R_4 + \gamma^2 R_5 + \gamma^3 R_6$$
$$G_3 = R_4 + \gamma R_5 + \gamma^2 R_6$$
$$G_4 = R_5 + \gamma R_6$$
$$G_5 = R_6$$

수식 2.20 받은 보상의 정산: 반환값

이렇게 얻은 반환값으로 각 상태의 가치를 알 수 있을까요? MDP로 정의되는 세계에서 에이전트와 환경의 상호작용은 불확실성을 내포하고 있습니다. 그래서 특정 상태의 반환값은 에피소드마다 다를 수 있습니다.

그렇다면 에이전트는 특정 상태의 가치를 무엇으로 판단할 수 있을까요? 간단히 말하자면 반환값에 대한 기댓값으로 특정 상태의 가치를 판단할 수 있습니다. 이것이 바로 가치함수의 개념입니다. 가치함수는 수식 2.21과 같이 표현할 수 있습니다.

$$v(s) = E[G_t \mid S_t = s]$$

수식 2.21 가치함수

그림 2.14 어떠한 상태에 가면 받을 것이라고 예상되는 값. 가치함수

각 타임스텝마다 받는 보상이 모두 확률적이고 반환값이 그 보상들의 합이므로 반환값은 확률변수입니다. 하지만 가치함수는 확률변수가 아니라 특정 양을 나타내는 값이므로 소문자로 표현합니다. 이처럼 상태의 가치를 고려하는 이유는 만약 현재 에이전트가 갈 수 있는 상태들의 가치를 안다면 그중에서 가장 가치가 제일 높은 상태를 선택할 수 있기 때문입니다.

사람도 마찬가지로 어떤 선택을 할 때 여러 선택을 놓고서 '이게 괜찮을 것 같은데' 하면서 각 선택이 가져올 가치의 기댓값을 따집니다. 정확하지 않아도 기댓값의 비교로도 선택은 가능합니다. 우리가 옷을 살 때도 입지 않았지만 눈으로 보고서 '괜찮겠다'라고 기대를 하면서 삽니다.

에이전트 또한 이러한 개념인 가치함수를 통해 어느 상태가 좋을지 판단합니다. 가치함수의 식에 위에서 정의한 반환값의 수식을 대입하면 수식 2.22와 같이 표현할 수 있습니다.

$$v(s) = E[R_{t+1} + \gamma R_{t+2} + \gamma^2 R_{t+3} \cdots \mid S_t = s]$$

수식 2.22 앞으로 받을 보상에 대한 기댓값인 가치함수

γR_{t+2}부터 뒤의 항을 γ로 묶어주고 그것을 반환값의 형태로 표현해봅니다.

$$v(s) = E[R_{t+1} + \gamma(R_{t+2} + \gamma R_{t+3} \cdots) \mid S_t = s]$$
$$v(s) = E[R_{t+1} + \gamma G_{t+1} \mid S_t = s]$$

수식 2.23 반환값으로 나타내는 가치함수

$R_{t+2} + \gamma R_{t+3} \cdots$ 부분을 반환값의 형태로 표현하긴 했지만 사실 에이전트가 실제로 받은 보상이 아닙니다. 이 보상은 앞으로 받을 것이라 예상하는 보상입니다. 따라서 이 부분을 앞으로 받을 보상에 대한 기댓값인 가치함수로 표현할 수 있습니다. 반환값을 가치함수로 바꿔서 표현하면 수식 2.24와 같습니다.

$$v(s) = E[R_{t+1} + \gamma v(S_{t+1}) \mid S_t = s]$$

수식 2.24 가치함수로 표현하는 가치함수의 정의

여기까지는 가치함수를 정의할 때 정책을 고려하지 않습니다. 하지만 에이전트가 앞으로 받을 보상에 대해 생각할 때 정책을 고려하지 않으면 안 됩니다. 왜냐하면 상태에서 상태로 넘어갈 때 에이전트는 무조건 행동을 해야 하고 각 상태에서 행동을 하는 것이 에이전트의 정책이기 때문입니다. 현재 상태에서 에이전트가 다음에 어떤 상태로 갈지 결정하는 것은 지금 에이전트가 정책에 따라 선택할 행동과 상태 변환 확률입니다.

보상은 어떤 상태에서 어떤 행동을 하는지에 따라 환경에서 에이전트에게 주어집니다. 따라서 MDP로 정의되는 문제에서 가치함수는 항상 정책에 의존하게 됩니다. 따라서 수식 2.25처럼 가치함수에 아래 첨자로 정책을 쓰면 더 명확한 수식이 됩니다. 또한 기댓값을 계산할 때도 정책에 따라 계산해야 하기 때문에 기댓값 기호 아래 첨자로 정책을 써줍니다.

$$v_\pi(s) = E_\pi[R_{t+1} + \gamma v_\pi(S_{t+1}) \mid S_t = s]$$

수식 2.25 정책을 고려한 가치함수의 표현

수식 2.25는 강화학습에서 상당히 중요한 벨만 기대 방정식Bellman Expectation Equation 입니다. 벨만 기대 방정식은 현재 상태의 가치함수 $v_\pi(s)$와 다음 상태의 가치함수 $v_\pi(S_{t+1})$ 사이의 관계를 말해주는 방정식입니다. 강화학습은 벨만 방정식을 어떻게 풀어나가느냐의 스토리입니다.

큐함수

가치함수는 말 그대로 "함수"입니다. 따라서 입력이 무엇이고 출력이 무엇인지 알 필요가 있습니다.

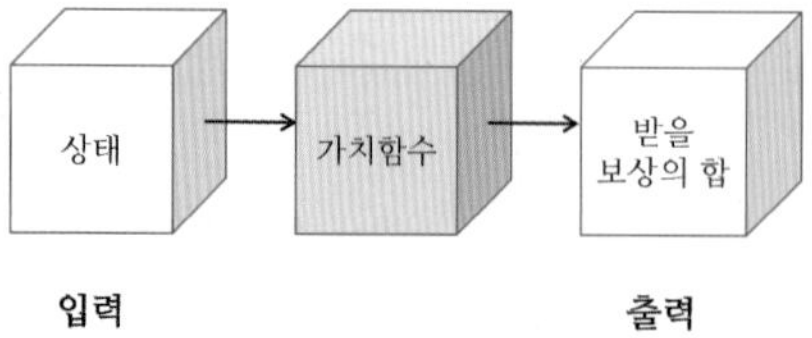

그림 2.15 가치함수는 상태를 입력으로 받아 앞으로 받을 보상의 합을 출력으로 내놓는다

지금까지 설명한 가치함수는 상태 가치함수 state value-function 입니다. 그림 2.15와 같이 상태가 입력으로 들어오면 그 상태에서 앞으로 받을 보상의 합을 출력하는 함수입니다. 에이전트는 가치함수를 통해 어떤 상태에 있는 것이 얼마나 좋은지 알 수 있습니다.

에이전트는 가치함수를 통해 다음에 어떤 상태로 가야 할지 판단할 수 있습니다. 어떤 상태로 가면 좋을지 판단한 후에 그 상태로 가기 위한 행동을 따져볼 것입니다. 하지만 다음 상태로 가기 전에 에이전트가 선택한 행동에 따라 즉각적으로 받는 보상이 달라집니다. 또한 에이전트가 왼쪽으로 가는 행동을 했더라도 상태 변환 확률에 따라 왼쪽으로 가지 않을 수 있습니다. 이런 요소들을 다 고려해서 에이전트는 어떤 행동을 할지 선택해야 합니다.

하지만 상태 가치함수가 각 상태에 대해 가치를 알려주는 것처럼 각 행동에 대해 가치를 알려주는 함수가 있다면 어떨까요? 에이전트는 그 함수의 값만 보고 바로 행동을 선택할 수 있을 것입니다. 이처럼 어떤 상태에서 어떤 행동이 얼마나 좋은지 알려주는 함수를 행동 가치함수라고 합니다. 간단하게 앞으로는 큐함수 Q Function 라고 부를 것입니다.

그림 2.16에서 흰색 상자는 상태를 의미하고 회색 상자는 특정한 행동을 한 상태를 의미합니다. 행동이 행동1, 행동2로 두 개가 있으면 하나의 상태에서 2개의 행동 상태를 가지는 것입니다. 2개의 행동 상태에서 따로 가치함수를 계산할 수 있는데, 그것이 바로 큐함수입니다. 따라서 큐함수는 상태, 행동이라는 두 가지 변수를 가지며 $q_\pi(s, a)$라고 나타냅니다.

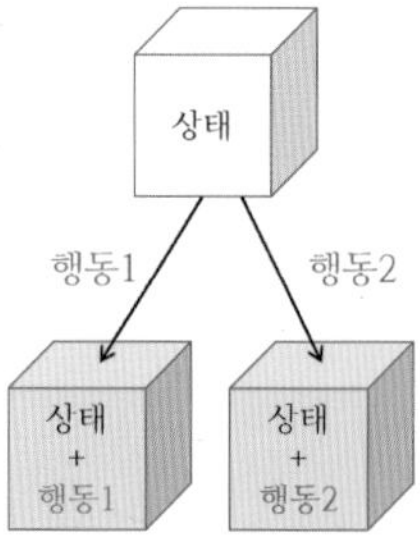

그림 2.16 큐함수의 다이어그램. 흰상자는 상태를 의미하고 회색상자는 행동 상태를 의미한다

가치함수와 큐함수 사이의 관계는 수식 2.26과 같이 표현할 수 있습니다.

1. 각 행동을 했을 때 앞으로 받을 보상인 큐함수 $q_\pi(s,a)$를 $\pi(a \mid s)$에 곱합니다.
2. 모든 행동에 대해 큐함수와 $\pi(a \mid s)$를 곱한 값을 더하면 가치함수가 됩니다.

$$v_\pi(s) = \sum_{a \in A} \pi(a \mid s)\, q_\pi(s,a)$$

수식 2.26 가치함수와 큐함수 사이의 관계식

큐함수는 강화학습에서 중요한 역할을 합니다. 강화학습에서 에이전트가 행동을 선택하는 기준으로 가치함수보다는 보통 큐함수를 사용합니다. 그 이유에 대해서는 뒤에서 설명하겠습니다.

큐함수 또한 벨만 기대 방정식의 형태로 나타낼 수 있습니다. 수식 2.27이 큐함수의 벨만 기대 방정식입니다. 가치함수의 식과 다른 점은 조건문에 행동이 더 들어간다는 점입니다.

$$q_\pi(s,a) = E_\pi[R_{t+1} + \gamma q_\pi(S_{t+1}, A_{t+1}) \mid S_t = s, A_t = a]$$

수식 2.27 큐함수의 정의

벨만 방정식

벨만 기대 방정식

가치함수는 어떤 상태의 가치를 나타냅니다. 어떤 상태의 가치함수는 에이전트가 그 상태로 갈 경우에 앞으로 받을 보상의 합에 대한 기댓값입니다. 가치함수는 현재 에이전트 정책의 영향을 받는데, 정책을 반영해 식으로 나타내면 수식 2.28과 같습니다.

$$v_\pi(s) = E_\pi[R_{t+1} + \gamma v_\pi(S_{t+1}) \mid S_t = s]$$

수식 2.28 벨만 기대 방정식

이 방정식을 벨만 기대 방정식이라고 합니다. 벨만 기대 방정식이라고 하는 이유는 식에 기댓값의 개념이 들어가기 때문입니다. 이 벨만 방정식은 현재 상태의 가치함수와 다음 상태의 가치함수 사이의 관계를 식으로 나타낸 것입니다.

벨만 방정식은 강화학습에서 상당히 중요한 부분을 차지합니다. 벨만 방정식이 강화학습에서 왜 그렇게 중요한 위치를 차지하고 있는 것일까요? 앞에서 정의했던 가치함수의 정의를 다시 살펴봅시다.

$$v_\pi(s) = E_\pi[R_{t+1} + \gamma R_{t+2} + \gamma^2 R_{t+3} \cdots \mid S_t = s]$$

수식 2.29 반환값으로 나타내는 가치함수

수식 2.29로부터 기댓값을 알아내려면 앞으로 받을 모든 보상에 대해 고려해야 합니다. 정의상으로는 가능하지만 상태가 많아질수록 상당히 비효율적인 방법입니다. 따라서 컴퓨터가 이 기댓값을 계산하기 위해 다른 조치가 필요합니다. 많은 컴퓨터 계산에서 방정식을 풀 때 식 하나로 풀어내는 방법보다는 식 자체로는 풀리지 않지만 계속 계산을 하면서 푸는 방법을 사용합니다.

예를 들어, 1을 100번 더해야 하는 문제가 있다고 해봅시다. 식 하나로 풀어내는 방법은 수식 2.30과 같습니다.

$$1 + 1 + 1 + \cdots + 1 = 100$$

수식 2.30 식 하나로 표현한 1을 100번 더하기

하지만 다른 방법으로 접근해볼 수도 있습니다. x라는 변수를 지정해 그 값에 1을 계속 더해나가는 방법입니다.

```
X = 0
for i in range(100):
    X = X + 1
```

위와 같은 방식으로 계산한다면 수식 2.30으로 푼 것과 같은 결과를 얻을 수 있습니다. 벨만 방정식을 이용해서 가치함수를 계산하는 것 또한 두 번째 방식과 같습니다. 한 번에 모든 것을 계산하는 것이 아니라 값을 변수에 저장하고 루프를 도는 계산을 통해 참 값을 알아나가는 것입니다. 이러한 과정은 뒤에서 설명할 다이내믹 프로그래밍과 관련이 있습니다. 벨만 기대 방정식을 다시 살펴봅시다.

$$v_\pi(s) = E_\pi[R_{t+1} + \gamma v_\pi(S_{t+1}) \mid S_t = s]$$

수식 2.31 벨만 기대 방정식

코드에서 = 연산자는 연산자를 기준으로 오른쪽 값을 왼쪽 변수에 대입하는 것입니다. 수식 2.31은 만약 가치함수가 참 값이라면 성립하겠지만 그렇지 않다면 수식의 왼쪽 항과 오른쪽 항의 값이 다릅니다. 이 경우에는 코드에서 = 연산자를 처리하듯이 원래 가치함수의 값을 업데이트합니다. 원래 가지고 있던 $v_\pi(s)$값을

$E_\pi[R_{t+1} + \gamma v_\pi(S_{t+1}) \mid S_t = s]$로 대체하는 것입니다. 즉, 현재 가치함수 값을 업데이트하는 것입니다. 하지만 업데이트하려면 기댓값을 계산해야 하는데 기댓값은 어떻게 계산할 수 있을까요?

기댓값에는 어떠한 행동을 할 확률(정책 $\pi(a \mid s)$)과 그 행동을 했을 때 어떤 상태로 가게 되는 확률(상태 변환 확률 $P_{ss'}^{a}$)이 포함돼 있습니다. 따라서 정책과 상태 변환 확률을 포함해서 계산하면 됩니다. 기댓값의 계산이 가능한 형태로 벨만 기대 방정식을 나타내면 수식 2.32와 같이 나타낼 수 있습니다.

$$v_\pi(s) = \sum_{a \in A} \pi(a \mid s)\left(r_{(s,a)} + \gamma \sum_{s' \in S} P_{ss'}^{a} v_\pi(s')\right)$$

수식 2.32 계산 가능한 벨만 방정식

상태 변환 확률은 환경의 일부로 환경을 만드는 사람이 설정할 수 있습니다. 그리드월드에서는 상태 변환 확률을 왼쪽으로 가는 행동을 할 때 1의 확률로 왼쪽으로 가는 것으로 설정합니다. 이런 환경에서는 에이전트가 왼쪽으로 가는 행동을 했다면 다음 타임스텝에 무조건 왼쪽으로 갑니다.

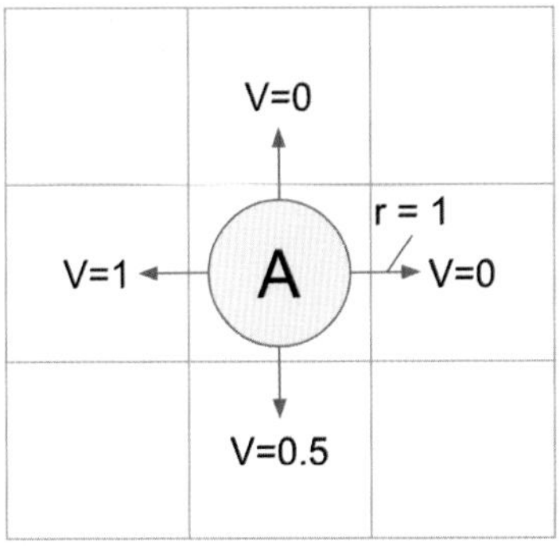

그림 2.17 그리드월드에서 가치함수의 업데이트

그림 2.17과 같은 예제를 생각해보겠습니다. A라고 적혀 있는 곳이 현재 에이전트가 있는 상태입니다. 현재 상태의 가치함수를 0이라고 할 때 벨만 기대 방정식을 통해 가치함수는 얼마로 업데이트될까요?

행동은 그림에서 볼 수 있듯이 “상, 하, 좌, 우”로 네 개가 있습니다. 에이전트의 초기 정책은 무작위로 행동하는 것으로서 각 행동은 25%의 확률로 선택됩니다. 또한 현재 에이전트의 상태에 저장된 가치함수는 0, 왼쪽 상태의 가치함수는 1, 밑의 상태의 가치함수는 0.5, 위의 상태의 가치함수는 0, 오른쪽 상태의 가치함수는 0입니다. 그리고 오른쪽으로 행동을 취할 경우 회색 별로 표현된 1의 보상을 받습니다. 할인율은 0.9입니다.

이전 페이지에서 했던 상태 변환 확률의 설정에 따라 수식 2.32는 수식 2.33으로 변형됩니다. s′은 사실상 MDP 상의 모든 상태가 될 수 있는 다음 상태이지만 편의상 에이전트의 행동으로 도착하게 될 상태라고 하겠습니다. 에이전트가 벨만 기대 방정식을 통해 가치함수를 업데이트할 때 수식 2.33을 사용합니다.

$$v_\pi(s) = \sum_{a \in A} \pi(a \mid s)\left(r_{(s,a)} + \gamma v_\pi(s')\right)$$

수식 2.33 상태 변환 확률이 1인 벨만 기대 방정식

이 식을 말로 표현하면 다음과 같이 말할 수 있습니다. (1) 각 행동에 대해 그 행동을 할 확률을 고려하고 (2) 각 행동을 했을 때 받을 보상과 (3) 다음 상태의 가치함수를 고려합니다. 표 2.1과 같이 각 행동에 대해 계산할 수 있습니다.

표 2.1 벨만 기대 방정식의 계산

1	행동 = 상	$0.25\times(0+0.9\times0)=0$
2	행동 = 하	$0.25\times(0+0.9\times0.5)=0.1125$
3	행동 = 좌	$0.25\times(0+0.9\times1)=0.225$
4	행동 = 우	$0.25\times(1+0.9\times0)=0.25$
총합	기댓값$=0+0.1125+0.225+0.25=0.5875$	

벨만 기대 방정식을 이용해 현재의 가치함수를 계속 업데이트하다 보면 참값을 구할 수 있습니다. 참값이라는 것은 최대로 받을 보상을 이야기하는 것이 아닙니다. 현재의 정책을 따라갔을 경우에 에이전트가 얻을 실제 보상의 값에 대한 참 기댓값입니다.

벨만 최적 방정식

벨만 기대 방정식을 통해 계속 계산을 진행하다 보면 언젠가 식의 왼쪽 항과 오른쪽 항이 동일해집니다.

$$v_\pi(s) = E_\pi[R_{t+1} + \gamma v_\pi(S_{t+1}) \mid S_t = s]$$

수식 2.34 벨만 기대 방정식

처음에 가치함수의 값들은 의미가 없는 값으로 초기화됩니다. 초깃값으로부터 시작해서 수식 2.34의 벨만 기대 방정식으로 반복적으로 계산한다고 가정해봅시다. 이 계산을 반복하다 보면 방정식의 왼쪽 식과 오른쪽 식이 같아집니다무한히 반복한다는 가정하에. 즉, $v_\pi(s)$ 값이 수렴하는 것입니다. 그렇다면 현재 정책 π에 대한 참 가치함수를 구한 것입니다.

참 가치함수와 최적 가치함수Optimal Value Function는 다릅니다. 참 가치함수는 "어떤 정책"을 따라서 움직였을 경우에 받게 되는 보상에 대한 참값입니다. 가치함수의 정의가 현재로부터 미래까지 받을 보상의 총합인데 이 값이 얼마가 될지에 대한 값입니다. 하지만 최적의 가치함수는 수많은 정책 중에서 가장 높은 보상을 얻게 되는 정책을 따랐을 때의 가치함수입니다.

수식 2.34를 기댓값을 계산하기 위한 형태인 수식 2.35로 변환해봅시다. 수식 2.35에서 $v_{k+1}(s)$의 아래 첨자는 현재 정책에 따라 k+1번째 계산한 가치함수를 뜻하고 그중에서 상태 s의 가치함수를 의미합니다. k+1번째의 가치함수는 k번째 가치함수 중에서 주변 상태들 s'을 이용해 구합니다. 이 계산은 모든 상태에 대해 동시에 진행합니다. 그리드월드에서는 25개의 상태에 대해 동시에 계산하는 것입니다.

뒤에서 배울 다이내믹 프로그래밍에서 수식 2.35에 대한 자세한 내용을 설명할 것입니다. 수식 2.35의 계산은 상태집합에 속한 모든 상태에 대해 가능한 행동들을 고려합니다. 주변 상태에 저장돼 있는 가치함수를 통해 현재의 가치함수를 업데이트합니다.

$$v_{k+1}(s) \leftarrow \sum_{a \in A} \pi(a \mid s)\left(r_{(s,a)} + \gamma v_k(s')\right)$$

수식 2.35 기댓값의 계산 가능한 형태의 벨만 기대 방정식

수식 2.35를 통해 현재 정책에 대한 참 가치함수를 구할 수 있습니다. 하지만 단순히 현재 에이전트의 정책에 대한 가치함수를 구하고 싶은 게 아니라 최적 정책을 찾는 것이라면 어떻게 할 수 있을까요? 강화학습은 결국은 MDP로 정의되는 문제에서 최적 정책을 찾는 것이라고 할 수 있습니다.

단순히 현 정책에 대한 가치함수를 찾는 것이 아니라 더 좋은 정책으로 현재의 정책을 업데이트해나가야 할 것입니다. 더 좋은 정책의 정의는 무엇일까요? 어떤 정책이 더 좋은 정책이라고 할 수 있을까요?

이는 정책을 따라갔을 때 받을 보상들의 합인 가치함수를 통해 판단할 수 있습니다. 가치함수가 결국 정책이 얼마나 좋은지를 말해주는 것입니다. 따라서 수식 2.36과 같이 모든 정책에 대해 가장 큰 가치함수를 주는 정책이 최적 정책입니다. max라는 함수는 모든 가능한 정책에 따른 $v_\pi(s)$ 값 중에서 최대를 반환하는 함수입니다. 최적 정책을 따라갔을 때 받을 보상의 합이 최적 가치함수입니다. 최적 큐함수 또한 같은 방식으로 수식 2.37로 구할 수 있습니다.

$$v_*(s) = \max_\pi [v_\pi(s)]$$

수식 2.36 최적의 가치함수

$$q_*(s,a) = \max_\pi [q_\pi(s,a)]$$

수식 2.37 최적의 큐함수

가장 높은 가치함수[큐함수]를 에이전트가 찾았다고 가정해 봅시다. 이때 최적 정책은 각 상태 s에서의 최적의 큐함수 중에서 가장 큰 큐함수를 가진 행동을 하는 것입니다. 즉, 선택 상황에서 판단 기준은 큐함수이며, 최적 정책은 언제나 이 큐함수 중에서 가장 높은 행동을 하는 것입니다. 따라서 최적 정책은 최적 큐함수 q_*만 안다면 수식 2.38과 같이 구할 수 있습니다. argmax는 q_*를 최대로 해주는 행동 a를 반환하는 함수입니다.

$$\pi_*(s,a) = \begin{cases} 1 & \text{if } a = \text{argmax}_{a \in A} q_*(s,a) \\ 0 & \text{otherwise} \end{cases}$$

수식 2.38 최적 정책

그렇다면 최적 가치함수 혹은 큐함수는 어떻게 구할 수 있을까요? 그것을 구하는 것이 순차적 행동 결정 문제를 푸는 것입니다. 어떻게 최적의 가치함수를 구하는지에 대해서는 다음 장에서 다루겠습니다. 여기서는 최적의 가치함수끼리의 관계가 어떻게 되는지를 살펴보겠습니다.

벨만 방정식은 현재 상태의 가치함수와 다음 타임스텝 상태의 가치함수 사이의 관계식입니다. 현재 상태의 가치함수가 최적이라고 가정해봅시다. 현재 상태의 가치함수가 최적이라는 것은 에이전트가 가장 좋은 행동을 선택한다는 것입니다. 에이전트는 무엇을 기준으로 어떤 행동이 가장 좋은지를 알까요? 앞에서 말한 큐함수입니다.

이때 선택의 기준이 되는 큐함수가 최적의 큐함수가 아니라면 아무리 에이전트가 큐함수 중 최대를 선택해도 가치함수는 최적의 가치함수가 되지 않습니다. 따라서 수식 2.39와 같이 최적의 큐함수 중에서 max를 취하는 것이 최적의 가치함수가 됩니다.

$$v_*(s) = \max_a [q_*(s,a) \mid S_t = s, A_t = a]$$

수식 2.39 큐함수 중 최대를 선택하는 최적 가치함수

수식 2.39에서 큐함수를 가치함수로 고쳐서 표현하면 수식 2.40과 같습니다.

$$v_*(s) = \max_a E[R_{t+1} + \gamma v_*(S_{t+1}) \mid S_t = s, A_t = a]$$

수식 2.40 벨만 최적 방정식

이를 벨만 최적 방정식Bellman Optimality Equation이라 부르며, 이 식은 최적의 가치함수에 대한 것입니다. 큐함수에 대해서도 벨만 최적 방정식을 표현할 수 있는데, 수식

2.41과 같이 표현합니다. 최적 정책을 따라갈 때 현재 상태의 큐함수는 다음 상태에 선택 가능한 행동 중에서 가장 높은 값의 큐함수를 1번 할인하고 보상을 더한 것과 같습니다.

$$q_*(s,a) = E[R_{t+1} + \gamma \max_{a'} q_*(S_{t+1}, a') \mid S_t = s, A_t = a]$$

수식 2.41 큐함수에 대한 벨만 최적 방정식

수식 2.40에서 R_{t+1}의 앞에 E가 있는 이유는 다음 상태가 상태 변환 확률에 따라 달라지기 때문입니다.

벨만 기대 방정식과 벨만 최적 방정식을 이용해 MDP로 정의되는 문제를 "계산"으로 푸는 방법이 바로 다음 장에서 다룰 다이내믹 프로그래밍 Dynamic programming 입니다.

정리

MDP

순차적 행동 결정 문제를 수학적으로 정의한 것이 MDP입니다. MDP는 상태, 행동, 보상함수, 상태 변환 확률, 할인율로 구성돼 있습니다. 순차적 행동 결정 문제를 푸는 과정은 더 좋은 정책을 찾는 과정입니다.

가치함수

에이전트가 어떤 정책이 더 좋은 정책인지 판단하는 기준이 가치함수이며, 정의는 다음과 같습니다. 가치함수는 현재 상태로부터 정책을 따라갔을 때 받을 것이라 예상되는 보상의 합입니다.

$$v_\pi(s) = E_\pi[R_{t+1} + \gamma v_\pi(S_{t+1}) \mid S_t = s]$$

에이전트는 정책을 업데이트할 때 가치함수를 사용할 텐데, 보통 가치함수보다는 에이전트가 선택할 각 행동의 가치를 직접적으로 나타내는 큐함수를 사용합니다. 큐함수의 정의는 다음과 같습니다.

$$q_\pi(s, a) = E_\pi[R_{t+1} + \gamma q_\pi(S_{t+1}, A_{t+1}) \mid S_t = s, A_t = a]$$

벨만 방정식

현재 상태의 가치함수와 다음 상태 가치함수의 관계식이 벨만 방정식입니다. 벨만 기대 방정식은 특정 정책을 따라갔을 때 가치함수 사이의 관계식이며, 다음과 같습니다.

$$v_\pi(s) = E_\pi[R_{t+1} + \gamma v_\pi(S_{t+1}) \mid S_t = s]$$

더 좋은 정책을 찾아가다 보면 최적의 정책을 찾을 것입니다. 최적의 정책은 최적의 가치함수를 받게 하는 정책이며, 그때 가치함수 사이의 관계식이 벨만 최적 방정식입니다. 벨만 최적 방정식은 다음과 같습니다.

$$v_*(s) = \max_a E[R_{t+1} + \gamma v_*(S_{t+1}) \mid S_t = s, A_t = a]$$

3장

강화학습 기초 2: 그리드월드와 다이내믹 프로그래밍

다이내믹 프로그래밍은 작은 문제가 큰 문제 안에 중첩돼 있는 경우에 작은 문제의 답을 다른 작은 문제에서 이용함으로써 효율적으로 계산하는 방법입니다.

다이내믹 프로그래밍으로 벨만 기대 방정식을 푸는 것이 정책 이터레이션이며 벨만 최적 방정식을 푸는 것이 가치 이터레이션입니다. 이번 장에서는 정책 이터레이션과 가치 이터레이션을 그리드월드 예제를 통해 코드로 실습해보겠습니다.

벨만이 만든 다이내믹 프로그래밍은 이후에 강화학습의 근간이 됐기 때문에 제대로 이해하는 것이 중요합니다. 이 다이내믹 프로그래밍의 한계를 극복하고자 학습을 사용하는 것이 강화학습입니다.

다이내믹 프로그래밍과 그리드월드

순차적 행동 결정 문제

강화학습은 순차적으로 행동을 결정해야 하는 문제를 푸는 방법 중 하나입니다. 앞 장에서 MDP를 정의하고 벨만 방정식을 세우는 과정을 다뤘습니다. 이 벨만 방정식을 통해 순차적 행동 결정 문제를 푸는 방법을 정리하면 그림 3.1과 같습니다.

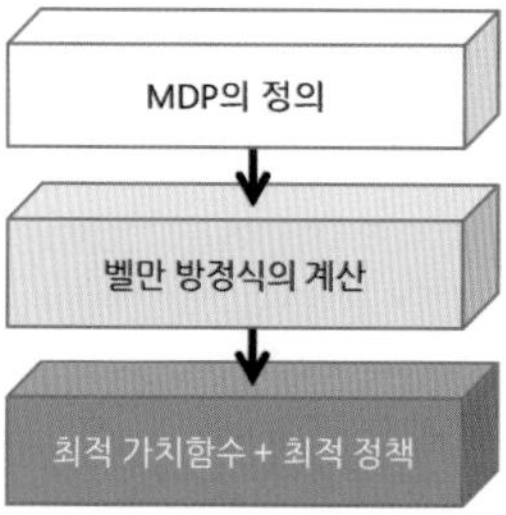

그림 3.1 순차적 행동 결정 문제를 풀어나가는 과정

이 과정을 단계적으로 나타내면 3단계로 나눌 수 있습니다.

1. 순차적 행동 문제를 MDP로 전환한다.
2. 가치함수를 벨만 방정식으로 반복적으로 계산한다.
3. 최적 가치함수와 최적 정책을 찾는다.

이번 장에서는 단계 2와 단계 3에 대해 다룰 것입니다. 2장에서 정의했듯이 벨만 방정식은 벨만 기대 방정식과 벨만 최적 방정식으로 나뉩니다. 이 방정식들을 통해 최적 가치함수와 최적 정책을 찾는 것이 순차적 행동 결정 문제의 목표입니다. 강화학습 또한 순차적 행동 결정 문제를 푸는 방법이기 때문에 벨만 방정식을 이해해야 강화학습을 이해할 수 있습니다.

벨만 방정식을 푼다는 것은 어떤 의미일까요? 보통 수학에서 "방정식을 푼다"라고 하면 식을 만족하는 변수의 값을 찾는 것을 말합니다. 벨만 방정식 또한 마찬가지입니다. 벨만 방정식을 통해 에이전트가 하고 싶은 것은 수식 3.1을 만족하는 v_*를 찾고 싶은 것입니다. 이 값을 찾는다면 벨만 방정식은 풀린 것이며, 에이전트는 최적 가치 함수를 알아낸 것입니다. 이것은 큐함수에 대해서도 마찬가지입니다.

$$v_*(s) = \max_a E[R_{t+1} + \gamma v_*(S_{t+1}) \mid S_t = s, A_t = a]$$

수식 3.1 벨만 최적 방정식

다이내믹 프로그래밍

순차적 행동 문제를 푸는 방법은 여러 가지가 있습니다. 이 책에서 다루고 있는 강화학습보다 먼저 벨만 방정식을 푸는 알고리즘이 존재했습니다. 바로 다이내믹 프로그래밍입니다. 다이내믹 프로그래밍은 벨만 방정식을 이해한 사람이라면 그렇게 어렵지 않습니다. 다이내믹 프로그래밍을 처음 제시한 사람 또한 벨만 방정식을 만든 리처드 벨만Richard E. Bellman 입니다. 벨만 방정식은 다이내믹 프로그래밍 방정식이라고도 불리며 최적화에 관련된 방정식입니다.

리처드 벨만은 1953년에 다이내믹 프로그래밍을 처음 소개했습니다[6]. 다이내믹Dynamic 이라는 말은 동적 메모리라는 예시를 보면 이해하기 쉽습니다. 동적 메모리란 메모리가 어느 특정 위치에 어느 크기만큼 정해진 것이 아니라 시간에 따라 변하는 것입니다. 따라서 다이내믹이라는 말은 그 말이 가리키는 대상이 시간에 따라 변한다는 것을 말합니다. 또한 프로그래밍이라는 말은 우리가 생각하는 "컴퓨터 프로그

---

6 https://en.wikipedia.org/wiki/Richard_E._Bellman

래밍"이 아닙니다. 여기서 말하는 프로그래밍이란 말 그대로 계획을 하는 것으로서 여러 프로세스가 다단계로 이뤄지는 것을 말합니다.

다이내믹 프로그래밍의 기본적인 아이디어는 큰 문제 안에 작은 문제들이 중첩된 경우에 전체 큰 문제를 작은 문제로 쪼개서 풀겠다는 것입니다. 여기서 작은 문제들이 위에서 언급했던 하나의 프로세스가 되는 것이고 이 작은 문제들을 다단계로 풀어가는 것이 프로그래밍이 되는 것입니다. 하나의 프로세스를 대상으로 문제를 풀어나가는 것이 아니라 시간에 따라 다른 프로세스들을 풀어나가기 때문에 다이내믹 프로그래밍이라 부르는 것입니다.

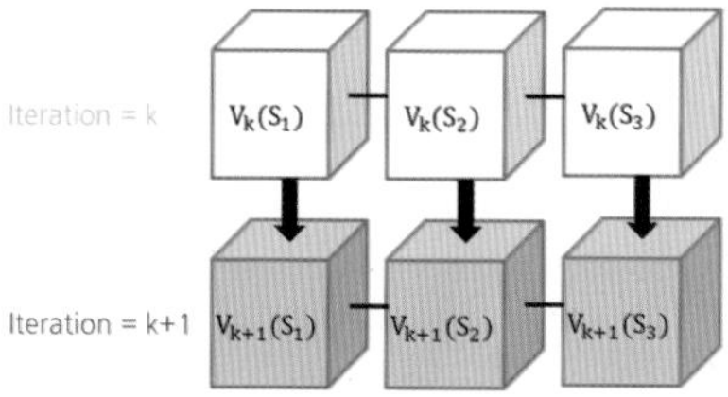

그림 3.2 다이내믹 프로그래밍의 개념

다이내믹 프로그래밍은 큰 문제를 바로 푸는 것이 아니라 작은 문제들을 풀어나갑니다. 이때 각각의 작은 문제들이 별개가 아니기 때문에 작은 문제들의 해답을 서로서로 이용할 수 있습니다. 이 특성을 이용하면 결과적으로 계산량을 줄일 수 있습니다.

그림 3.2는 다이내믹 프로그래밍의 개념을 그림으로 표현한 것입니다. 예를 들기 위해 세 개의 상태가 있다고 가정하겠습니다. 문제의 목표는 각 상태의 참 가치함수를 구하는 것입니다. 즉, $v_\pi(s_1)$과 $v_\pi(s_2)$, $v_\pi(s_3)$의 참값을 구하는 것입니다. 이것이 하나의 큰 문제입니다. 이 큰 문제를 어떻게 작은 문제로 쪼개서 풀 수 있을까요? 수식 3.2와 같이 한 번에 $v_\pi(s)$를 구하는 것이 아니라 여러 번에 나눠서 구하는 것입니다.

$$v_0(s) \rightarrow v_1(s) \rightarrow \cdots \rightarrow v_k(s) \rightarrow \cdots \rightarrow v_\pi(s)$$

수식 3.2 가치함수를 구하는 과정을 작은 과정으로 쪼개서 반복적으로 계산한다

이때 수식 3.2의 한 번의 화살표는 한 번의 계산으로서 그림 3.2에서 iteration = k에서 iteration = k+1이 되는 과정입니다. 이 계산은 모든 상태에 대해 하며 한 번 계산이 끝나면 모든 상태의 가치함수를 업데이트합니다. 다음 계산은 업데이트된 가치함수를 이용해 다시 똑같은 과정을 반복하는 것입니다. 이런 식으로 계산하면 이전의 정보를 이용해 효율적으로 업데이트할 수 있게 됩니다.

다이내믹 프로그래밍은 여러 분야에서 많이 사용되고 있으며 약간은 다른 모습으로 적용되고 있으나 기본 개념은 같습니다. 순차적 행동 문제를 푸는 다이내믹 프로그래밍은 벨만 방정식을 푸는 것입니다. 이러한 다이내믹 프로그래밍에는 정책 이터레이션 Policy Iteration 과 가치 이터레이션 Value Iteration 이 있습니다. 정책 이터레이션은 벨만 기대 방정식을 이용해 순차적인 행동 결정 문제를 풀고 가치 이터레이션은 벨만 최적 방정식을 이용해 문제를 풉니다.

격자로 이뤄진 간단한 예제: 그리드월드

그림 3.3은 앞에서 설명한 MDP의 정의에서 사용했던 그리드월드 예제이며, 그 MDP를 그대로 다이내믹 프로그래밍의 예시로 사용할 것입니다.

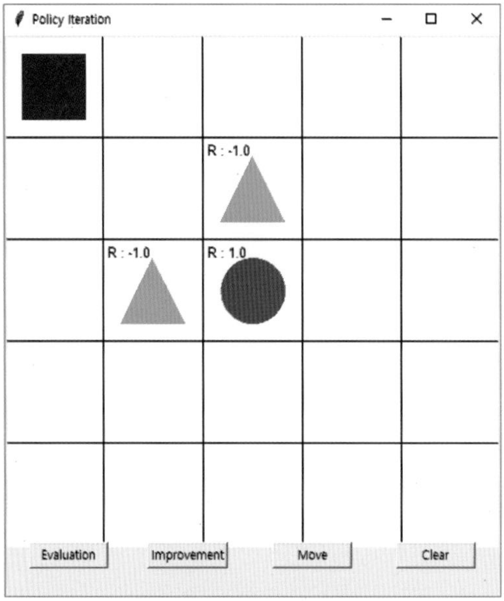

그림 3.3 그리드월드 예제

이 예제의 설정은 다음과 같습니다. 빨간색 네모는 에이전트를 의미합니다. 에이전트는 파란색 동그라미로 가야 하는데 파란색 동그라미 주변에는 (−1)의 보상을 주는 연두색 세모가 막고 있습니다.

따라서 문제의 의도는 에이전트가 세모를 피해서 파란색으로 도착해서 (+1)의 보상을 받는 것입니다. 단순히 (+1)을 받는 것이 아니라 파란색에 도착하는 최적 정책을 찾는 것이 목표입니다.

다이내믹 프로그래밍 1: 정책 이터레이션

강화학습 알고리즘의 흐름

MDP부터 강화학습의 기본적인 알고리즘까지 전반적인 흐름을 도식으로 나타내자면 그림 3.4와 같습니다.

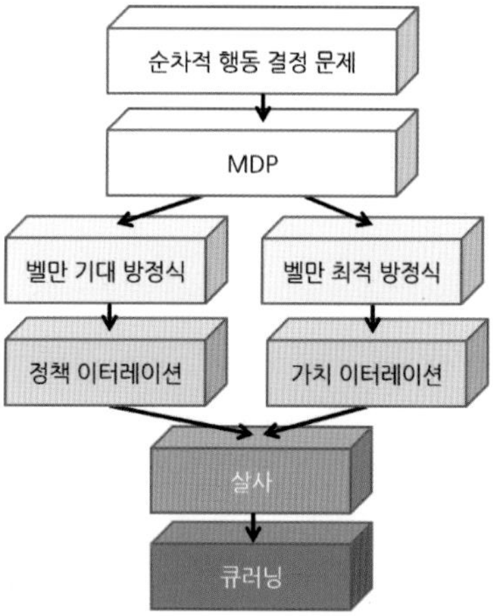

그림 3.4 강화학습 알고리즘의 흐름도

순차적 행동 결정 문제는 MDP를 통해 수학적으로 정의될 수 있습니다. MDP로 정의되는 문제에서 목표는 에이전트가 받을 보상의 합을 최대로 하는 것입니다. 에이전트는 가치함수를 통해 자신이 이 목표에 얼마나 다가갔는지를 알 수 있습니다. 가치함수가 에이전트가 받을 보상의 합에 대한 기댓값이기 때문입니다. 이 가치함수에 대한 방정식이 벨만 방정식이고 벨만 방정식은 벨만 기대 방정식과 벨만 최적 방정식으로 나뉩니다.

기본적으로 벨만 방정식은 다이내믹 프로그래밍을 통해 풀 수 있습니다. MDP로 정의되는 문제를 푸는 다이내믹 프로그래밍에는 두 가지가 있는데 정책 이터레이션과 가치 이터레이션입니다. 정책 이터레이션과 가치 이터레이션은 후에 살사SARSA로 발전하며, 살사는 오프폴리시 off-policy 방법으로 변형되어 큐러닝 Q-Learning 으로 이어집니다. 우선 정책 이터레이션을 살펴보겠습니다.

정책 이터레이션

다이내믹 프로그래밍의 한 종류로서 벨만 기대 방정식을 사용해 MDP로 정의되는 문제를 푸는 정책 이터레이션을 살펴보겠습니다.

정책은 에이전트가 모든 상태에서 어떻게 행동할지에 대한 정보입니다. MDP로 정의되는 문제에서 결국 알고 싶은 건 가장 높은 보상을 얻게 하는 정책을 찾는 것입니다. 하지만 처음에는 이 정책을 알 수가 없습니다. 따라서 어떤 특정한 정책을 시작으로 계속 발전시켜나가는 방법을 사용합니다. 보통 처음에는 그림 3.5처럼 무작위로 행동을 정하는 정책으로부터 시작합니다.

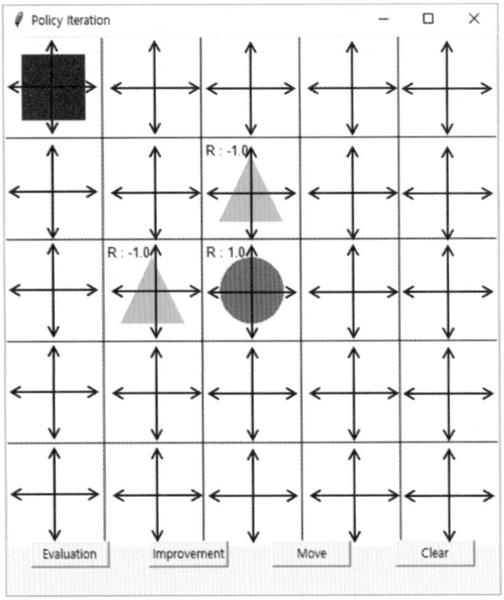

그림 3.5 에이전트의 처음 정책인 무작위 정책

하지만 우리가 눈으로 봐도 알 수 있듯이 얻고자 하는 최적 정책은 무작위정책 random policy 이 아닙니다. 그렇다면 현재의 정책을 "평가"하고 더 나은 정책으로 "발전"해야 합니다. 정책 이터레이션에서는 평가를 정책 평가 Policy Evaluation 라고 하며, 발전을 정책 발전 Policy Improvement 이라고 합니다.

어떤 정책이 있을 때 그 정책을 정책 평가 과정을 통해 얼마나 좋은지 평가하고 그 평가를 기준으로 정책을 좀 더 나은 정책으로 발전시킵니다. 좀 더 나은 정책이 또 현재의 정책이 되어 위 과정을 반복합니다. 이를 그림으로 나타낸 것이 그림 3.6입니다. 이러한 과정을 무한히 반복하면 정책은 최적 정책으로 수렴합니다.

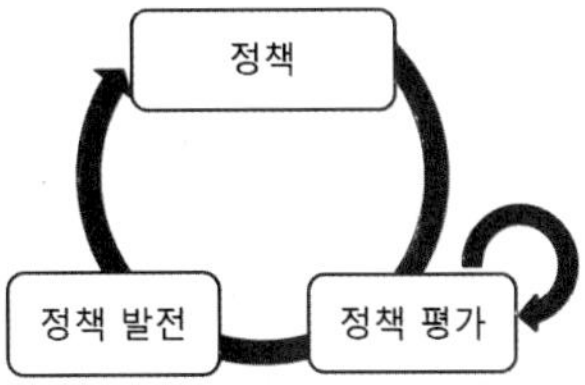

그림 3.6 정책 평가와 정책 발전을 통해 새로운 정책으로 업데이트

정책 평가

하지만 정책을 어떻게 평가할 수 있을까요? 바로 3장에서 배운 가치함수가 정책이 얼마나 좋은지 판단하는 근거가 됩니다. 수식 3.3은 가치함수의 정의입니다. 가치함수는 현재의 정책 π를 따라갔을 때 받을 보상에 대한 기댓값입니다. 어떻게 하면 보상을 많이 받을 수 있을지를 알아내는 것이 에이전트의 목표입니다. 따라서 현재 정책에 따라 받을 보상에 대한 정보가 정책의 가치가 되는 것입니다.

$$v_\pi(s) = E_\pi[R_{t+1} + \gamma R_{t+2} + \gamma^2 R_{t+3} \cdots \mid S_t = s]$$

수식 3.3 정책에 대한 평가의 기준이 되는 가치함수

다이내믹 프로그래밍에서는 환경에 대한 모든 정보를 알고 문제에 접근하기 때문에 수식 3.3을 계산할 수는 있습니다. 하지만 수식 3.3을 통해 가치함수를 계산하기 어렵습니다. 더 먼 미래까지 고려할수록 일어날 수 있는 경우의 수가 기하급수적으로 늘어나기 때문입니다. 다이내믹 프로그래밍은 이러한 계산량의 문제를 해결해줍니다. 바로 문제를 더 작은 문제를 쪼개고 작은 문제에 저장된 값들을 서로 이용해 계산하는 방식을 사용하기 때문입니다.

정책 이터레이션에서는 다이내믹 프로그래밍을 수행하는 수식으로서 벨만 기대 방정식을 사용합니다. 수식 3.4는 앞에서도 살펴본 벨만 기대 방정식입니다. 핵심은 주변 상태의 가치함수와 한 타임스텝의 보상만 고려해서 현재 상태의 다음 가치함수를 계산하겠다는 것입니다. 이 과정은 한 타임스텝의 보상만 고려하고 주변 상태의 가치함수들은 참 가치함수가 아닙니다. 따라서 이렇게 계산해도 이 값은 실제 값이 아닙니다. 하지만 이러한 계산을 여러 번 반복한다면 참 값으로 수렴하는 것입니다.

$$v_\pi(s) = E_\pi[R_{t+1} + \gamma v_\pi(S_{t+1}) \mid S_t = s]$$

수식 3.4 벨만 기대 방정식을 통한 효율적인 가치함수의 계산

위 식을 계산 가능한 형태로 고쳐봅니다. 컴퓨터가 계산하려면 기댓값, 즉 확률적인 부분을 합의 형태로 바꿔야 합니다. 고친 식은 수식 3.5와 같습니다. 이런 수식으로 전개될 수 있는 이유는 그리드월드의 상태 변환 확률에 대해 오른쪽으로 가는 행동을 했을 때 무조건 오른쪽으로 간다고 설정을 했기 때문입니다.

$$v_\pi(s) = \sum_{a \in A} \pi(a \mid s)\left(r_{(s,a)} + \gamma v_\pi(s')\right)$$

수식 3.5 합의 형태로 표현한 벨만 기대 방정식

정책 평가는 π라는 정책에 대해 반복적으로 수행하는 것입니다. 따라서 계산의 단계를 표현할 새로운 변수 $k = 1, 2, 3, 4, \cdots$를 설정합니다. k번째 가치함수를 통해 k+1번째 가치함수를 계산하는 방정식은 수식 3.6과 같습니다.

$$v_{k+1}(s) = \sum_{a \in A} \pi(a \mid s)\left(r_{(s,a)} + \gamma v_k(s')\right)$$

수식 3.6 k번째 가치함수를 통해 k+1번째 가치함수를 계산한다

2장에서 설명한 벨만 기대 방정식의 계산 방법을 다시 살펴봅시다. 그림 3.7은 간단한 벨만 기대 방정식을 이용해 가치함수를 업데이트하는 예제입니다. 정책은 무작위 정책으로서 상, 하, 좌, 우를 선택할 확률이 각각 0.25씩입니다. A는 에이전트를 의미하고 그 위치가 현재 에이전트의 상태입니다. 상태 변환 확률은 모든 상황에 대해 1이라고 설정하고 할인율은 0.9로 설정합니다.

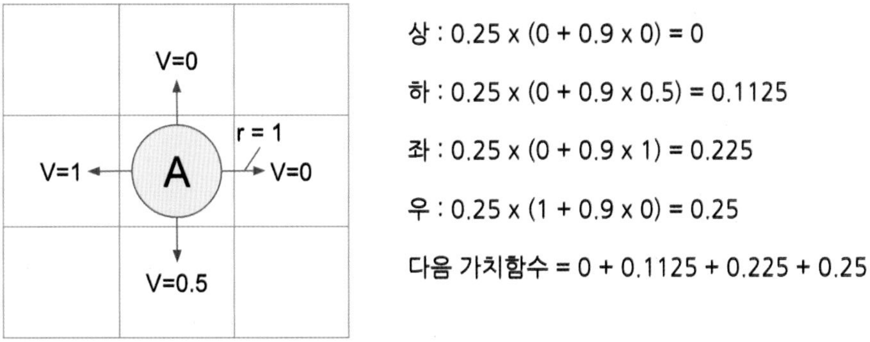

그림 3.7 그리드월드에서 가치함수의 계산

이 에이전트의 가치함수를 업데이트하려면 에이전트가 다음 타임스텝 상태의 가치함수를 이용해야 합니다. 현재 에이전트는 상, 하, 좌, 우의 행동이 가능하고 각 행동을 취했을 때 상, 하, 좌, 우의 상태로 갈 수 있습니다. 따라서 그 상태들의 가치함수로 현재 상태의 다음 가치함수를 계산합니다.

이 과정은 모든 상태에 대해 동시에 진행합니다. 그림 3.8은 이러한 과정을 그림으로 나타낸 것입니다. 정책 평가의 매 과정을 k번째와 k+1번째 가치함수 행렬 사이의 관계로 나타낸 것입니다. k+1번째 가치함수 행렬에서 현재 상태하늘색의 가치함수는 다음 상태보라색의 가치함수를 고려해서 계산합니다.

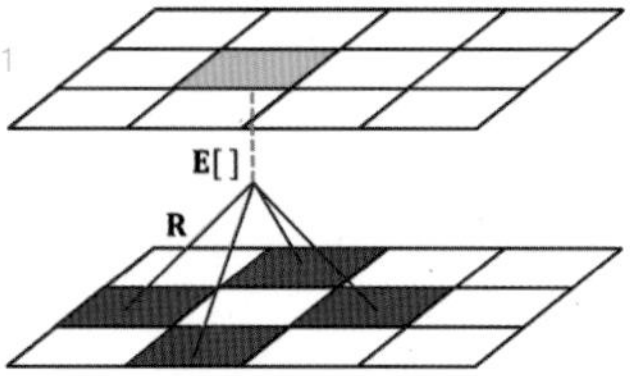

그림 3.8 벨만 기대 방정식을 이용한 현재 상태의 가치함수 업데이트

한 번의 정책 평가 과정을 순서대로 나타내면 다음과 같습니다.

1. k번째 가치함수 행렬에서 현재 상태 s에서 갈 수 있는 다음 상태 s′에 저장돼 있는 가치함수 $v_k(s')$을 불러옵니다보라색 부분 중의 하나.
2. $v_k(s')$에 할인율 γ를 곱하고 그 상태로 가는 행동에 대한 보상 R_s^a을 더합니다.

$$r_{(s,a)} + \gamma v_k(s')$$

3. 2번에서 구한 값에 그 행동을 할 확률, 즉 정책 값을 곱합니다.

$$\pi(a \mid s)(r_{(s,a)} + \gamma v_k(s'))$$

4. 3번을 모든 선택 가능한 행동에 대해 반복하고 그 값들을 더합니다.

$$\sum_{a \in A} \pi(a \mid s)(r_{(s,a)} + \gamma v_k(s'))$$

5. 4번 과정을 통해 더한 값을 k+1번째 가치함수 행렬의 상태 s자리에 저장합니다.
6. 1~5번 과정을 모든 $s \in \boldsymbol{S}$에 대해 반복합니다.

$$s \in \boldsymbol{S}$$

이것은 한 번의 정책평가 과정입니다. 하지만 한 번의 정책평가로는 제대로 현재 정책에 대한 평가를 할 수 없습니다. 따라서 이 과정을 여러 번 반복하는데, v_1로 시작해서 무한히 반복하면 참 v_π가 될 수 있습니다.

정책 발전

정책에 대한 평가를 마쳤다면 정책을 발전시켜야 합니다. 애초에 정책을 발전시키지 않는다면 정책에 대한 평가는 의미가 없습니다. 그렇다면 정책 평가를 바탕으로 어떻게 정책을 발전시킬 수 있을까요?

사실 정책 발전의 방법이 정해져 있는 것은 아닙니다. 하지만 이 책에서는 가장 널리 알려진 탐욕 정책 발전Greedy Policy Improvement 을 소개하겠습니다. 탐욕 정책 발전의 개념은 단순합니다. 정책이 모든 상태에 대해 정의돼 있기 때문에 탐욕 정책 발전도 모든 상태에 적용합니다. 상태 $s \in \boldsymbol{S}$의 정책은 수식 3.7과 같이 무작위 정책이었습니다. 정책 평가의 과정을 거치면 각 행동에 대한 가치를 알 수 있습니다.

$$\begin{aligned} \pi(\text{up} \mid s) &= 0.25 \\ \pi(\text{down} \mid s) &= 0.25 \\ \pi(\text{left} \mid s) &= 0.25 \\ \pi(\text{right} \mid s) &= 0.25 \end{aligned}$$

수식 3.7 초기의 무작위 정책

정책 평가를 통해 구한 것은 에이전트가 정책을 따랐을 때의 모든 상태에 대한 가치함수입니다. 어떻게 이 가치함수를 통해 각 상태에 대해 어떤 행동을 하는 것이 좋은지를 알 수 있을까요? 2장에서 배운 큐함수를 사용하면 어떤 행동이 좋은지 알 수 있습니다. 큐함수의 정의는 다음과 같습니다.

$$q_\pi(s,a) = E_\pi[R_{t+1} + \gamma v_\pi(S_{t+1}) \mid S_t = s, A_t = a]$$

수식 3.8 큐함수의 정의

수식 3.8의 큐함수 정의에서 기댓값 대신에 계산 가능한 형태로 수식 3.9와 같이 바꿔 쓸 수 있습니다. 이 때, s′은 행동 a를 통해 도달하게 되는 상태를 의미합니다.

$$q_\pi(s,a) = r_{(s,a)} + \gamma v_\pi(s')$$

수식 3.9 계산 가능한 형태로 고친 큐함수

에이전트가 해야 할 일은 단순합니다. 상태 s에서 선택 가능한 행동의 $q_\pi(s,a)$를 비교하고 그중에서 가장 큰 큐함수를 가지는 행동을 선택하면 됩니다. 이것을 탐욕 정책 발전이라고 하는데, 눈 앞에 보이는 것 중에서 당장에 가장 큰 이익을 추구하는 것과 같은 모습이기 때문에 이러한 이름이 붙었습니다.

탐욕 정책 발전을 통해 업데이트된 정책은 수식 3.10과 같습니다. argmax는 가장 큰 큐함수를 가지는 행동을 반환하는 함수입니다. max 함수와는 다르게 반환되는 것이 행동입니다.

$$\pi'(s) = \operatorname{argmax}_{a \in A} q_\pi(s,a)$$

수식 3.10 탐욕 정책 발전으로 얻은 새로운 정책

그림 3.9 큐함수의 값이 제일 높은 행동을 선택하는 탐욕 정책 발전

그림 3.9는 탐욕 정책 발전을 그림으로 나타낸 것입니다. 에이전트가 어떠한 상태에서 행동을 선택할 때 자신이 할 수 있는 행동들의 큐함수 검은색 화살표 를 비교하고 가장 큰 큐함수를 가진 보라색의 행동을 취하는 것입니다. 보라색으로 가는 행동의 큐함수가 가장 큰 값을 가지기 때문에 argmax 함수를 통해 얻는 정책은 보라색 상태로 가는 행동만 선택합니다.

탐욕 정책 발전을 통해 정책을 업데이트하면 이전 가치함수에 비해 업데이트된 정책으로 움직였을 때 받을 가치함수가 무조건 크거나 같습니다. 다이내믹 프로그래밍에서는 이처럼 탐욕 정책 발전을 사용하면 단기적으로 무조건 이익을 봅니다. 장기적으로는 가장 큰 값의 가치함수를 가지는 최적 정책에 수렴할 수 있습니다.

정책 이터레이션 코드 설명

정책 이터레이션 소스코드는 rlcode 깃허브 저장소의 "1-grid-world/1-policy-iteration" 폴더에 있습니다. 정책 이터레이션 코드는 두 가지 파일로 이뤄져 있습니다. 그리드월드 예제 안의 모든 코드는 이와 같은 구조로 돼 있습니다.

1. **policy_iteration.py**

   PolicyIteration 클래스를 포함하며, 클래스에는 정책 이터레이션의 알고리즘 관련 함수와 main 함수가 정의돼 있습니다.

2. **environment.py**

   그리드월드 예제의 화면을 구성하고 상태, 보상 등을 포함한 환경에 대한 정보를 제공하기 위한 함수로 구성돼 있습니다.

그리드월드의 경우 환경을 직접 만든 것이기 때문에 environment.py 파일이 있지만 보통 강화학습을 적용할 때는 이미 구축되어 있는 환경에 에이전트를 생성해서 학습시키기 때문에 에이전트에 관한 파일만 있어도 됩니다. 앞으로 나올 내용에서도 대부분 에이전트에 관한 이론과 코드를 다룰 것입니다. 환경과의 상호작용이 대부분 에이전트 소스코드 파일 안에 포함되기 때문입니다.

하지만 한 번쯤은 환경이 어떻게 구성돼 있는지도 살펴보는 것이 좋습니다. 강화학습을 적용하고 싶은 대상이 오픈에이아이 짐 OpenAI Gym 처럼 편리하게 환경을 모두 구성해 놓지 않을 수 있기 때문입니다. 따라서 관심이 있는 독자분은 environment.py 파일이 어떤 식으로 구성돼 있는지 살펴보는 것을 권장합니다.

이 책에서는 이론으로 설명한 부분이 소스코드로 어떻게 구현되는지, 그리고 학습을 진행한 결과는 어떤지에 대해 다룰 것입니다. 다이내믹 프로그래밍의 에이전트는 이론상으로는 최적 정책을 계산하는 것을 스스로 해야 합니다. 하지만 다이내믹 프로그래밍이 실행되는 과정을 보기 위해 예제를 화면에서 독자가 직접 버튼을 눌러서 각 단계를 실행하도록 구성했습니다.

policy_iteration.py의 전체 코드는 다음과 같습니다.

```
import numpy as np
from environment import GraphicDisplay, Env


class PolicyIteration:
    def __init__(self, env):
        # 환경에 대한 객체 선언
        self.env = env
        # 가치함수를 2차원 리스트로 초기화
        self.value_table = [[0.0] * env.width for _ in range(env.height)]
        # 상하좌우 동일한 확률로 정책 초기화
        self.policy_table = [[[0.25, 0.25, 0.25, 0.25]] * env.width
                             for _ in range(env.height)]
        # 마침 상태의 설정
        self.policy_table[2][2] = []
        # 할인율
        self.discount_factor = 0.9

    # 벨만 기대 방정식을 통해 다음 가치함수를 계산하는 정책 평가
    def policy_evaluation(self):
        # 다음 가치함수 초기화
        next_value_table = [[0.00] * self.env.width
                            for _ in range(self.env.height)]

        # 모든 상태에 대해서 벨만 기대 방정식을 계산
        for state in self.env.get_all_states():
            value = 0.0
            # 마침 상태의 가치함수 = 0
            if state == [2, 2]:
                next_value_table[state[0]][state[1]] = value
                continue

            # 벨만 기대 방정식
            for action in self.env.possible_actions:
                next_state = self.env.state_after_action(state, action)
                reward = self.env.get_reward(state, action)
                next_value = self.get_value(next_state)
                value += (self.get_policy(state)[action] *
                          (reward + self.discount_factor * next_value))
```

```
            next_value_table[state[0]][state[1]] = value

        self.value_table = next_value_table

    # 현재 가치함수에 대해서 탐욕 정책 발전
    def policy_improvement(self):
        next_policy = self.policy_table
        for state in self.env.get_all_states():
            if state == [2, 2]:
                continue

            value_list = []
            # 반환할 정책 초기화
            result = [0.0, 0.0, 0.0, 0.0]

            # 모든 행동에 대해서 [보상 + (할인율 * 다음 상태 가치함수)] 계산
            for index, action in enumerate(self.env.possible_actions):
                next_state = self.env.state_after_action(state, action)
                reward = self.env.get_reward(state, action)
                next_value = self.get_value(next_state)
                value = reward + self.discount_factor * next_value
                value_list.append(value)

            # 받을 보상이 최대인 행동들에 대해 탐욕 정책 발전
            max_idx_list = np.argwhere(value_list == np.amax(value_list))
            max_idx_list = max_idx_list.flatten().tolist()
            prob = 1 / len(max_idx_list)

            for idx in max_idx_list:
                result[idx] = prob

            next_policy[state[0]][state[1]] = result

        self.policy_table = next_policy

    # 특정 상태에서 정책에 따라 무작위로 행동을 반환
    def get_action(self, state):
        policy = self.get_policy(state)
        policy = np.array(policy)
```

```
        return np.random.choice(4, 1, p=policy)[0]

    # 상태에 따른 정책 반환
    def get_policy(self, state):
        return self.policy_table[state[0]][state[1]]

    # 가치함수의 값을 반환
    def get_value(self, state):
        return self.value_table[state[0]][state[1]]


if __name__ == "__main__":
    env = Env()
    policy_iteration = PolicyIteration(env)
    grid_world = GraphicDisplay(policy_iteration)
    grid_world.mainloop()
```

다이내믹 프로그래밍에서 에이전트는 환경의 모든 정보를 알고 있습니다. 이 정보를 통해 에이전트는 최적 정책을 찾는 계산을 하는 것입니다. 계산에 필요한 정보와 함수는 environment.py 안에 Env라는 클래스로 정의돼 있습니다.

policy_iteration.py 파일에서 처음에 다음과 같이 environment.py 안에 있는 GraphicDisplay와 Env 클래스를 임포트import 합니다. GraphicDisplay는 GUI로 그리드월드 환경을 보여주는 클래스입니다.

```
from environment import GraphicDisplay, Env
```

정책 이터레이션의 에이전트는 policy_iteration.py 파일에서 PolicyIteration 클래스로 정의돼 있습니다. 에이전트에게는 환경에 대한 정보가 필요하므로 main 루프에서 Env()를 env 객체로 생성합니다. 그리고 이 env 객체를 PolicyIteration 클래스의 인수로 전달함으로써 에이전트는 환경의 Env() 클래스에 접근할 수 있습니다.

```
if __name__ == "__main__":
    env = Env()
    policy_iteration = PolicyIteration(env)
```

PolicyIteration 클래스의 정의에서 다음과 같이 env를 self.env로서 정의합니다.

```
class PolicyIteration:
    def __init__(self, env):
        # 환경에 대한 객체 선언
        self.env = env
```

env 객체에 정의돼 있는 변수와 함수는 표 3.1과 같습니다.

표 3.1 그리드월드에서 에이전트가 알고 있는 환경의 정보

	코드	설명	반환값
1	env.width, env.height	그리드월드의 너비와 높이	그리드월드의 가로, 세로를 정수로 반환
2	env.state_after_action(state, action)	특정 상태에서 특정 행동을 했을 때 에이전트가 가는 다음 상태	행동 후의 상태를 좌표로 표현한 리스트를 반환 ex) [1, 2]
3	env.get_all_states()	존재하는 모든 상태	모든 상태를 반환 ex) [[0, 0], [0, 1], ···, [4, 4]]
4	env.get_reward(state, action)	특정 상태의 보상	정수의 형태로 보상을 반환
5	env.possible_actions	상, 하, 좌, 우	[0,1,2,3]을 반환, 순서대로 상, 하, 좌, 우를 의미

보상과 상태 변환 확률은 에이전트가 아니라 환경에 속한 것이기 때문에 env 객체로 정의했습니다. 그림 3.11은 그리드월드에서 환경에 속한 부분을 그림으로 나타낸 것입니다.

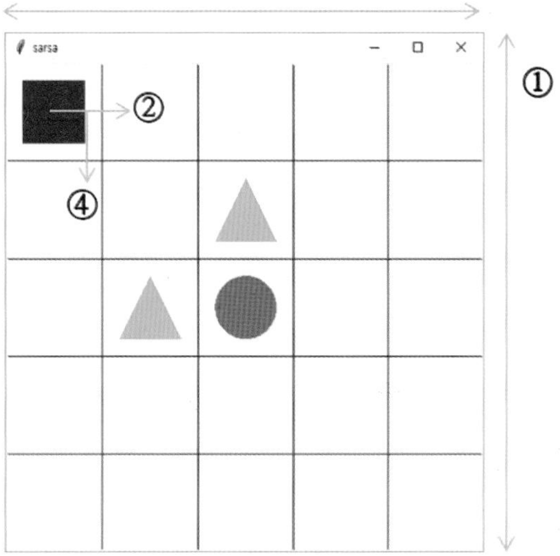

그림 3.11 그리드월드에서 환경에 속한 env 객체의 구성 요소

그리드월드 환경의 크기는 env.width, env.height로 정의합니다. 에이전트가 특정 상태에서 특정 행동을 하면 다음 상태로 가게 되는데 에이전트가 어떤 다음 상태로 가는지는 환경에 속한 정보입니다. 이 정보는 env.state_after_action으로 정의합니다. 다이내믹 프로그래밍에서는 에이전트가 모든 상태에 대해 벨만 방정식을 계산합니다. 따라서 에이전트는 가능한 모든 상태를 알아야 하는데 이것은 env.get_all_states를 통해 알 수 있습니다. env.get_reward는 환경이 주는 보상입니다. 마지막으로 에이전트의 가능한 모든 행동은 env.possible_actions에 정의돼 있습니다.

이 정보들을 토대로 에이전트는 정책 이터레이션을 진행해야 합니다. 정책 이터레이션을 위해 PolicyIteration 클래스 안에 필요한 함수로 무엇이 있는지 살펴보겠습니다. policy_iteration.py를 실행했을 때 나오는 화면은 다음과 같습니다. 이 화면에서 네 개의 버튼을 확인할 수 있습니다.

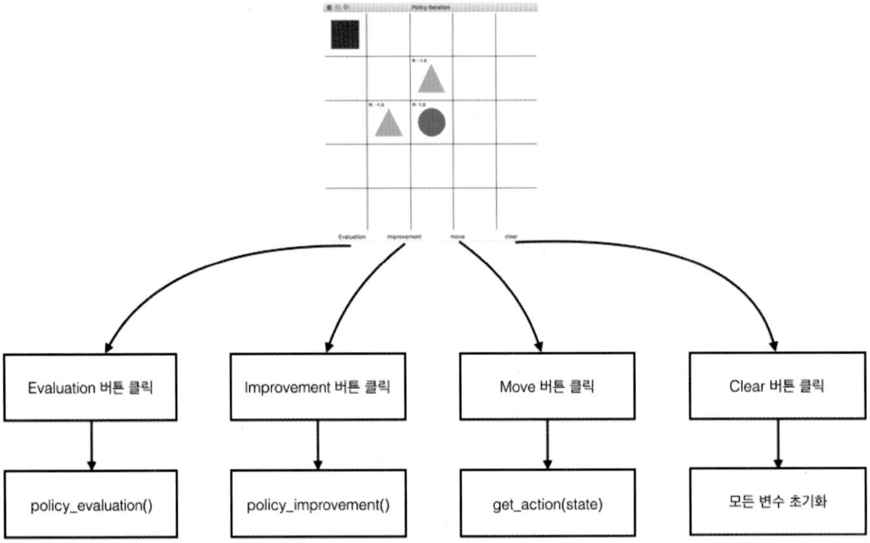

그림 3.12 정책 이터레이션의 실행 화면과 각 버튼의 역할

정책 이터레이션은 정책 평가와 정책 발전으로 이뤄져 있습니다. 따라서 에이전트는 정책 평가에 해당하는 policy_evaluation 함수와 정책 발전에 해당하는 policy_improvement 함수를 가지고 있어야 합니다. 또한 Move 버튼을 통해 사용자는 에이전트가 현재 가지고 있는 정책대로 어떻게 움직이는지를 볼 수 있습니다. 따라서 에이전트가 현재 정책에 따라서 움직이기 위한 get_action(state) 함수가 필요합니다.

에이전트가 해야 할 역할을 고려해서 세부적인 내용은 빼고 전체 코드의 흐름을 보면 다음과 같습니다.

```
class PolicyIteration:
    def __init__(self, env):
        # 환경에 대한 객체
        self.env = env

    # 정책 평가
    def policy_evaluation(self):
```

```
        pass

    # 정책 발전
    def policy_improvement(self):
        pass

    # 특정 상태에서 정책에 따른 행동
    def get_action(self, state):
        return action

if __name__ == "__main__":
    env = Env()
    policy_iteration = PolicyIteration(env)
    grid_world = GraphicDisplay(policy_iteration)
    grid_world.mainloop()
```

다이내믹 프로그래밍에서는 사용자가 주는 입력에 따라 에이전트가 역할을 수행하기 때문에 에이전트는 environment.py의 GraphicDisplay 클래스에서 실행됩니다. 따라서 GraphicDisplay 클래스는 PolicyIteration 클래스의 객체인 policy_iteration을 상속받습니다. 이제 PolicyIteration 클래스의 함수를 하나씩 살펴보겠습니다.

__init__

```
def __init__(self, env):
    # 환경에 대한 객체 선언
    self.env = env
    # 가치함수를 2차원 리스트로 초기화
    self.value_table = [[0.00] * env.width for _ in range(env.height)]
    # 상 하 좌 우에 대해 동일한 확률로 정책 초기화
    self.policy_table = [[[0.25, 0.25, 0.25, 0.25]] * env.width for _ in
                        range(env.height)]
    # 마침 상태의 설정
    self.policy_table[2][2] = []
    # 할인율
    self.discount_factor = 0.9
```

정책 이터레이션에 필요한 정보를 변수로 선언해야 합니다. 정책 이터레이션은 모든 상태에 대해 가치함수를 계산하기 때문에 value_table이라는 2차원 리스트 변수로 가치함수를 선언합니다. 그리드월드의 환경은 세로 5칸, 가로 5칸의 크기를 가지기 때문에 5x5의 2차원 리스트가 됩니다. 그리고 모든 상태의 가치함수의 값을 0으로 초기화합니다.

정책 policy_table은 모든 상태에 대해 상, 하, 좌, 우에 해당하는 각 행동의 확률을 담고 있는 리스트입니다. 따라서 5×5×4의 3차원 리스트로 생성했습니다. 정책은 무작위 정책으로 초기화하는데, 무작위 정책은 상, 하, 좌, 우 행동의 확률이 [0.25, 0.25, 0.25, 0.25]입니다. 이때 0.25라는 것은 25%의 확률을 의미합니다. 벨만 방정식에 사용되는 할인율 discount_factor는 0.9로 정의합니다.

policy_evaluation

정책 평가에서 에이전트는 모든 상태의 가치함수를 업데이트합니다. 모든 상태의 가치함수를 업데이트하기 위해 next_value_table을 선언한 다음 계산 결과를 next_value_table에 저장합니다. 그리고 모든 상태에 대해 벨만 기대 방정식의 계산이 끝나면 현재의 value_table에 next_value_table을 덮어쓰는 식으로 정책 평가를 진행합니다.

정책 평가에 사용하는 벨만 기대 방정식은 수식 3.11과 같습니다. 이 방정식을 사용해 모든 상태의 다음 가치함수의 값을 계산합니다. 상태 변환 확률을 1이라고 설정했기 때문에 다음 상태 s′은 만약 행동이 왼쪽일 경우에 현재 상태의 왼쪽에 있는 상태가 됩니다. 행동을 취했을 경우에 다음 상태가 어딘지 알려주는 역할을 하는 것이 env.state_after_action(state, action)입니다.

$$v_{k+1}(s) = \sum_{a \in A} \pi(a \mid s)\left(r_{(s,a)} + \gamma v_k(s')\right)$$

수식 3.11 벨만 기대 방정식

```
def policy_evaluation(self):
    # 다음 가치함수 초기화
    next_value_table = [[0.00] * self.env.width
                        for _ in range(self.env.height)]

    # 모든 상태에 대해서 벨만 기대 방정식을 계산
    for state in self.env.get_all_states():
        value = 0.0
        # 마침 상태의 가치함수 = 0
        if state == [2, 2]:
            next_value_table[state[0]][state[1]] = value
            continue

        # 벨만 기대 방정식
        for action in self.env.possible_actions:
            next_state = self.env.state_after_action(state, action)
            reward = self.env.get_reward(state, action)
            next_value = self.get_value(next_state)
            value += (self.get_policy(state)[action] *
                      (reward + self.discount_factor * next_value))

        next_value_table[state[0]][state[1]] = value

    self.value_table = next_value_table
```

위 코드에서 벨만 기대 방정식을 계산하는 부분은 다음과 같습니다. get_policy 함수를 통해 각 상태에서 각 행동에 대한 확률값을 구합니다. 그리고 다음 상태로 갔을 때 받을 보상과 다음 상태의 가치함수를 할인해서 더합니다. 정책이 각 행동에 대한 확률을 나타내기 때문에 모든 행동에 대해 value를 계산하고 더하면 기댓값을 계산한 것이 됩니다.

```
value += self.get_policy(state) [action] * (
    reward + self.discount_factor * next_value)
```

policy_improvement

정책 평가를 통해 정책을 평가하면 그에 따른 새로운 가치함수를 얻습니다. 에이전트는 새로운 가치함수를 통해 정책을 업데이트합니다. 정책 평가에서와 마찬가지로 정책 발전에서 정책 policy_table을 복사한 next_policy에 업데이트된 정책을 저장합니다. 정책을 업데이트하는 방법 중에서 탐욕 정책 발전을 사용합니다.

```
# 현재 가치함수에 대해서 탐욕 정책 발전
def policy_improvement(self):
    next_policy = self.policy_table
    for state in self.env.get_all_states():
        if state == [2, 2]:
            continue

        value_list = []
        # 반환할 정책 초기화
        result = [0.0, 0.0, 0.0, 0.0]

        # 모든 행동에 대해서 [보상 + (할인율 * 다음 상태 가치함수)] 계산
        for index, action in enumerate(self.env.possible_actions):
            next_state = self.env.state_after_action(state, action)
            reward = self.env.get_reward(state, action)
            next_value = self.get_value(next_state)
            value = reward + self.discount_factor * next_value
            value_list.append(value)

        # 받을 보상이 최대인 행동들에 대해 탐욕 정책 발전
        max_idx_list = np.argwhere(value_list == np.amax(value_list))
        max_idx_list = max_idx_list.flatten().tolist()
        prob = 1 / len(max_idx_list)

        for idx in max_idx_list:
            result[idx] = prob
```

```
        next_policy[state[0]][state[1]] = result

    self.policy_table = next_policy
```

탐욕 정책 발전은 가치가 가장 높은 하나의 행동을 선택하는 것입니다. 하지만 이 예제에서와 같이 현재 상태에서 가장 좋은 행동이 여러 개일 수도 있습니다. 그럴 때는 가장 좋은 행동들을 동일한 확률로 선택하는 정책으로 업데이트합니다. 탐욕 정책을 구하는 순서는 다음과 같습니다.

먼저, 현재 상태에서 가능한 행동에 대해 $r_{(s, a)} + \gamma v_k(s')$을 계산합니다. 계산한 값은 value_list 리스트에 저장합니다.

```
for index, action in enumerate(self.env.possible_actions):
    next_state = self.env.state_after_action(state, action)
    reward = self.env.get_reward(state, action)
    next_value = self.get_value(next_state)
    value = reward + self.discount_factor * next_value
    value_list.append(value)
```

value_list에 담긴 값 중에서 max 함수를 통해 가장 큰 값을 알아냅니다. 그 후에 numpy의 argwhere 함수를 통해 가장 큰 값의 index를 알아냅니다. 이때, 가장 큰 값이 하나가 아니라 여러 개라면 argwhere 함수가 여러 개의 index를 반환합니다. 반환한 값은 max_idx_list에 저장합니다.

max_idx_list에 담긴 값이 여러 개라면 에이전트는 max_idx_list에 담긴 index의 행동들을 동일한 확률에 기반해서 선택합니다. 이를 구현하기 위해 1을 max_idx_list의 길이로 나눠서 행동의 확률을 계산합니다. 그리고 max_idx_list의 index에 해당하는 행동에 계산한 확률값을 저장합니다.

```
# 받을 보상이 최대인 행동들에 대해 탐욕 정책 발전
max_idx_list = np.argwhere(value_list == np.amax(value_list))
max_idx_list = max_idx_list.flatten().tolist()
prob = 1 / len(max_idx_list)

for idx in max_idx_list:
    result[idx] = prob
```

get_action

```
def get_action(self, state):
    policy = self.get_policy(state)
    policy = np.array(policy)
    return np.random.choice(4, 1, p=policy)[0]
```

사용자는 정책 평가와 정책 발전을 통해 얻은 정책에 따라 에이전트를 Move라는 버튼을 눌러서 움직일 수 있습니다. 에이전트가 정책에 따라서 움직이려면 특정 상태에서 어떤 행동을 해야 할지 알아야 하고, 그 역할을 하는 것이 get_action 함수입니다.

정책은 각 행동을 할 확률이므로 확률에 따라서 행동을 선택해야 합니다. 이럴 때 사용하는 것이 np.random.choice 함수입니다. 이 함수의 첫 번째 인자는 행동의 개수를 의미하고 두 번째 인자는 몇 개의 행동을 샘플링할지를 의미합니다. 세 번째 인자는 각 행동을 얼마의 확률에 기반해서 샘플링할지 입니다. 세 번째 인자에 구한 정책을 넣으면 정책에 따라 행동이 정해집니다.

get_policy, get_value

```
# 상태에 따른 정책 반환
def get_policy(self, state):
    return self.policy_table[state[0]][state[1]]
```

```
# 가치함수의 값을 반환
def get_value(self, state):
    return self.value_table[state[0]][state[1]]
```

get_policy의 경우 self.policy_table로 저장돼 있는 정책에서 해당 상태에 대한 정책을 반환합니다. get_value의 경우 self.value_table로 저장돼 있는 가치함수에서 해당 상태에 해당하는 가치함수를 반환하는데, 화면에 보여주기 위해서 소수 둘째 자리만 표시합니다.

정책 이터레이션 코드 실행

파이참에서 policy_iteration.py를 실행하면 그림 3.13과 같은 화면이 나옵니다.

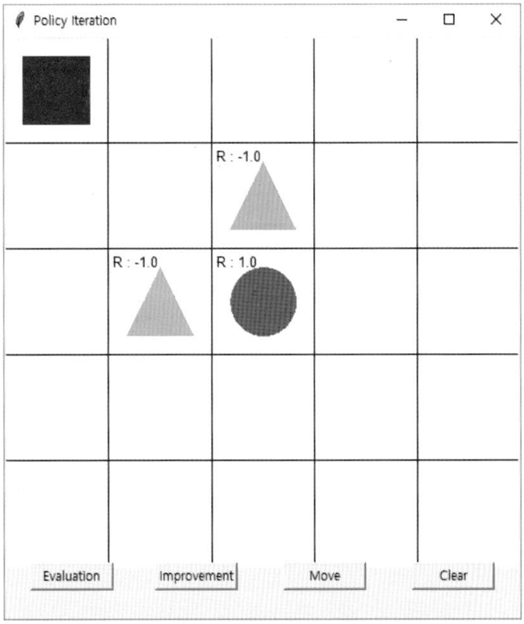

그림 3.13 정책 이터레이션 소스코드의 실행

앞에서 언급했듯이 정책 이터레이션에서 에이전트는 정책 평가와 정책 발전을 자동으로 번갈아 반복하지만 그리드월드 예제에서는 사용자가 버튼을 눌러서 정책 평가와 정책 발전을 실행하게 했습니다. 정책 평가를 몇 번 하든 Evaluation 버튼과 Improvement 버튼을 번갈아 누른다면 에이전트는 최적 정책을 찾아냅니다.

한 번 Evaluation을 누른 화면은 그림 3.14와 같습니다. 각 격자에 표시되는 숫자는 각 상태의 가치함수입니다. 그림 3.14를 보면 모든 상태의 가치함수가 업데이트된 것을 볼 수 있습니다.

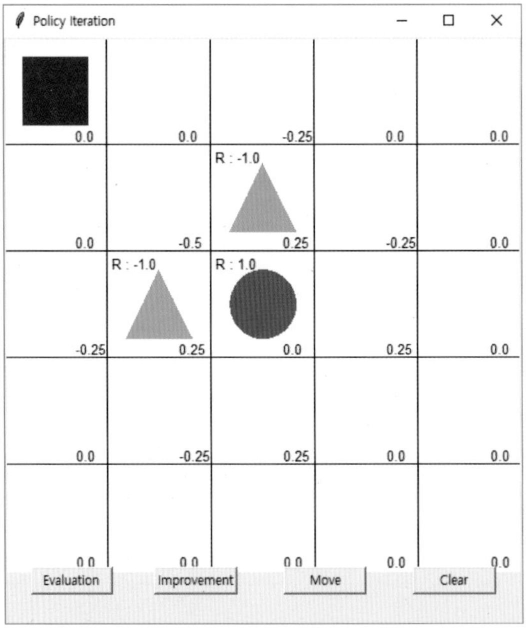

그림 3.14 한 번 Evaluation 버튼을 누른 화면

정책 이터레이션에서 정책 평가는 여러 번에 걸쳐서 해야 현재 정책에 대한 정확한 가치함수를 얻을 수 있습니다. 하지만 목적이 최적 정책을 찾는 것이라면 극단적으로 정책 평가 한 번에 정책 발전 한 번씩 해도 최적 정책으로 수렴합니다. 그림 3.15

는 한 번 Evaluation 버튼을 누른 후에 Improvement 버튼을 눌러서 정책 발전을 한 것을 보여줍니다.

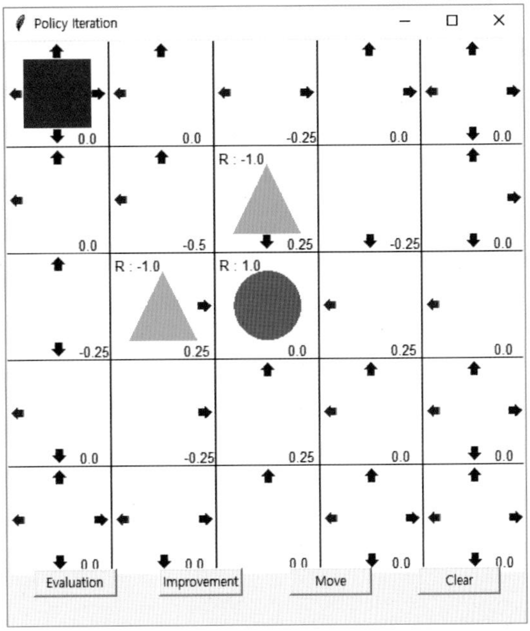

그림 3.15 한 번의 Evaluation 후에 Improvement를 수행한 화면

최적 정책은 그림 3.16과 같습니다. 최적 정책은 탐욕 정책인 경우가 많지만 그리드월드에서는 최적 정책이 그림과 같습니다. 이 정책을 봐서는 항상 최적 정책이 탐욕 정책이 아닐 수도 있다는 것을 알 수 있습니다. Move를 누르면 에이전트는 정책에 따라서 움직입니다.

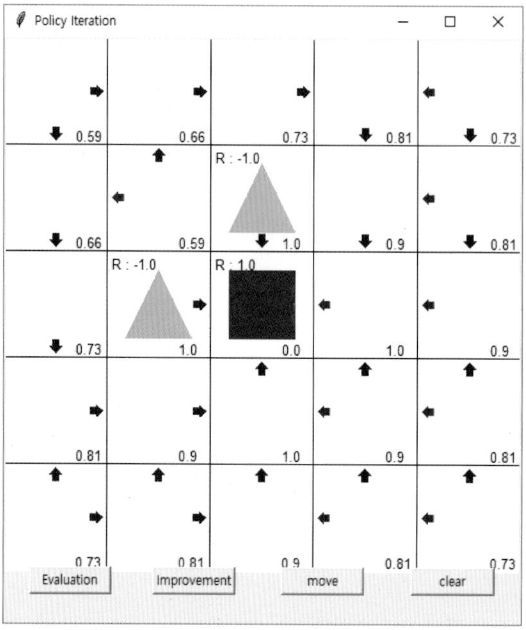

그림 3.16 정책 이터레이션에서 최적 정책

다이내믹 프로그래밍 2: 가치 이터레이션

명시적인 정책과 내재적인 정책

정책 이터레이션은 명시적인explicit 정책이 있으며, 그 정책을 평가하는 도구로서 가치함수를 사용합니다. 정책의 형태는 여러 가지가 될 수 있으며 가치함수로 평가하는 정책은 이터레이션을 반복할수록 최적에 도달해갑니다. 그림 3.17과 같이 정책과 가치함수는 명확히 분리돼 있습니다.

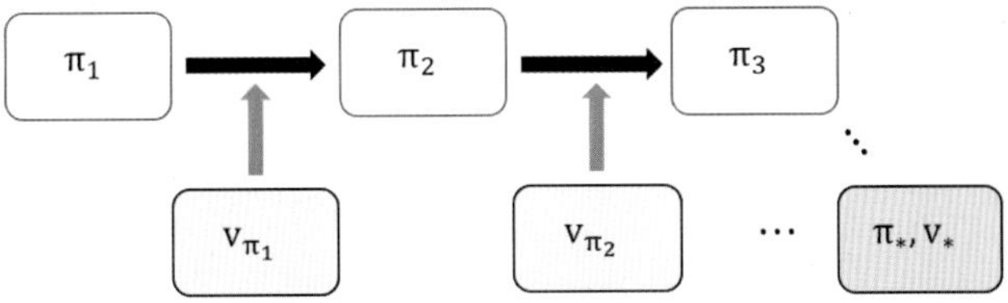

그림 3.17 정책 이터레이션에서 정책과 가치함수가 발전해나가는 과정

정책과 가치함수가 명확히 분리돼 있다는 점은 정책 이터레이션이 벨만 기대 방정식을 이용하는 이유가 됩니다. 정책이 독립적이므로 결정적인 정책 어떠한 상태에서 오직 하나의 행동만 선택하는 이 아니라 어떤 정책도 가능합니다. 대다수 정책은 확률적인 정책입니다. 이러한 확률적인 정책을 고려해서 가치함수를 계산하려면 당연히 기댓값이 들어갈 수밖에 없고 따라서 정책 이터레이션은 벨만 기대 방정식을 사용하는 것입니다.

하지만 만일 정책이 결정적인 형태만으로 정의된다면 어떨까요? 2장에서도 최적 정책은 결정론적이라고 말했습니다. 현재의 가치함수가 최적은 아니지만 최적이라고 가정하고 그 가치함수에 대해 결정적인 형태의 정책을 적용한다면 어떨까요?

말이 안 된다고 생각할 수도 있지만 중요한 점은 다이내믹 프로그래밍은 반복적인 계산을 수행한다는 것입니다. 즉, 처음의 가치함수가 최적이 아니므로 최적 정책의 형태를 가정하는 것이 틀린 가정이겠지만 반복적으로 가치함수를 발전시켜서 최적에 도달한다면 이것은 전혀 문제가 되지 않습니다. 실제로 이런 식으로 계산을 하면 최적 가치함수에 도달하고 최적 정책을 구할 수 있습니다.

이를 가치 이터레이션 Value iteration 이라고 부릅니다. 가치 이터레이션을 설명할 때 정책 이터레이션에서처럼 정책의 발전을 설명하지 않고 오직 가치함수의 업데이트만을 이야기했습니다. 이것은 가치 이터레이션에서는 정책 이터레이션에서처럼 명시적으로 정책이 표현되는 것이 아니고 가치함수 안에 내재적 implicit 으로 포함돼 있기 때문입니다. 가치함수 안에 정책이 내재돼 있으므로 가치함수를 업데이트하면 자동으로 정책 또한 발전되는 것입니다.

벨만 최적 방정식과 가치 이터레이션

다이내믹 프로그래밍에 대해 다시 생각해봅시다. 다이내믹 프로그래밍은 큰 문제에 작은 문제들이 중첩된 경우에 큰 문제를 작은 문제로 쪼개고 작은 문제들의 결과를 서로서로 이용해서 푸는 것입니다. 문제를 작은 문제로 쪼갰기 때문에 그 작은 문제들을 다 풀어서 결과적으로 큰 문제를 풀어내지 않으면 작은 문제들을 풀어내는 방정식은 성립하지 않습니다.

벨만 기대 방정식을 통해 전체 문제를 풀어서 나오는 답은 바로 현재 정책을 따라갔을 때 받을 참 보상입니다. 1) 가치함수를 현재 정책에 대한 가치함수라고 가정하고 2) 반복적으로 계산하면 3) 결국 현재 정책에 대한 참 가치함수가 된다는 것입니다.

$$v_\pi(s) = E_\pi[R_{t+1} + \gamma v_\pi(S_{t+1}) \mid S_t = s]$$

수식 3.12 벨만 기대 방정식을 통해 구하는 것은 현재 정책에 대한 참 가치함수다

그럼 벨만 최적 방정식은 어떻게 되는 것일까요? 벨만 최적 방정식을 통해 전체 문제를 풀어 나오는 답은 바로 최적 가치함수입니다. 1) 가치함수를 최적 정책에 대한 가치함수라고 가정하고 2) 반복적으로 계산하면 3) 결국 최적 정책에 대한 참 가치함수, 즉 최적 가치함수를 찾게 되는 것입니다.

$$v_*(s) = \max_a E[R_{t+1} + \gamma v_*(S_{t+1}) \mid S_t = s, A_t = a]$$

수식 3.13 벨만 최적 방정식을 통해 구하는 것은 최적 가치함수다

따라서 벨만 최적 방정식을 통해 문제를 푸는 가치 이터레이션에서는 따로 정책 발전이 필요없습니다. 시작부터 최적 정책을 가정했기 때문에 한 번의 정책 평가 과정을 거치면 최적 가치함수와 최적 정책이 구해지고 그러면 MDP가 풀리기 때문입니다.

벨만 최적 방정식은 벨만 기대 방정식과는 달리 max를 취합니다. 따라서 새로운 가치함수를 업데이트할 때 정책의 값을 고려해줄 필요가 없습니다. 벨만 기대 방정식에서는 기댓값 E_π에 정책이 포함되기 때문에 정책을 고려했습니다. 하지만 벨만 최적 방정식에서는 그저 현재 상태에서 가능한 $R_{t+1} + \gamma v_k(S_{t+1})$의 값들 중에서 최고의 값으로 업데이트하면 됩니다. 이를 가치 이터레이션이라고 부릅니다.

그림 3.18은 벨만 최적 방정식을 통해 다음 가치함수를 계산하는 과정을 그림으로 나타낸 것입니다. 정책 이터레이션과의 차이는 다음 상태들을 다 고려해서 업데이트하는 것이 아니라 제일 높은 값을 가지는 값으로만 업데이트한다는 것입니다.

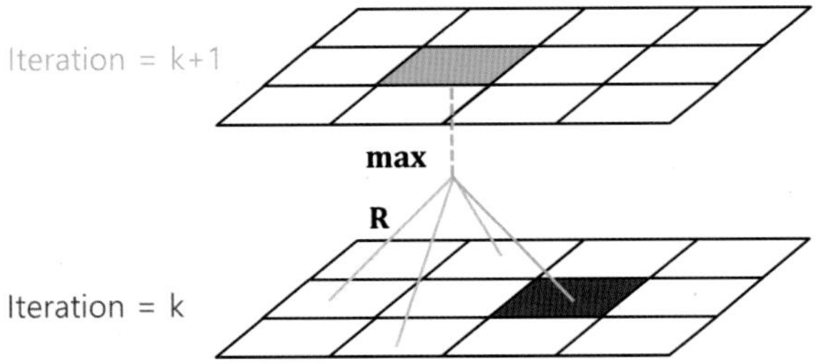

그림 3.18 $R_{t+1} + \gamma v_k(S_{t+1})$ 값 중에서 max 값으로 다음 가치함수를 계산

정책 이터레이션에서와 마찬가지로 벨만 최적 방정식을 계산 가능한 형태로 변환하면 수식 3.14와 같습니다. 벨만 기대 방정식과는 다르게 정책값을 이용해 기댓값을 계산하던 부분이 없고 대신 max가 있습니다.

$$v_{k+1}(s) = \max_{a \in \boldsymbol{A}} \left(r_{(s,a)} + \gamma v_k(s') \right)$$

수식 3.14 계산 가능한 벨만 최적 방정식

가치 이터레이션 코드 설명

가치 이터레이션의 소스코드는 RLCode 깃허브 저장소의 "1-grid-world/2-value-iteration"에 있습니다. 소스코드는 정책 이터레이션에서와 마찬가지로 environment.py와 value_iteration.py로 구성돼 있습니다. value_iteration.py의 전체 코드는 다음과 같습니다.

```
import numpy as np
from environment import GraphicDisplay, Env


class ValueIteration:
    def __init__(self, env):
        # 환경에 대한 객체 선언
        self.env = env
        # 가치함수를 2차원 리스트로 초기화
        self.value_table = [[0.0] * env.width for _ in range(env.height)]
        # 할인율
        self.discount_factor = 0.9

    # 벨만 최적 방정식을 통해 다음 가치함수 계산
    def value_iteration(self):
        # 다음 가치함수 초기화
        next_value_table = [[0.0] * self.env.width
                                for _ in range(self.env.height)]

        # 모든 상태에 대해서 벨만 최적방정식을 계산
        for state in self.env.get_all_states():
            # 마침 상태의 가치함수 = 0
            if state == [2, 2]:
                next_value_table[state[0]][state[1]] = 0.0
```

```
                continue

            # 벨만 최적 방정식
            value_list = []
            for action in self.env.possible_actions:
                next_state = self.env.state_after_action(state, action)
                reward = self.env.get_reward(state, action)
                next_value = self.get_value(next_state)
                value_list.append((reward + self.discount_factor * next_value))

            # 최댓값을 다음 가치함수로 대입
            next_value_table[state[0]][state[1]] = max(value_list)

        self.value_table = next_value_table

    # 현재 가치함수로부터 행동을 반환
    def get_action(self, state):
        if state == [2, 2]:
            return []

        # 모든 행동에 대해 큐함수 (보상 + (할인율 * 다음 상태 가치함수))를 계산
        value_list = []
        for action in self.env.possible_actions:
            next_state = self.env.state_after_action(state, action)
            reward = self.env.get_reward(state, action)
            next_value = self.get_value(next_state)
            value = (reward + self.discount_factor * next_value)
            value_list.append(value)

        # 최대 큐함수를 가진 행동(복수일 경우 여러 개)을 반환
        max_idx_list = np.argwhere(value_list == np.amax(value_list))
        action_list = max_idx_list.flatten().tolist()
        return action_list

    def get_value(self, state):
        return self.value_table[state[0]][state[1]]


if __name__ == "__main__":
```

```
env = Env()
value_iteration = ValueIteration(env)
grid_world = GraphicDisplay(value_iteration)
grid_world.mainloop()
```

가치 이터레이션은 정책 이터레이션과 코드 구조가 동일합니다. 따라서 env 객체에 대한 설명과 value_iteration.py에서 초기화하는 부분은 policy_iteration.py에서와 동일하므로 생략합니다.

정책 이터레이션과 가치 이터레이션의 중요한 차이점은 정책 이터레이션에서 정책 평가와 정책 발전으로 단계가 나누어져 있다면 가치 이터레이션에서는 그렇지 않다는 것입니다. 따라서 ValueIteration 클래스는 좀 더 간단해집니다. ValueIteration 클래스에 어떤 함수를 포함해야 하는지 알기 위해 value_iteration.py를 실행했을 때 나오는 화면을 살펴보겠습니다.

value_iteration.py를 실행하면 그림 3.19와 같은 화면이 나옵니다.

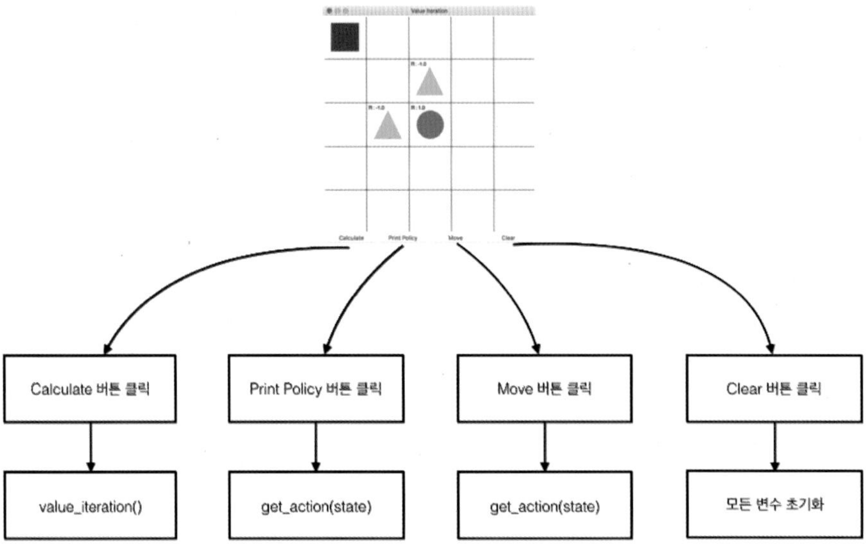

그림 3.19 가치 이터레이션의 실행 화면

정책 이터레이션에서는 정책이 따로 있어서 improvement 버튼을 클릭하면 policy_improvement라는 함수를 통해 정책 발전을 했습니다. 그리고 발전된 정책을 화면에 표시하고 그에 따라 에이전트가 움직였습니다.

하지만 가치 이터레이션은 현재의 가치함수가 최적 정책에 대한 가치함수라고 가정하기 때문에 정책을 발전하는 함수가 따로 필요하지 않습니다. 따라서 현재 가치함수를 바탕으로 최적 행동을 반환하는 get_action 함수를 정책을 출력하는 데 대신 사용하게 됩니다.

세부사항을 뺀 코드의 주요 구조는 다음과 같습니다. 정책 이터레이션과 비교했을 때 정책 평가와 정책 발전이 value_iteration 함수 하나로 대체됐습니다. 또한 정책이 독립적으로 존재하지 않기 때문에 get_policy 함수가 없는 것을 알 수 있습니다. get_value 함수는 정책 이터레이션과 동일하므로 설명을 생략하겠습니다.

```
from environment import GraphicDisplay, Env

class ValueIteration:
    def __init__(self, env):
        # 환경 객체 생성
        self.env = env

    # 벨만 최적 방정식을 통해 다음 가치함수 계산
    def value_iteration(self):
        return

    # 현재 가치함수로부터 행동을 반환
    def get_action(self, state):
        return

    def get_value(self, state):
        return
```

```
if __name__ == "__main__":
    env = Env()
    value_iteration = ValueIteration(env)
    grid_world = GraphicDisplay(value_iteration)
    grid_world.mainloop()
```

value_iteration

정책 이터레이션에서는 policy_evaluation 함수에서 벨만 기대 방정식을 통해 다음 가치 함수를 계산했습니다. 가치 이터레이션에서는 value_iteration 함수를 통해 다음 가치함수를 계산합니다. 코드는 다음과 같습니다.

```
def value_iteration(self):
    # 다음 가치함수 초기화
    next_value_table = [[0.0] * self.env.width
                        for _ in range(self.env.height)]

    # 모든 상태에 대해서 벨만 최적방정식을 계산
    for state in self.env.get_all_states():
        # 마침 상태의 가치함수 = 0
        if state == [2, 2]:
            next_value_table[state[0]][state[1]] = 0.0
            continue

        # 벨만 최적 방정식
        value_list = []
        for action in self.env.possible_actions:
            next_state = self.env.state_after_action(state, action)
            reward = self.env.get_reward(state, action)
            next_value = self.get_value(next_state)
            value_list.append((reward + self.discount_factor * next_value))

        # 최댓값을 다음 가치함수로 대입
        next_value_table[state[0]][state[1]] = max(value_list)

    self.value_table = next_value_table
```

수식 3.15의 벨만 최적 방정식에서는 max를 계산해야 하기 때문에 $r_{(s,a)} + \gamma v_k(s')$을 모든 행동에 대해 계산합니다. 모든 행동에 대해 $r_{(s,a)} + \gamma v_k(s')$을 계산해서 value_list에 저장합니다.

$$v_{k+1}(s) = \max_{a \in A}\left(r_{(s,a)} + \gamma v_k(s')\right)$$

수식 3.15 계산 가능한 벨만 최적 방정식

```
value_list.append((reward + self.discount_factor * next_value))
```

그 이후에 다음 코드를 통해 value_list에 저장돼 있는 $r_{(s,a)} + \gamma v_k(s')$ 값 중에서 최대의 값을 새로운 가치함수로 저장합니다.

```
next_value_table[state[0]][state[1]] = max(value_list)
```

get_action

```
def get_action(self, state):
    if state == [2, 2]:
        return []

    # 모든 행동에 대해 큐함수 (보상 + (할인율 * 다음 상태 가치함수))를 계산
    value_list = []
    for action in self.env.possible_actions:
        next_state = self.env.state_after_action(state, action)
        reward = self.env.get_reward(state, action)
        next_value = self.get_value(next_state)
        value = (reward + self.discount_factor * next_value)
        value_list.append(value)

    # 최대 큐함수를 가진 행동(복수일 경우 여러 개)을 반환
    max_idx_list = np.argwhere(value_list == np.amax(value_list))
    action_list = max_idx_list.flatten().tolist()
    return action_list
```

벨만 최적 방정식을 통해 구한 가치함수를 토대로 에이전트는 자신이 할 행동을 구할 수 있습니다. 최적 정책이 아니더라도 사용자는 현재 가치함수에 대한 탐욕 정책을 볼 수 있습니다. 탐욕 정책을 위해서는 큐함수를 비교해야 하므로 모든 행동에 대해 다음 코드를 실행해 큐함수를 구합니다.

```
value = (reward + self.discount_factor * next_value)
```

그중에서 가장 큰 value 값을 가지는 행동의 인덱스를 가져오는데, 가장 큰 value를 가지는 행동이 여러 개일 수도 있습니다. 그럴 경우에는 가장 큰 value를 가지는 행동 모두 action_list에 저장합니다.

```
max_idx_list = np.argwhere(value_list == np.amax(value_list))
action_list = max_idx_list.flatten().tolist()
```

가치 이터레이션 코드 실행

그림 3.20은 Calculate 버튼을 눌렀을 때 각 상태의 가치함수 값이 어떻게 변하는지 보여줍니다. 왼쪽 화면은 Calculate 버튼을 한 번 누른 것으로 마침 상태인 파란색 주변만 가치함수의 값이 1로 변합니다. 초록색 세모 근처 상태들의 가치함수 값은 0으로 유지되는 것을 볼 수 있는데, 이것은 벨만 최적 방정식이 최대의 값으로만 업데이트하기 때문입니다.

6번 정도 Calculate 버튼을 누르면 6번 벨만 최적 방정식을 통해 가치함수가 업데이트됩니다. 이때부터는 가치함수의 값이 잘 변하지 않으므로 가치함수가 수렴했다고 볼 수 있습니다.

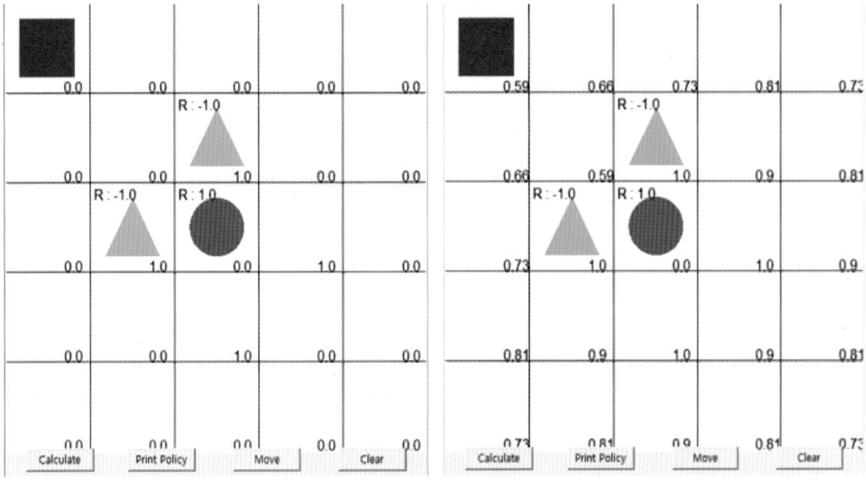

그림 3.20 Calculate 버튼을 한 번 누른 화면(왼쪽), 6번 누른 화면(오른쪽)

이때 수렴한 가치함수의 값을 토대로 정책을 출력해보면 그림 3.21과 같습니다.

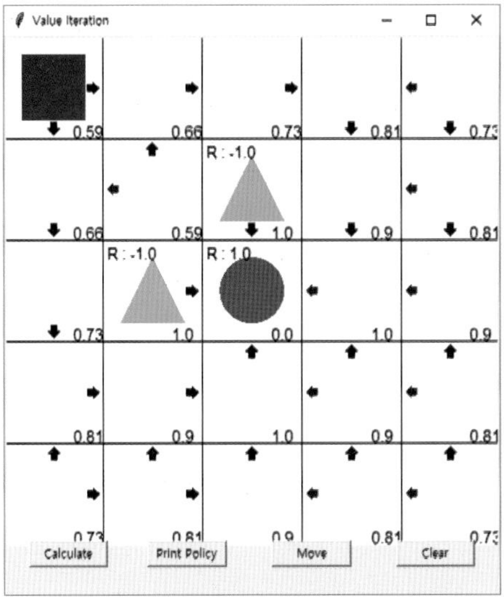

그림 3.21 가치 이터레이션을 통해 구한 최적 정책

Move 버튼을 누르면 최적 정책에 따라 에이전트가 움직이는데, 만약 화살표가 두 개라면 이 중에서 무작위로 하나를 선택해서 움직입니다.

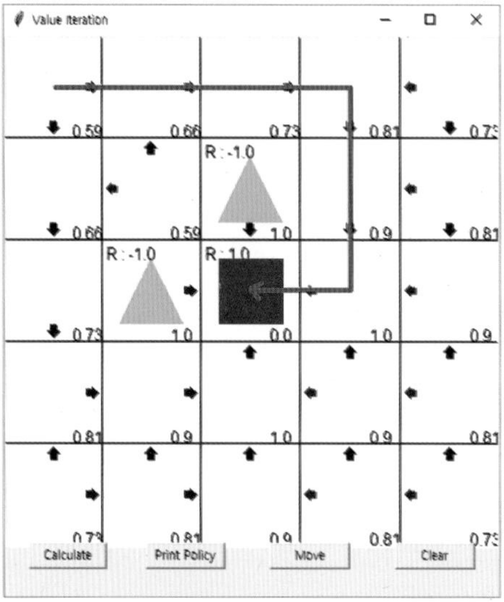

그림 3.22 최적 정책에 따라 움직이는 에이전트

다이내믹 프로그래밍의 한계와 강화학습

다이내믹 프로그래밍의 한계

벨만 방정식을 이용한 다이내믹 프로그래밍으로서 정책 이터레이션과 가치 이터레이션을 살펴봤습니다. 하지만 다이내믹 프로그래밍은 계산을 빠르게 하는 것이지 "학습"을 하는 것은 아닙니다. 즉, 머신러닝이 아닙니다.

다이내믹 프로그래밍을 통해 순차적 행동 결정 문제에서 이렇게 최적 정책을 찾을 수 있다면 우리가 왜 강화학습을 배워야 할까요? 다이내믹 프로그래밍이 한계를 가지고 있기 때문입니다. 다이내믹 프로그래밍의 한계는 크게 세 가지입니다.

계산 복잡도

앞에서 다이내믹 프로그래밍을 적용했던 그리드월드 예제는 5×5에 불과한 정말 크기가 작은 문제입니다. 하지만 이 문제의 규모가 점차 늘어난다면 계산만으로 풀어내기에는 한계가 있습니다. 다이내믹 프로그래밍의 계산 복잡도는 상태 크기의 3제곱에 비례합니다.

따라서 다이내믹 프로그래밍으로는 경우의 수가 우주의 원자 수보다 많은 바둑과 같은 문제는 절대 풀 수 없습니다.

차원의 저주

그리드월드의 상태의 차원은 2차원입니다. 상태가 (x, y)로 표현되기 때문입니다. 하지만 상태의 차원이 늘어난다면 어떨까요? 상태의 차원이 늘어나면 상태의 수가 지수적으로 증가할 것입니다. 이 현상을 차원의 저주Curse of Dimentionality 라고 합니다.

환경에 대한 완벽한 정보가 필요

계산 복잡도가 아니더라도 다이내믹 프로그래밍은 한계를 가지고 있습니다. 다이내믹 프로그래밍을 풀 때 보상과 상태 변환 확률을 정확히 안다는 가정하에 풀었습니다. 하지만 보상과 상태 변환 확률은 "환경의 모델"에 해당합니다. 따라서 보통은 이 정보를 정확히 알 수 없습니다.

현실 세계의 환경에 놓인 문제를 풀어내는 데는 위의 세 가지 한계가 치명적으로 작용합니다. 이러한 한계를 극복하기 위해서는 근본적으로 문제에 대한 접근 방식이 달라야 합니다. 따라서 환경을 모르지만 환경과의 상호작용을 통해 경험을 바탕으로 학습하는 방법이 등장합니다. 바로 강화학습입니다.

모델 없이 학습하는 강화학습

환경의 모델이 무엇일까요? MDP에서 환경의 모델은 상태 변환 확률과 보상입니다.

$$\text{환경의 모델} = \mathrm{P}_{ss'}^{a},\ \mathrm{r}_{(s,\,a)}$$

수식 3.16 MDP에서 환경의 모델은 상태 변환 확률과 보상

모델Model 이라는 말은 공학의 여러 분야에서 사용되고 있습니다. 현재 이 책에서 다루고 싶은 모델은 수학적 모델로서 시스템에 입력이 들어왔을 때 시스템이 어떤 출력을 내는지에 대한 방정식입니다. 이처럼 입력과 출력의 관계를 식으로 나타내는 과정을 "모델링Modeling"이라고 합니다.

사실 입력과 출력 사이의 방정식은 정확할 수가 없습니다. 방정식에서는 A라는 입력이 들어와서 B라는 출력이 나오더라도 실제 세상에서는 B라는 출력이 절대로 나오지 않는다는 것입니다. 많은 공학 분야에서 이러한 모델링 오차를 사람이 테스트해보면서 해결하고 있습니다.

모델은 정확하면 정확할수록 복잡하며 공기나 바람 같은 자연현상을 정확하게 모델링하는 것은 불가능에 가깝습니다. 게임에서는 사실 사람이 환경을 만들었고 사람이 정해준 대로만 게임이 작동하므로 모델링 오차는 없다고 볼 수 있습니다. 하지만 게임을 벗어난다면 환경의 모델을 정확히 알기 어렵습니다.

모델을 정확히 알기 어려운 경우에 시스템의 입력과 출력 사이의 관계를 알기 위해 두 가지 방법으로 접근해볼 수 있습니다.

1. 할 수 있는 선에서 정확한 모델링을 한 다음에 모델링 오차에 대한 부분을 실험을 통해 조정한다.
2. 모델 없이 환경과의 상호작용을 통해 입력과 출력 사이의 관계를 학습한다.

1번은 학습의 개념 없이 고전적으로 많이 적용하는 방법입니다. 고전적인 만큼 시스템의 안정성을 보장합니다. 하지만 문제가 복잡해지고 어려워질수록 한계가 있습니다.

2번은 학습의 개념이 들어갑니다. 학습의 특성상 모든 상황에서 동일하게 작동한다고 보장할 수 없지만 많은 복잡한 문제에서 모델이 필요없다는 것은 장점입니다. 2번 방법이 이 책의 주제인 "강화학습"입니다.

정리

다이내믹 프로그래밍과 그리드월드

순차적 행동 결정 문제를 벨만 방정식을 통해 푸는 것이 다이내믹 프로그래밍입니다. 다이내믹 프로그래밍은 다음과 같이 여러 번으로 쪼개서 가치함수를 구합니다.

$$\mathrm{v}_0(s) \longrightarrow \mathrm{v}_1(s) \longrightarrow \cdots \longrightarrow \mathrm{v}_k(s) \longrightarrow \cdots \longrightarrow \mathrm{v}_\pi(s)$$

벨만 기대 방정식을 이용한 것은 정책 이터레이션이며, 벨만 최적 방정식을 이용한 것이 가치 이터레이션입니다.

다이내믹 프로그래밍 1: 정책 이터레이션

정책 이터레이션은 현재 정책에 대한 참 가치함수를 구하는 정책 평가와 평가한 내용을 가지고 정책을 업데이트하는 정책 발전으로 이뤄져 있습니다. 정책을 평가할 때 벨만 기대 방정식을 이용하며 정책을 발전할 때는 구한 가치함수를 토대로 최대의 보상을 얻게 하는 행동을 선택하는 탐욕 정책 발전을 이용합니다.

다이내믹 프로그래밍 2: 가치 이터레이션

가치 이터레이션은 최적 정책을 가정하고 벨만 최적 방정식을 이용해 순차적 행동 결정 문제에 접근합니다. 정책 이터레이션에서와 달리 정책이 직접적으로 주어지지 않으며 행동의 선택은 가치함수를 통해 이뤄집니다.

다이내믹 프로그래밍의 한계와 강화학습

다이내믹 프로그래밍은 계산 복잡도, 차원의 저주, 환경에 대한 완벽한 정보가 필요하다는 문제점이 있습니다. 이러한 문제를 극복하고자 모델 없이 학습하는 강화학습에 대한 연구가 진행됐습니다.

4장

강화학습 기초 3: 그리드월드와 큐러닝

강화학습과 다이내믹 프로그래밍의 차이는 강화학습은 환경의 모델을 몰라도 환경과의 상호작용을 통해 최적 정책을 학습한다는 것입니다. 에이전트는 환경과의 상호작용을 통해 주어진 정책에 대한 가치함수를 학습할 수 있는데, 이를 예측이라고 합니다. 또한 가치함수를 토대로 정책을 끊임없이 발전시켜 나가서 최적 정책을 학습하려는 것이 제어입니다.

예측에는 몬테카를로 예측과 시간차 예측이 있으며, 제어에는 시간차 제어인 살사가 있습니다. 그리고 살사의 한계를 극복하기 위한 오프폴리시 제어인 큐러닝이 있습니다.

강화학습의 고전 알고리즘들은 이제 잘 사용되지는 않지만 수많은 강화학습 알고리즘의 토대가 됐습니다. 따라서 이 알고리즘들의 차이와 한계를 아는 것이 중요합니다.

강화학습과 정책 평가 1: 몬테카를로 예측

사람의 학습 방법과 강화학습의 학습 방법

강화학습은 환경의 모델 없이 환경이라는 시스템의 입력과 출력 사이의 관계를 학습합니다. 이때 입력은 에이전트의 상태와 행동이고 출력은 보상입니다. 에이전트는 어떤 행동을 해야 높은 보상을 얻는지 알아냅니다. 어떻게 강화학습의 에이전트는 모델 없이 순차적 행동 결정 문제를 풀 수 있을까요? 강화학습의 "학습"은 어떻게 작동하는 것일까요?

다시 다이내믹 프로그래밍을 살펴봅시다. 다이내믹 프로그래밍이 상태의 수가 증가할수록, 차원이 증가할수록 계산 복잡도가 기하급수적으로 증가하는 이유는 무엇일까요? 환경에 대한 정확한 지식을 가지고 모든 상태에 대해 동시에 계산을 진행하기 때문입니다. 환경의 모든 상태에 대해 가능한 모든 상황을 고려해서 계산하는 것입니다. 이것은 마치 바둑을 둘 때 바둑에서 일어날 수 있는 모든 경우를 고려해서 어떤 수를 둬야 하는지를 계산하는 것과 같습니다.

사람이 바둑을 배워나가는 방식은 어떨까요? 사람도 모든 상황을 다 계산해서 수를 둘까요? 사람은 학습의 많은 부분을 그냥 바둑을 두면서 진행합니다. 또한 바둑을 둔 후에 복기를 하면서 어디서 어떤 잘못을 했고 어떻게 고쳐야 하는가를 생각합니다. 여기에 강화학습이 학습을 어떻게 하는가에 대한 답이 있습니다.

그림 4.1 바둑을 배우는 사람은 복기를 통해 자신을 되돌아본다

강화학습은 1) 일단 해보고 2) 자신을 평가하며 3) 평가한 대로 자신을 업데이트하며 4) 이 과정을 반복합니다. 강화학습에서는 계산을 통해서 가치함수를 알아내는 것이 아니라 에이전트가 겪은 경험으로부터 가치함수를 업데이트하는 것입니다.

강화학습의 예측과 제어

다이내믹 프로그래밍의 정책 이터레이션은 정책 평가와 정책 발전으로 이뤄져 있습니다. 그중에서 정책 평가는 현재의 정책에 대해 가치함수를 계산하는 과정입니다. 이 계산을 더 효율적으로 하기 위해서 다이내믹 프로그래밍을 도입했습니다. 정책 평가에 사용하는 벨만 기대 방정식은 다음과 같습니다.

$$v_\pi(s) = E_\pi[R_{t+1} + \gamma v_\pi(S_{t+1}) \mid S_t = s]$$

수식 4.1 벨만 기대 방정식

MDP로 정의되는 문제를 풀 때 중요한 것은 바로 '벨만 기대 방정식의 기댓값인 E_π를 어떻게 계산하는가'입니다. 정책 이터레이션의 정책 평가에서는 현재 상태에서 가능한 모든 상황을 고려해 기댓값 E_π를 계산합니다. 정책 이터레이션대로 계산을 반복한다면 한 치의 오차도 없이 정확한 기댓값을 얻을 수 있습니다.

하지만 계속 강조하듯이 다이내믹 프로그래밍을 적용할 수 있는 문제는 많지 않습니다. 사람은 어떤 것을 판단할 때 항상 정확한 정보를 근거로 판단하지 않습니다. 이터레이션보다는 정확하지 않지만 적당한 추론을 통해 학습을 해나가는 것이 실제 세상에서는 더 효율적입니다. 강화학습에서는 적당한 추론을 통해 원래 참 가치함수의 값을 예측하는 것입니다.

정책 이터레이션에서 정책 평가는 현재 정책을 따랐을 때 참 가치함수를 구하는 과정입니다. 강화학습에서는 이 과정을 "예측Prediction"이라고 합니다. 또한 다이내믹 프로그래밍에서는 정책 평가와 정책 발전을 합친 것을 정책 이터레이션이라고 불렀지만 강화학습에서는 예측과 함께 정책을 발전시키는 것을 "제어Control"라고 부릅니다.

강화학습은 "일단 해보는" 방법으로 참 가치함수의 값을 예측합니다. 에이전트의 경험을 통해 어떻게 참 값을 추정하는지 간단한 예시를 통해 살펴보겠습니다.

몬테카를로 근사의 예시

보통 원의 넓이를 계산하기 위해서는 원의 방정식을 찾아서 그 방정식을 이용해 원의 넓이를 계산합니다. 원의 넓이를 구하는 방정식은 수식 4.2와 같습니다.

$$S = \pi r^2$$

수식 4.2 원의 넓이를 구하는 방정식

하지만 원의 넓이를 구하는 방정식을 모른다면 원의 넓이를 어떻게 계산할 수 있을까요? 이때 몬테카를로 근사Monte-Carlo Approximation라는 방법을 사용할 수 있습니다. 몬테카를로라는 말은 "무작위로 무엇인가를 해본다"는 의미로 생각하면 됩니다. 근사라는 것은 원래의 값은 모르지만 "샘플Sample"을 통해 "원래의 값에 대해 이럴 것이다"라고 추정하는 것입니다. 즉, 무작위로 무엇인가를 해서 원래의 원의 넓이를 추정하는 것이 몬테카를로 근사입니다. 추정한 값은 원래의 값과 정확히 맞지는 않겠지만 무작위로 많이 한다면 점점 원래의 값과 비슷해집니다.

원의 넓이를 구하기 위해 종이 위에 원을 그려봅시다. 그림 4.2는 종이 위에 원을 그린 것이고 이 원 안의 넓이를 구하는 것이 우리의 목적입니다. 원의 넓이는 S(A)이고 종이의 넓이는 S(B)이고 S(B)는 이미 안다고 가정합니다.

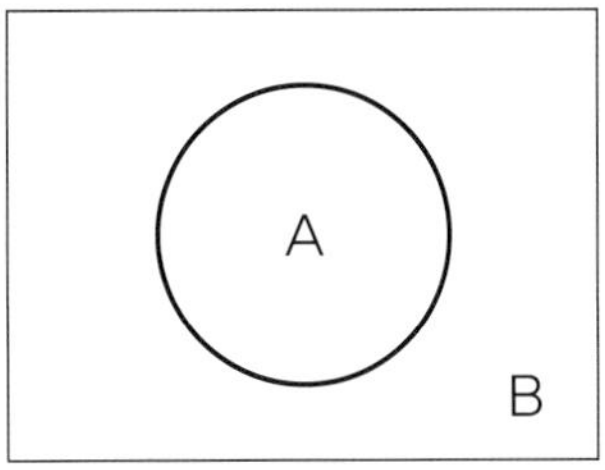

그림 4.2 종이 위에 그려진 원의 넓이를 구하려면 어떻게 해야 할까?

이때 몬테카를로 근사로 S(A)를 계산하는 방법은 간단합니다. 원이 그려진 종이 위에 보라색 점을 무작위로 계속 뿌립니다. 그래서 전체 뿌린 점들 중에서 A에 들어가 있는 점의 비율을 구하면 이미 알고 있는 S(B)를 통해 S(A)의 값을 추정할 수 있습니다. 즉, 뿌린 점의 비율로 S(A)/S(B)를 근사하는 것입니다.

뿌린 보라색 점 중에서 원 안에 있는 보라색 점의 비율을 계산해 봅시다. 그림 4.3에서 총 11개의 점을 뿌렸고 그중에서 원 안에 있는 보라색 점은 4개입니다. 수식 4.3이 몬테카를로 근사를 통해 S(A)/S(B)를 근사하는 과정을 보여줍니다.

$$\frac{S(A)}{S(B)} \sim \frac{1}{11}\sum_{i=1}^{11} I(\text{red\_dot}_i \in A) = \frac{4}{11}$$

수식 4.3 몬테카를로 근사를 통해 구한 원의 넓이와 종이의 넓이의 비

수식 4.3에서 $I(\text{red_dot}_i \in A)$는 보라색 점이 원 안에 들어갔을 때 1을 반환합니다. 보라색 점이 A가 아닌 곳에 들어가면 0을 반환합니다. 따라서 결과적으로 $S(A)/S(B)$는 보라색 점이 원 안에 들어가 있을 참 확률인 $E[I(\text{red_dot}_i \in A)]$를 11개의 점을 뿌려 평균을 취함으로써 근사합니다.

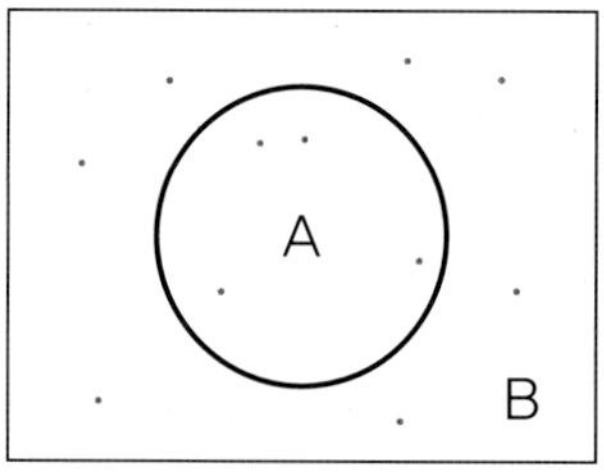

그림 4.3 11개의 점으로 원의 넓이를 추정

하지만 11개의 점으로 원의 면적을 근사하기에는 점의 수가 부족합니다. 몬테카를로 근사의 특성 중 하나는 무한히 반복했을 때 원래의 값과 동일해진다는 것입니다. 그러면 무수히 많은 점들을 뿌려봅시다.

그림 4.4는 더 많은 점들을 종이 위에 찍은 것입니다. 더 많은 점을 찍으면 어떻게 되는지를 잘 보여주기 위해 별도의 코드를 통해 이미지를 만들어봤습니다. 더 많은 점을 찍으면 찍을수록 몬테카를로 근사는 정확해집니다. 수식 4.4는 샘플링의 숫자인 n이 무한대로 가면 샘플링한 값의 평균이 원래의 값과 동일해지는 것을 보여줍니다. 그림 4.4는 1만 개의 샘플을 통해 원의 면적을 구해본 것인데 이때 약 2퍼센트의 오차가 생깁니다. 더 많은 샘플을 사용할수록 오차는 적어집니다.

$$\text{if } n \to \infty, \text{then}$$
$$\frac{1}{n}\sum_{i=1}^{n} I(\text{red\_dot}_i \in A) = \frac{S(A)}{S(B)}$$

수식 4.4 몬테카를로 추정은 무한히 반복하면 원래 값과 동일해진다

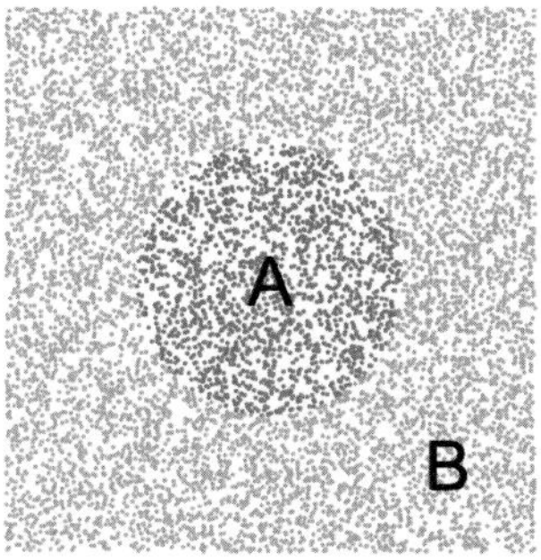

그림 4.4 무수히 많은 점으로 원의 넓이를 추정

원의 넓이의 방정식을 알면 한 번에 구할 수 있는데, 왜 이런 고생을 하는 것일까요? 몬테카를로 근사의 장점은 방정식을 몰라도 원래 값을 추정할 수 있다는 것입니다. 그림 4.5와 같은 도형의 방정식은 존재하지 않습니다. 이 도형의 모양과 비슷한 모양의 방정식을 찾으려고 노력할 수도 있지만 몬테카를로 근사의 방식으로 그냥 많은 점을 뿌리면 됩니다. 즉, 어떤 도형이든 상관없이 모든 도형의 넓이를 정확하진 않더라도 구할 수 있습니다.

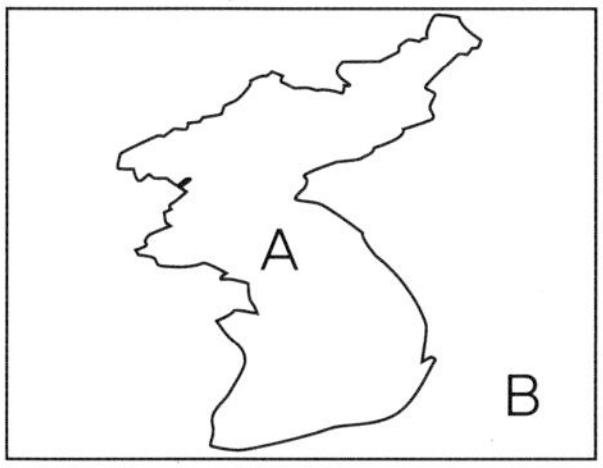

그림 4.5 도형의 모양에 상관없이 몬테카를로 근사는 동일하게 풀 수 있다

방정식을 몰라도 반복하기만 하면 답을 구할 수 있다는 장점은 강화학습에 그대로 이용됩니다. 강화학습에서 몬테카를로 근사를 어떻게 사용하는지 살펴봅시다.

샘플링과 몬테카를로 예측

원의 넓이를 구하는 몬테카를로 근사에서 보라색 점 하나하나는 "샘플"이고 그 샘플들의 평균을 통해 원래 원의 넓이를 추정합니다. 원의 넓이를 추정하는 대신 정책 이터레이션의 정책 평가 과정에서 몬테카를로 근사를 사용해 가치함수를 추정해봅시다. 원의 넓이를 추정할 때는 점이 하나의 샘플이며 점을 찍는 것이 "샘플링 Sampling" 이었습니다. 가치함수를 추정할 때는 에이전트가 한 번 환경에서 에피소드를 진행하는 것이 샘플링입니다. 이 샘플링을 통해 얻은 샘플의 평균으로 참 가치함수의 값을 추정합니다. 이때 몬테카를로 근사를 사용하는 것을 몬테카를로 예측 Monte-Carlo Prediction 이라고 합니다.

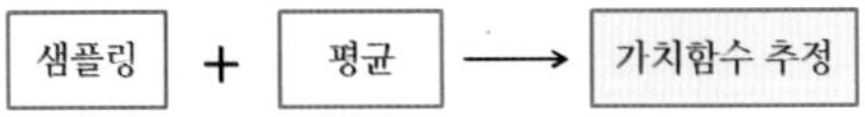

그림 4.6 몬테카를로 예측을 통한 가치함수 추정의 과정

다시 가치함수의 정의를 생각해봅시다. 가치함수의 정의는 간단합니다. 현재 상태로부터 받을 보상을 시간별로 할인해서 더한 다음 그것의 기댓값을 계산한 것입니다.

$$v_\pi(s) = E_\pi[R_{t+1} + \gamma R_{t+2} + \gamma^2 R_{t+3} \cdots \mid S_t = s]$$

수식 4.5 가치함수의 정의

정책 이터레이션의 정책 평가에서는 이 가치함수를 구하기 위해 벨만 기대 방정식을 이용했습니다. 벨만 기대 방정식을 통해 전체 문제를 여러 단계의 작은 문제로 쪼개서 효율적으로 풀었습니다. 하지만 아무리 효율적이라도 정책 이터레이션은 기댓값을 "계산"한 것입니다. 샘플링을 통해 기댓값을 계산하지 않고 샘플들의 평균으로 참 가치함수를 "예측"하려면 어떻게 해야 할까요?

정책 평가는 현재 정책이 있고 그 정책을 따랐을 때의 가치함수를 계산하는 과정입니다. 벨만 기대 방정식을 이용한 계산이 아니라 샘플링을 통해 정책에 따른 가치함수를 구하려면 간단합니다. 현재 정책에 따라서 계속 행동해 보면 됩니다.

현재의 정책에 따라서 행동을 하면 그에 따라서 보상을 받습니다. 받은 보상들을 할인해서 더한 값이 무엇인지 우리는 이미 알고 있습니다. 바로 MDP에서 설명한 반환값입니다. 반환값의 정의는 수식 4.6과 같습니다. 에피소드는 끝이 있다고 가정합니다. 끝이 없는 에피소드에서는 반환값을 알기가 어렵습니다.

$$G_t = R_{t+1} + \gamma R_{t+2} + \cdots + \gamma^{T-t+1} R_T$$

수식 4.6 끝이 있는 에피소드에서 반환값의 정의

에이전트가 현재의 정책을 토대로 한 에피소드를 진행하면 반환값은 에피소드 동안 지나쳐 왔던 각 상태마다 존재합니다. 그림 4.7은 시작 상태 S로부터 마침 상태 T까지의 에피소드를 보여줍니다. 이렇게 한 번의 에피소드를 진행해보는 것은 원의 넓이를 구할 때 보라색 점을 한 번 뿌려보는 것과 동일합니다.

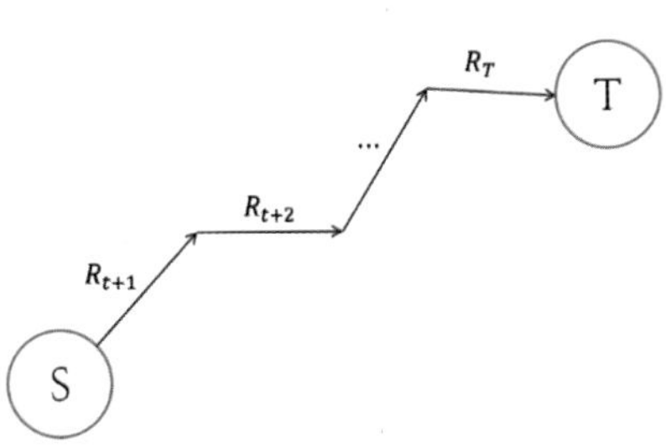

그림 4.7 샘플링을 통해 하나의 에피소드를 진행

만약 에피소드가 상태 s_1에서 시작해 s_2와 s_3를 거쳐서 s_T에서 끝났다면 각 상태에 대한 반환값은 그림 4.8의 식과 같습니다. 반환값에서 시간에 해당하는 아래 첨자는 생략했습니다.

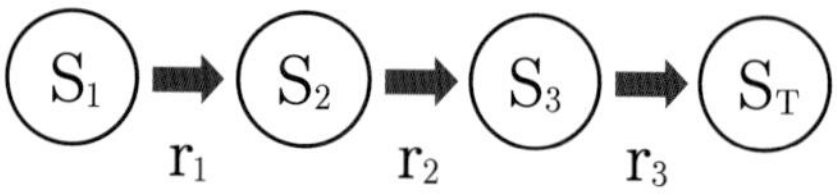

$$G(s_1) = r_1 + \gamma r_2 + \gamma^2 r_3$$
$$G(s_2) = r_2 + \gamma r_3$$
$$G(s_3) = r_3$$

그림 4.8 지나온 상태들의 반환값

이렇게 한 번의 에피소드를 통해 반환값을 얻어도 한 번의 에피소드로는 추정이 불가능합니다. 그것은 마치 원의 넓이를 구할 때 점을 한 번 찍는 것과 같습니다. 몬테카를로 예측을 하기 위해서는 각 상태에 대한 반환값들이 많이 모여야 합니다. 각 상태에 대해 모인 반환값들의 평균을 통해 참 가치함수의 값을 추정해야 하기 때문입니다.

이해를 위해 특정한 상태 s의 가치함수만 고려해 봅시다. 정책 이터레이션에서는 특정한 상태 s의 가치함수를 계산하기 위해 수식 4.7에서 1의 식을 2와 같은 벨만 기대 방정식으로 변환했습니다. 벨만 기대 방정식을 계산 가능한 형태인 3번의 식으로 변형합니다. 3번의 식을 모든 상태에 대해 반복적으로 계산하면 현재 상태 s의 참 가치함수를 알아낼 수 있습니다.

$$1.\ v_\pi(s) = E_\pi[R_{t+1} + \gamma R_{t+2} + \gamma^2 R_{t+3} \cdots \mid S_t = s]$$
$$2.\ v_\pi(s) = E_\pi[R_{t+1} + \gamma v_\pi(S_{t+1}) \mid S_t = s]$$
$$3.\ v_\pi(s) = \sum_{a \in A} \pi(a \mid s)\left(r_{(s,a)} + \gamma \sum_{s' \in S} P_{ss'}^a v_\pi(s')\right)$$

수식 4.7 계산 가능한 형태의 벨만 기대 방정식

벨만 기대 방정식을 계산하려면 조건이 필요합니다. 바로 환경의 모델인 상태 변환 확률과 보상 함수를 알아야 한다는 것입니다. 이것은 마치 원의 넓이를 구할 때 원의 넓이 방정식을 알아야 하는 것과 마찬가지입니다. 원의 넓이를 구할 때와의 차이점은 원의 넓이 방정식보다 환경의 모델이 훨씬 복잡하다는 것입니다.

몬테카를로 예측에서는 수식 4.7의 1번 식에서 환경의 모델을 알아야 하는 E_π를 계산하지 않습니다. 환경의 모델을 몰라도 여러 에피소드를 통해 구한 반환값의 평균을 통해 $v_\pi(s)$를 추정합니다.

$$v_\pi(s) \sim \frac{1}{N(s)} \sum_{i=1}^{N(s)} G_i(s)$$

수식 4.8 반환값의 평균으로 가치함수를 추정

수식 4.8은 여러 번의 에피소드에서 s라는 상태를 방문해서 얻은 반환값들의 평균을 통해 참 가치함수를 추정하는 식입니다. $N(s)$는 상태 s를 여러 번의 에피소드 동안 방문한 횟수입니다. $G_i(s)$는 그 상태를 방문한 i번째 에피소드에서 s의 반환값입니다. 그림 4.9처럼 s를 방문했던 에피소드에 대해 마침 상태까지의 반환값을 평균 내는 것입니다.

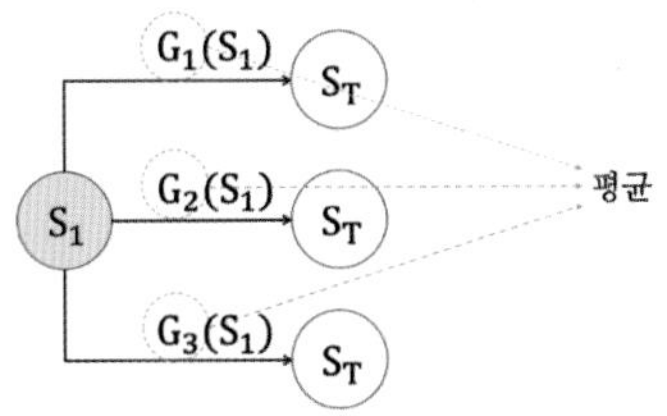

그림 4.9 s를 지나간 에피소드에서 반환값들의 평균

현재 정책에 따라 무수히 많이 에피소드를 진행해 보면 현재 정책을 따랐을 때 지날 수 있는 모든 상태에 대해 충분한 반환값들을 모을 수 있습니다. 따라서 각 상태에 대해서 모인 반환값들의 평균을 내면 상당히 정확한 가치함수의 값을 얻을 수 있습니다.

어떠한 상태의 반환값들의 평균을 취하는 식을 자세히 살펴봅시다. 편의상 상태에 대한 표현을 생략하겠습니다. n개의 반환값을 통해 평균을 취한 가치함수를 V_{n+1}이라고 해봅시다. 여기서 가치함수를 대문자로 표현하는 것은 참 가치함수가 아니라 측정한 오차가 내포된 가치함수라는 의미입니다. 추정된 가치함수 V_{n+1}은 현재 받은 반환값 G_n과 이전에 받았던 반환값의 합 $\sum_{i=1}^{n-1} G_i$를 더한 값의 평균입니다.

$$V_{n+1} = \frac{1}{n}\sum_{i=1}^{n} G_i = \frac{1}{n}\left(G_n + \sum_{i=1}^{n-1} G_i\right)$$

수식 4.9 업데이트 식의 전개 1

수식 4.9에서 이전 반환값들의 합을 n − 1로 곱하고 나눠도 원래의 식은 유지됩니다.

$$= \frac{1}{n}\left(G_n + (n-1)\frac{1}{n-1}\sum_{i=1}^{n-1} G_i\right)$$

수식 4.10 업데이트 식의 전개 2

수식 4.10에서 $\frac{1}{n-1}\sum_{i=1}^{n-1} G_i$는 이전의 가치함수 V_n입니다. 따라서 이전의 가치함수로 고쳐쓰고 정리해줍니다. 정리를 하면 수식 4.11과 같습니다.

$$= \frac{1}{n}(G_n + (n-1)V_n)$$
$$= \frac{1}{n}(G_n + nV_n - V_n)$$
$$= V_n + \frac{1}{n}(G_n - V_n)$$

수식 4.11 업데이트 식의 전개 3

수식 4.11은 몬테카를로 예측 동안에 계속 새로운 반환값이 들어와서 평균을 취할 때 어떤 식으로 평균을 취하는지를 보여줍니다. 어떤 상태의 가치함수는 샘플링을 통해 에이전트가 그 상태를 방문할 때마다 업데이트하게 됩니다. 원래 가지고 있던 가치함수 값 $V(s)$에 $\frac{1}{n}(G(s) - V(s))$를 더함으로써 업데이트하는 것입니다. 이렇게 시간에 따라 평균을 업데이트해나가는 것을 이동평균이라고 합니다. 수식 4.12는 가치함수의 업데이트 식입니다.

$$V(s) \leftarrow V(s) + \frac{1}{n}(G(s) - V(s))$$

수식 4.12 몬테카를로 예측에서 가치함수의 업데이트 식

가치함수 수식 4.12에서 $G(s) - V(s)$를 오차라고 하며, $1/n$은 스텝사이즈 StepSize로서 업데이트할 때 오차의 얼마를 가지고 업데이트할지 정하는 것입니다. 스텝사이즈가 1이라면 $G(s)$가 기존의 $V(s)$를 대체한다는 것을 알 수 있습니다. 수식 4.12에서 업데이트의 목표가 되는 $G(s)$가 시간에 따라 많이 변화할지라도 $1/n$이라는 스텝 사이즈를 곱하면서 더하기 때문에 결국 반환값의 평균으로 수렴합니다.

일반적으로 스텝사이즈는 α라고 표현합니다. 몬테카를로 예측의 가치함수 업데이트를 일반적인 형태로 나타내면 수식 4.13과 같습니다. 스텝사이즈는 수식 4.12처럼 $1/n$일 수도 있고 시간에 따라서 변하지 않는 일정한 숫자일 수도 있습니다.

$$V(s) \leftarrow V(s) + \alpha(G(s) - V(s))$$

수식 4.13 몬테카를로 예측에서 가치함수 업데이트의 일반식

스텝사이즈를 일정한 숫자로 고정한다는 것은 과거의 반환값보다 현재 에피소드로부터 얻은 반환값을 더 중요하게 보고 업데이트한다는 것입니다. 스텝사이즈가 클수록 과거에 얻은 반환값을 지수적으로 감소시킵니다.

만약 환경이 지속적으로 변화한다면 1/n로 평균을 구하는 것보다 일정한 숫자로 고정하는 것이 더 좋습니다. 또한 몬테카를로 예측을 통해 참 가치함수를 구하는 과정에 정책을 변화시킨다면 그에 따라 에이전트가 얻는 보상이 달라집니다. 이런 경우에도 스텝 사이즈를 일정한 숫자로 고정하는 것이 좋습니다.

몬테카를로 예측 이후의 모든 강화학습 방법에서 가치함수를 업데이트하는 것은 수식 4.13의 변형일 뿐입니다. 따라서 이 식을 정확히 이해하는 것이 중요합니다.

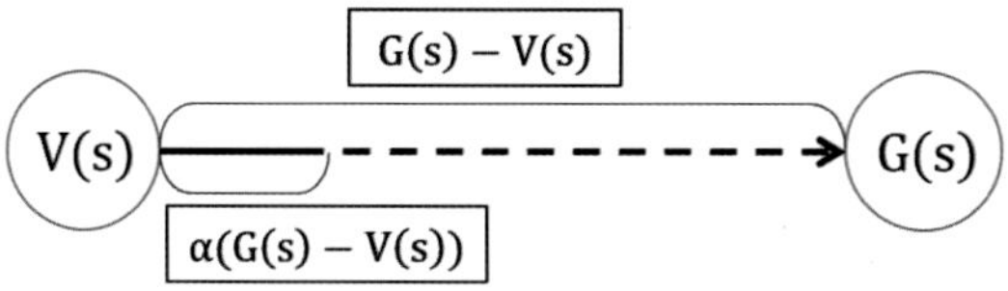

그림 4.10 몬테카를로 예측의 가치함수 업데이트

그림 4.10은 수식 4.13을 그림으로 표현한 것입니다. 이 그림은 가치함수의 업데이트에 대한 다음의 두 가지 정보를 알려줍니다.

1. $G(s)$ = 업데이트의 목표
2. $\alpha(G(s) - V(s))$ = 업데이트의 크기

가치함수 입장에서 업데이트를 통해 도달하려는 목표는 반환값입니다. 가치함수는 이 목표로 감으로써 자신을 업데이트하는데 한 번에 목표점으로 가는 것이 아니고 스텝사이즈를 곱한 만큼만 가는 것입니다. 앞으로 스텝사이즈는 일정한 상수를 사용하겠습니다.

몬테카를로 예측에서 에이전트는 이 업데이트 식을 통해 에피소드 동안 경험했던 모든 상태에 대해 가치함수를 업데이트합니다. 어떠한 상태의 가치함수가 업데이트될수록 가치함수는 현재 정책에 대한 참 가치함수에 수렴해갑니다. 뒤의 시간차 예측 Temporal-difference prediction 방법에서는 1번 업데이트의 목표가 변하고 나머지는 동일합니다.

그리드월드 예제에 몬테카를로 예측을 적용해 봅시다. 그림 4.11에서 에이전트는 시작 상태 빨간색 네모가 있는 상태 에서 마침 상태 파란색 동그라미가 있는 상태 까지 에피소드를 진행합니다. 에피소드 동안 지나친 상태들은 회색으로 표시했습니다. 에이전트는 마침 상태에 갈 때까지 아무것도 하지 않습니다. 마침 상태에 도달하면 에이전트는 지나온 모든 상태의 가치함수를 업데이트합니다.

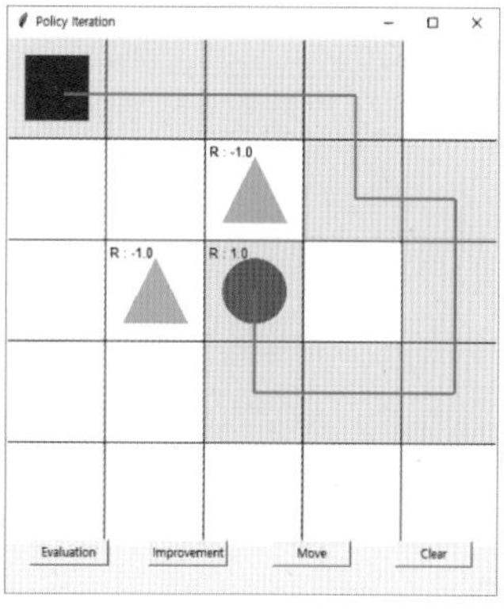

그림 4.11 그리드월드에서 몬테카를로 예측

에피소드 동안 방문했던 모든 상태의 가치함수를 업데이트하면 에이전트는 다시 시작 상태에서부터 새로운 에피소드를 진행합니다. 이러한 과정을 계속 반복하는 것이 몬테카를로 예측입니다.

강화학습과 정책 평가 2: 시간차 예측

시간차 예측

강화학습에서 가장 중요한 아이디어 중 하나가 바로 시간차 Temporal-Difference 입니다. 몬테카를로 예측의 단점은 실시간이 아니라는 점입니다. 가치함수를 업데이트하기 위해서는 에피소드가 끝날 때까지 기다려야 합니다. 또한 에피소드의 끝이 없거나 에피소드의 길이가 긴 경우에는 몬테카를로 예측은 적합하지 않습니다.

시간차 예측 Temporal-Difference Prediction 은 몬테카를로 예측과는 다르게 타임스텝마다 가치함수를 업데이트합니다. 사람은 모든 상황에서 항상 예측하고 있습니다. 만약 돌을 던졌는데 땅에 떨어지는 소리가 안 들린다고 생각해봅시다. 사람은 즉각적으로 이상이 생긴 것을 알 수 있습니다. 사람이 이렇게 이상을 바로 알아차릴 수 있는 것은 다음 순간을 지속적으로 예측하고 바로 학습하기 때문입니다. 실시간으로 예측하지 않는다면 사람이 실생활에서 무엇인가를 학습하기가 어려울 것입니다. 이와 마찬가지로 에이전트도 실시간으로 예측과 현실의 차이로 학습할 수 있습니다.

다시 몬테카를로 예측의 가치함수 업데이트 식을 살펴봅시다. 수식 4.14는 몬테카를로 예측에서 가치함수를 업데이트하는 식인데, 이 식에서 G_t는 에피소드가 끝나야 그 값을 알 수 있습니다. 한 에피소드 내에서 방문한 상태들이 S_t이고 그 상태에서부터 받은 보상들의 합인 반환값이 G_t입니다.

$$V(S_t) \leftarrow V(S_t) + \alpha(G_t - V(S_t))$$

수식 4.14 몬테카를로 예측의 가치함수 업데이트 식

가치함수의 정의를 여러 가지 형태로 할 수 있는데 몬테카를로 예측에서는 식 4.15의 기댓값을 계산하지 않고 샘플링을 통해 예측했습니다.

$$v_\pi(s) = E_\pi[G_t \mid S_t = s]$$

수식 4.15 반환값에 대한 기댓값으로 정의하는 가치함수

시간차 예측에서는 비슷하지만 G_t를 $R_{t+1} + \gamma v_\pi(s')$으로 나타낸 가치함수의 정의인 식 4.16을 이용합니다. 다이내믹 프로그래밍처럼 기댓값을 계산하지 않고 $R_{t+1} + \gamma v_\pi(s')$ 값을 샘플링해서 그 값으로 현재의 가치함수를 업데이트합니다.

$$v_\pi(s) = E_\pi[R_{t+1} + \gamma v_\pi(S_{t+1}) \mid S_t = s]$$

수식 4.16 다른 형태의 가치함수의 정의

가치함수의 업데이트는 실시간으로 이뤄지며, 몬테카를로 예측과는 달리 한 번에 하나의 가치함수만 업데이트합니다. 수식 4.17은 시간차 예측에서 가치함수를 업데이트하는 식입니다. 매 타임스텝마다 에이전트는 현재의 상태 S_t에서 행동을 하나 선택하고 환경으로부터 보상 R_{t+1}을 받고 다음 상태 S_{t+1}을 알게 됩니다.

에이전트는 현재 가지고 있는 가치함수 리스트에서 다음 상태에 해당하는 가치함수 $V(S_{t+1})$을 가져올 수 있을 것입니다. 그러면 바로 $R_{t+1} + \gamma V(S_{t+1})$을 계산할 수 있습니다. 계산한 $R_{t+1} + \gamma V(S_{t+1})$은 S_t의 가치함수 업데이트의 목표가 됩니다.

$$V(S_t) \leftarrow V(S_t) + \alpha(R_{t+1} + \gamma V(S_{t+1}) - V(S_t))$$

수식 4.17 시간차 예측에서 가치함수의 업데이트

수식 4.17이 포함하고 있는 의미는 다음과 같습니다.

1. $R_{t+1} + \gamma V(S_{t+1})$ = 업데이트의 목표
2. $\alpha(R_{t+1} + \gamma V(S_{t+1}) - V(S_t))$ = 업데이트의 크기

2번에서 $R_{t+1} + \gamma V(S_{t+1}) - V(S_t)$는 시간차 에러 Temporal-Difference Error 라고 합니다. 시간차 예측에서 업데이트의 목표는 반환값과는 달리 실제의 값은 아닙니다. $V(S_{t+1})$은 현재 에이전트가 가지고 있는 값입니다. 에이전트는 이 값을 S_{t+1}의 가치함수일 것이라고 예측하고 있습니다. 다른 상태의 가치함수 예측값을 통해 지금 상태의 가치함수를 예측하는 이러한 방식을 부트스트랩 Bootstrap 이라고 합니다. 즉, 업데이트 목표도 정확하지 않은 상황에서 가치함수를 업데이트하는 것입니다.

그림 4.12는 시간차 예측에서 가치함수를 한 번 업데이트하는 과정을 보여줍니다. 어떤 상태에서 행동을 하면 보상을 받고 다음 상태를 알게 되고 다음 상태의 가치함수와 알게 된 보상을 더해 그 값을 업데이트의 목표로 삼는다는 것입니다. 다음 상태에서 또다시 행동을 선택하고 이 과정이 반복됩니다.

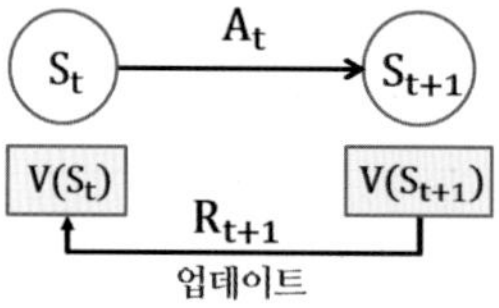

그림 4.12 시간차 예측의 가치함수 업데이트

시간차 예측은 에피소드가 끝날 때까지 기다릴 필요 없이 바로 가치함수를 업데이트할 수 있습니다. 하지만 이렇게 업데이트를 해도 몬테카를로 예측과 같이 원래 가치함수 값에 수렴할까요? 시간차 예측은 충분히 많은 샘플링을 통해 업데이트하면 참

가치함수에 수렴하며 많은 경우에 몬테카를로 예측보다 더 효율적으로 빠른 시간 안에 참 가치함수에 근접합니다. 하지만 시간차 예측은 몬테카를로 예측보다 초기 가치함수 값에 따라 예측 정확도가 많이 달라진다는 단점이 있습니다.

그리드월드에서의 시간차 예측을 나타낸 것이 그림 4.13입니다. 에이전트는 현재 상태에서 행동을 한 번 하고 다음 상태를 알게 되면 바로 이전 상태의 가치함수를 업데이트할 수 있습니다.

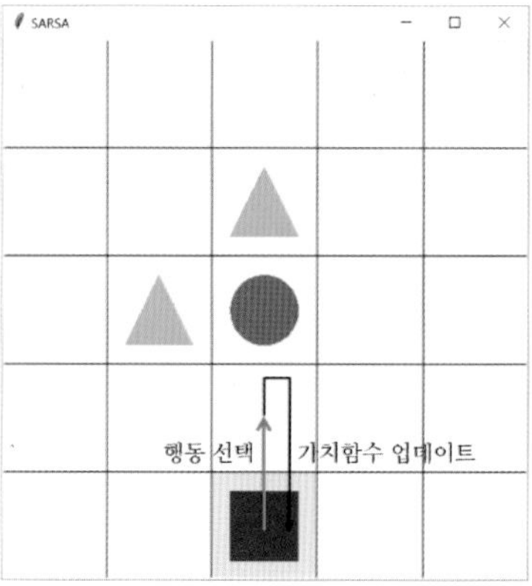

그림 4.13 그리드월드에서의 시간차 예측

강화학습 알고리즘 1: 살사

살사

그림 4.14의 강화학습 알고리즘 흐름을 살펴보면 정책 이터레이션과 가치 이터레이션은 살사로 발전합니다. 살사부터 강화학습이라고 부릅니다. 정책 이터레이션과 가치 이터레이션이 어떻게 살사로 발전하는지, 그리고 살사와 같은 강화학습 알고리즘을 통해 에이전트가 어떻게 학습하는지 알아봅시다.

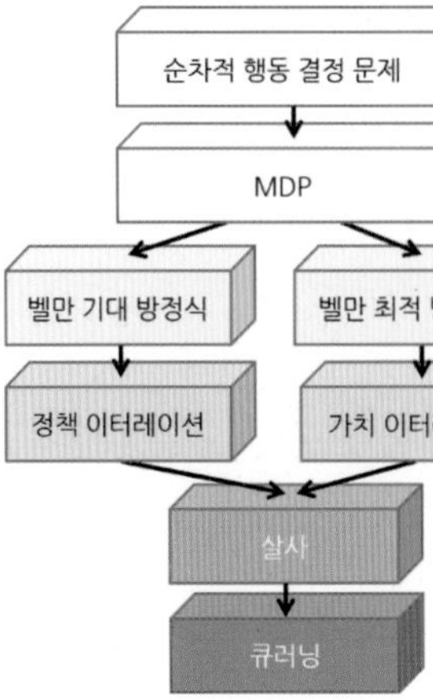

그림 4.14 강화학습 알고리즘의 순서도

정책 이터레이션은 "정책 평가"와 "정책 발전"을 번갈아 가며 실행하는 과정입니다. 현재의 정책에 대해 정책 평가를 통해 가치함수를 구하고, 그 가치함수를 통해 정책을 발전시키는 것의 반복입니다. 벨만 기대 방정식을 이용해 현재의 정책에 대한 참 가치함수를 구하는 것이 정책 평가이며, 구한 가치함수에 따라 정책을 업데이트하는 것이 정책 발전입니다.

정책 평가 과정에서 참 가치함수에 수렴할 때까지 계산하지 않아도 정책 평가와 정책 발전을 한 번씩 번갈아 가면서 실행하면 가치함수가 참 가치함수에 수렴합니다. 이러한 정책 이터레이션을 GPI Generalized Policy Iteration 라고 합니다. GPI에서는 그림 4.15와 같이 단 한 번만 정책을 평가해서 가치함수를 업데이트하고 바로 정책을 발전하는 과정을 반복합니다.

그림 4.15 GPI는 정책 평가와 정책 발전을 한 번씩 번갈아 가며 진행한다

GPI를 강화학습의 관점에서 살펴봅시다. GPI에서는 벨만 방정식에 따라 정책을 평가합니다. 강화학습에서는 앞에서 다뤘던 몬테카를로 예측이나 시간차 예측을 사용해서 정책을 평가합니다. 강화학습 정책 평가 방법 중에 시간차 예측에 대해서만 생각해봅시다. GPI의 탐욕 정책 발전은 주어진 가치함수에 대해 새로운 정책을 얻는 과정입니다. 시간차 방법에서는 타임스텝마다 가치함수를 현재 상태에 대해서만 업데이트합니다. 따라서 GPI에서처럼 모든 상태의 정책을 발전시킬 수 없습니다.

하지만 시간차 방법에서 이를 간단히 구현할 수 있습니다. 바로 가치 이터레이션의 방법을 사용하는 것입니다. 가치 이터레이션에서는 정책 이터레이션에서와 달리 별도의 정책 없이 단지 가치함수에 대해 탐욕적으로 움직일 뿐이었습니다. 시간차 방법에서도 마찬가지입니다. 별도의 정책을 두지 않고 에이전트는 현재 상태에서 가장 큰 가치를 지니는 행동을 선택하는 탐욕 정책을 사용합니다. 시간차 예측과 탐욕 정책이 합쳐진 것을 시간차 제어Temporal-difference control라고 합니다. 이를 나타낸 것이 그림 4.16입니다.

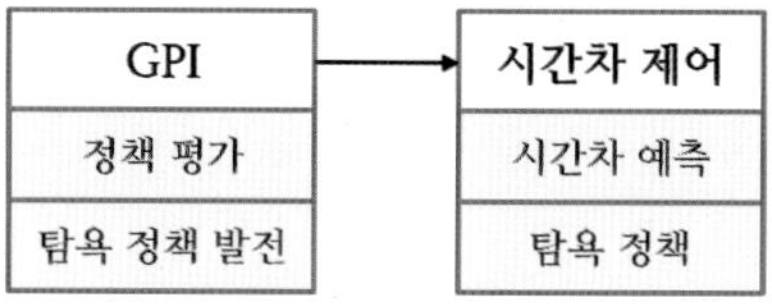

그림 4.16 GPI와 시간차 제어의 관계

시간차 제어에서의 탐욕 정책을 살펴보겠습니다. GPI에서 정책 발전의 식은 수식 4.18과 같습니다. 현재 상태의 정책을 발전시키려면 결국 argmax 안에 들어있는 값의 최댓값을 알아야 하는데 그러려면 환경의 모델인 $P_{ss'}^{a}$를 알아야 합니다. 따라서 수식 4.18을 시간차 제어의 탐욕 정책으로 사용할 수 없습니다.

$$\pi'(s) = \mathrm{argmax}_{a \in A} E_\pi [R_{t+1} + \gamma v_\pi(S_{t+1}) \mid S_t = s, A_t = a]$$

수식 4.18 GPI의 탐욕 정책 발전

탐욕 정책에서 다음 상태의 가치함수를 보고 판단하는 것이 아니고 현재 상태의 큐함수를 보고 판단한다면 환경의 모델을 몰라도 됩니다. 큐함수를 사용한 탐욕 정책의 식은 수식 4.19와 같습니다. 이때의 큐함수는 가치함수와 마찬가지로 정확한 값이 아니라 에이전트가 추청하는 값이기 때문에 대문자로 표현합니다. 시간차 제어에서는 수식 4.19로 표현되는 탐욕 정책을 통해 행동을 선택합니다.

$$\pi(s) = \mathrm{argmax}_{a \in A} Q(s, a)$$

수식 4.19 큐함수를 사용한 탐욕 정책

큐함수에 따라 행동을 선택하려면 에이전트는 가치함수가 아닌 큐함수의 정보를 알아야 합니다. 따라서 시간차 제어에서 업데이트하는 대상이 가치함수가 아닌 큐함수가 돼야 합니다. 이때 시간차 제어의 식은 수식 4.20과 같습니다.

$$Q(S_t, A_t) \leftarrow Q(S_t, A_t) + \alpha(R_{t+1} + \gamma Q(S_{t+1}, A_{t+1}) - Q(S_t, A_t))$$

수식 4.20 시간차 제어에서 큐함수의 업데이트

수식 4.20에서 다음 상태의 큐함수인 $Q(S_{t+1}, A_{t+1})$을 알기 위해서는 다음 상태 S_{t+1}에서 다음 행동 A_{t+1}까지 선택해야 합니다. 시간차 제어에서 큐함수를 업데이트하는 것을 그림으로 나타낸 것이 그림 4.17입니다.

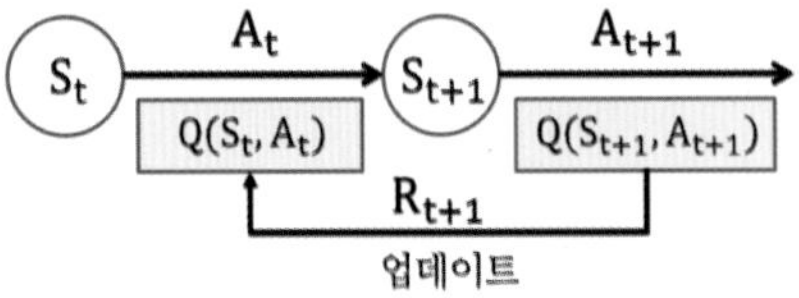

그림 4.17 시간차 제어에서 큐함수의 업데이트

시간차 제어에서 큐함수를 업데이트하려면 샘플이 있어야 합니다. 시간차 제어에서는 $[S_t, A_t, R_{t+1}, S_{t+1}, A_{t+1}]$을 샘플로 사용합니다. 에이전트는 샘플인 상태 S_t에서 탐욕 정책에 따라 행동 A_t를 선택하고 그 행동으로 환경에서 한 타임스텝을 진행합니다. 그러면 환경은 에이전트에게 보상 R_{t+1}을 주고 다음 상태 S_{t+1}을 알려줍니다. 여기서 한 번 더 에이전트는 탐욕 정책에 따라 행동 A_{t+1}을 선택하고 하나의 샘플 $[S_t, A_t, R_{t+1}, S_{t+1}, A_{t+1}]$이 생성되면 그 샘플로 큐함수를 업데이트합니다.

이것이 시간차 제어의 과정입니다. $[S_t, A_t, R_{t+1}, S_{t+1}, A_{t+1}]$을 하나의 샘플로 사용하기 때문에 시간차 제어를 다른 말로 살사SARSA라고 부릅니다. 살사는 현재 가지고 있는 큐함수를 토대로 샘플을 탐욕 정책으로 모으고 그 샘플로 방문한 큐함수를 업데이트하는 과정을 반복하는 것입니다.

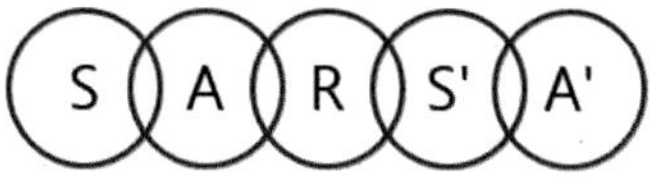

그림 4.18 살사SARSA

이미 충분히 많은 경험을 한 에이전트의 경우에는 탐욕 정책이 좋은 선택이겠지만 초기의 에이전트에게 탐욕 정책은 잘못된 학습으로 가게 할 가능성이 큽니다. 즉, 큐함수가 잘못된 값에 수렴해서 에이전트가 잘못된 정책을 학습하는 것을 막기 위해서 에이전트가 충분히 다양한 경험을 하도록 해야 합니다. 이 문제는 강화학습의 중요한 문제로서 탐험Exploration의 문제입니다.

따라서 탐욕 정책을 대체할 수 있는 새로운 정책이 필요합니다. 에이전트로 하여금 더 탐험하게 할 방법이 필요한 것입니다. 그 대안이 ε-탐욕 정책입니다. 아이디어는 간단합니다. ε만큼의 확률로 탐욕적이지 않은 행동을 선택하게 하는 것입니다. 이를 수식으로 나타낸 것이 수식 4.21입니다.

$$\pi(s) = \begin{cases} a^* = \mathrm{argmax}_{a \in A} Q(s,a), 1-\varepsilon \text{의 확률로} \\ \quad a \neq a^* \qquad\qquad , \varepsilon \text{의 확률로} \end{cases}$$

수식 4.21 ε-탐욕 정책

1-ε인 확률로는 현재 상태에서 가장 큰 큐함수의 값을 가지는 행동을 선택합니다. 즉, 탐욕 정책을 따르는 것입니다. 하지만 현재 가지고 있는 큐함수는 수렴하기 전까지는 편향돼 있는 정확하지 않은 값입니다. 따라서 에이전트는 그림 4.19와 같이 정확하지 않은 큐함수를 토대로 탐욕적으로 행동하기보다는 일정한 ε인 확률로 검은색 화살표를 따라서 엉뚱한 행동을 합니다.

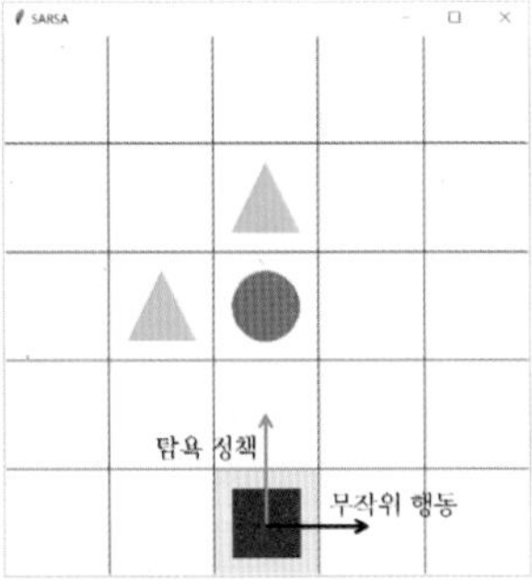

그림 4.19 ε-탐욕 정책 발전

ε-탐욕 정책은 탐욕 정책의 대안으로서 에이전트가 지속적으로 탐험하게 합니다. 물론 ε-탐욕 정책은 최적 큐함수를 찾았다 하더라도 ε의 확률로 계속 탐험한다는 한계가 있습니다. 따라서 학습을 진행함에 따라 ε의 값을 감소시키는 방법도 사용합니다. 그리드월드 예제에서는 ε의 값이 일정한 ε-탐욕 정책을 사용합니다.

이처럼 살사는 GPI의 정책 평가를 큐함수를 이용한 시간차 예측으로, 탐욕 정책 발전을 ε-탐욕 정책으로 변화시킨 강화학습 알고리즘입니다. 또한 정책 이터레이션과는 달리 별도의 정책 없이 ε-탐욕 정책을 사용하는 것은 가치 이터레이션에서 그 개념을 가져온 것입니다.

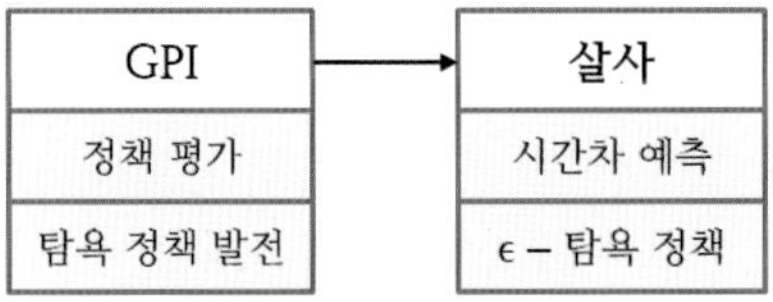

그림 4.20 GPI와 살사의 관계

살사는 간단히 두 단계로 생각하면 됩니다.

1. ε−탐욕 정책을 통해 샘플 $[S_t, A_t, R_{t+1}, S_{t+1}, A_{t+1}]$을 획득
2. 획득한 샘플로 다음 식을 통해 큐함수 $Q(S_t, A_t)$를 업데이트

$$Q(S_t, A_t) \leftarrow Q(S_t, A_t) + \alpha(R_{t+1} + \gamma Q(S_{t+1}, A_{t+1}) - Q(S_t, A_t))$$

그림으로 보면 그림 4.21과 같습니다. 큐함수는 에이전트가 가진 정보로서 큐함수의 업데이트는 에이전트 자신을 업데이트하는 것과 같습니다. 따라서 그림 4.21에서 큐함수 업데이트를 살사 에이전트를 업데이트한다는 의미에서 화살표로 표현했습니다. 이처럼 에이전트가 어떻게 환경과 상호작용하는지 머릿속에 그리면 좀 더 쉽게 학습 과정을 이해할 수 있습니다.

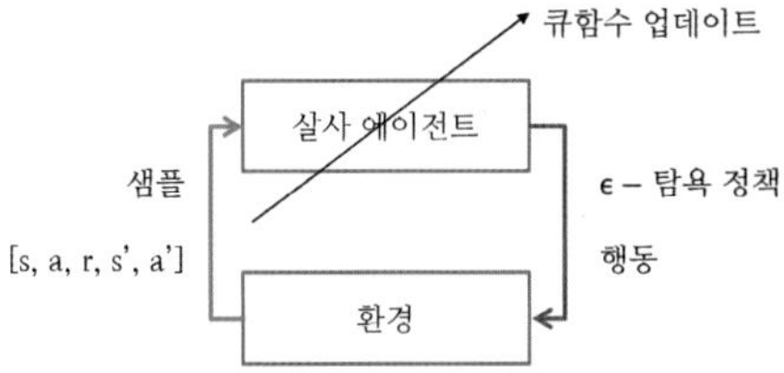

그림 4.21 살사의 학습 과정

그리드월드 예제의 살사와 큐러닝에서는 환경이 주는 보상이 1(파란색 동그라미)과 −1(초록색 세모)이 아니라 100과 −100입니다. 이제 그리드월드 예제에 살사를 적용해 학습해보겠습니다.

살사 코드 설명

살사의 소스코드는 RLCode 깃허브 저장소에서 "1-grid-world/3-sarsa" 폴더에 들어 있습니다. 다이내믹 프로그래밍과 마찬가지로 소스코드는 환경에 관한 파일인 environment.py와 에이전트에 관한 파일인 agent.py로 구성돼 있습니다. 이 가운데 이 책에서 설명할 코드는 agent.py입니다. agent.py의 전체 코드는 다음과 같습니다.

```
import numpy as np
import random
from collections import defaultdict
from environment import Env


class SARSAgent:
    def __init__(self, actions):
        self.actions = actions
        self.step_size = 0.01
        self.discount_factor = 0.9
        self.epsilon = 0.1
        # 0을 초깃값으로 가지는 큐함수 테이블 생성
        self.q_table = defaultdict(lambda: [0.0, 0.0, 0.0, 0.0])

    # <s, a, r, s', a'>의 샘플로부터 큐함수를 업데이트
    def learn(self, state, action, reward, next_state, next_action):
        state, next_state = str(state), str(next_state)
        current_q = self.q_table[state][action]
        next_state_q = self.q_table[next_state][next_action]
        td = reward + self.discount_factor * next_state_q - current_q
        new_q = current_q + self.step_size * td
        self.q_table[state][action] = new_q

    # 입실론 탐욕 정책에 따라서 행동을 반환
    def get_action(self, state):
        if np.random.rand() < self.epsilon:
            # 무작위 행동 반환
            action = np.random.choice(self.actions)
```

```
        else:
            # 큐함수에 따른 행동 반환
            state = str(state)
            q_list = self.q_table[state]
            action = arg_max(q_list)
        return action


# 큐함수의 값에 따라 최적의 행동을 반환
def arg_max(q_list):
    max_idx_list = np.argwhere(q_list == np.amax(q_list))
    max_idx_list = max_idx_list.flatten().tolist()
    return random.choice(max_idx_list)


if __name__ == "__main__":
    env = Env()
    agent = SARSAgent(actions=list(range(env.n_actions)))

    for episode in range(1000):
        # 게임 환경과 상태를 초기화
        state = env.reset()
        # 현재 상태에 대한 행동을 선택
        action = agent.get_action(state)

        while True:
            env.render()

            # 행동을 취한 후 다음 상태 보상 에피소드의 종료 여부를 받아옴
            next_state, reward, done = env.step(action)
            # 다음 상태에서의 다음 행동 선택
            next_action = agent.get_action(next_state)
            # <s,a,r,s',a'>로 큐함수를 업데이트
            agent.learn(state, action, reward, next_state, next_action)

            state = next_state
            action = next_action

            # 모든 큐함수를 화면에 표시
```

```
        env.print_value_all(agent.q_table)

        if done:
            break
```

위 전체 코드를 구조만 놓고 본다면 다음과 같습니다. 에이전트는 SARSAgent 클래스로 정의되며, 환경은 environment.py의 Env 클래스를 env 객체로 받습니다.

```
from environment import Env

class SARSAgent:
    def __init__(self):
        pass

if __name__ == "__main__":
    env = Env()
    agent = SARSAgent()
```

첫 번째로 SARSAgent의 __init__을 살펴보겠습니다. 그 이후에 살사 에이전트가 환경과 어떻게 상호작용하는지를 통해 어떤 함수가 살사 에이전트에 필요한지 살펴보겠습니다.

```
def __init__(self, actions):
    self.actions = actions
    self.step_size = 0.01
    self.discount_factor = 0.9
    self.epsilon = 0.1
    # 0을 초깃값으로 가지는 큐함수 테이블 생성
    self.q_table = defaultdict(lambda: [0.0, 0.0, 0.0, 0.0])
```

__init__이 인수로 받아오는 actions는 에이전트가 할 수 있는 행동입니다. 이 정보는 환경으로부터 받아오며, 그리드월드에서는 [0, 1, 2, 3]입니다. 각각 상, 하, 좌, 우를 의미합니다. 할인율 discount_factor는 0.9로 설정합니다. 살사에서는 에

이전트가 현재 상태에서 행동을 선택할 때 ε-탐욕 정책에 따라 선택합니다. 이때 epsilon(ε)을 0.1로 설정했습니다. 스텝사이즈 step_size는 0.01로 설정했습니다.

다이내믹 프로그래밍에서는 모든 상태의 가치함수를 벨만 방정식을 통해 한 번에 업데이트했습니다. 하지만 살사에서는 에이전트가 어떤 상태를 방문하면 그 상태의 큐함수만 업데이트합니다. 따라서 어떤 상태의 큐함수를 담을 다른 자료구조가 필요합니다. 따라서 dictionary 자료형을 이용해 큐함수를 저장합니다. 큐함수를 선언하는 코드는 다음과 같습니다.

```
self.q_table = defaultdict(lambda: [0.0, 0.0, 0.0, 0.0])
```

dictionary 자료형에 기본값을 정의하는 함수가 defaultdict입니다. Lambda를 이용하면 추가되는 dictionary 자료형의 기본값을 설정할 수 있습니다. 이 코드에서는 dictionary 자료형이 큐함수를 의미하며 [0.0, 0.0, 0.0, 0.0]의 기본값을 가집니다. 그리고 self.q_table에 에이전트가 방문했던 상태들의 큐함수를 저장할 것입니다. 저장한 큐함수에는 self.q_table[상태][행동]과 같이 접근할 수 있습니다.

__init__ 외에 SARSAgent에 어떤 함수가 필요한지 알기 위해서는 에이전트가 환경과 어떻게 상호작용하고 어떻게 학습하는지 알아야 합니다. 에이전트는 다음과 같은 순서로 환경과 상호작용합니다.

1. 현재 상태에서 ε-탐욕 정책에 따라 행동을 선택
2. 선택한 행동으로 환경에서 한 타임스텝을 진행
3. 환경으로부터 보상과 다음 상태를 받음
4. 다음 상태에서 ε-탐욕 정책에 따라 다음 행동을 선택
5. (s, a, r, s', a')을 통해 큐함수를 업데이트

어떠한 특정 상태를 입력으로 넣었을 때 행동을 출력하는 함수는 get_action입니다. 코드는 다음과 같습니다.

```
def get_action(self, state):
    if np.random.rand() < self.epsilon:
        # 무작위 행동 반환
        action = np.random.choice(self.actions)
    else:
        # 큐함수에 따른 행동 반환
        state = str(state)
        q_list = self.q_table[state]
        action = arg_max(q_list)
    return action
```

행동을 선택할 때는 ε-탐욕 정책에 따라 선택합니다. ε-탐욕 정책은 epsilon 값과 np.random.rand()를 통해 무작위로 뽑은 0~1 사이의 값을 비교하는 것으로 구현합니다. 만약 epsilon보다 rand 함수로 뽑힌 수가 크면 큐함수에 대해 탐욕 정책을 따릅니다. epsilon보다 rand 함수로 뽑힌 수가 작다면 임의의 행동을 선택해서 반환합니다.

탐욕 정책에 따라 행동을 선택하는 코드는 다음과 같습니다. state를 파이썬 내장함수인 str 함수를 통해 string으로 변환하는데 그 이유는 dictionary의 키 값으로 상태를 string의 형태로 넣기 때문입니다. 상태 state에 저장돼 있는 큐함수를 self.q_table[state]로 불러옵니다. 그리고 그 큐함수 중에서 최댓값에 해당하는 인덱스를 행동으로 반환합니다. 이 역할을 하는 argmax 함수는 별도의 함수로 구현해놨습니다.

```
state = str(state)
q_list = self.q_table[state]
action = arg_max(q_list)
```

현재 상태와 다음 상태에서의 행동을 선택해서 샘플(s, a, r, s′, a′)을 얻으면 에이전트는 학습을 진행합니다. 이 역할을 하는 함수는 learn이며 코드는 다음과 같습니다.

```
def learn(self, state, action, reward, next_state, next_action):
    state, next_state = str(state), str(next_state)
    current_q = self.q_table[state][action]
    next_state_q = self.q_table[next_state][next_action]
    td = reward + self.discount_factor * next_state_q - current_q
    new_q = current_q + self.step_size * td
    self.q_table[state][action] = new_q
```

위 코드가 구현하는 것은 수식 4.22입니다.

$$Q(S_t, A_t) \leftarrow Q(S_t, A_t) + \alpha(R_{t+1} + \gamma Q(S_{t+1}, A_{t+1}) - Q(S_t, A_t))$$

수식 4.22 살사의 큐함수 업데이트 식

get_action과 learn 함수를 통해 에이전트는 메인 루프에서 다음과 같이 환경과 상호작용합니다.

```
# 행동을 취한 후 다음 상태 보상 에피소드의 종료 여부를 받아옴
next_state, reward, done = env.step(action)
# 다음 상태에서의 다음 행동 선택
next_action = agent.get_action(next_state)
# <s,a,r,s',a'>로 큐함수를 업데이트
agent.learn(state, action, reward, next_state, next_action)

state = next_state
action = next_action
```

살사 코드의 실행 및 결과

살사 코드를 실행하면 그림 4.22와 같은 화면이 나옵니다. 다이내믹 프로그래밍에서와 다르게 화면에 버튼이 없습니다. 또한 모든 상태에 대해 큐함수가 표시되는 것이 아니라 에이전트가 방문한 상태에 대해서만 큐함수를 표시합니다. 표시된 큐함수를 통해 에이전트가 어떻게 학습하고 있는지 알 수 있습니다.

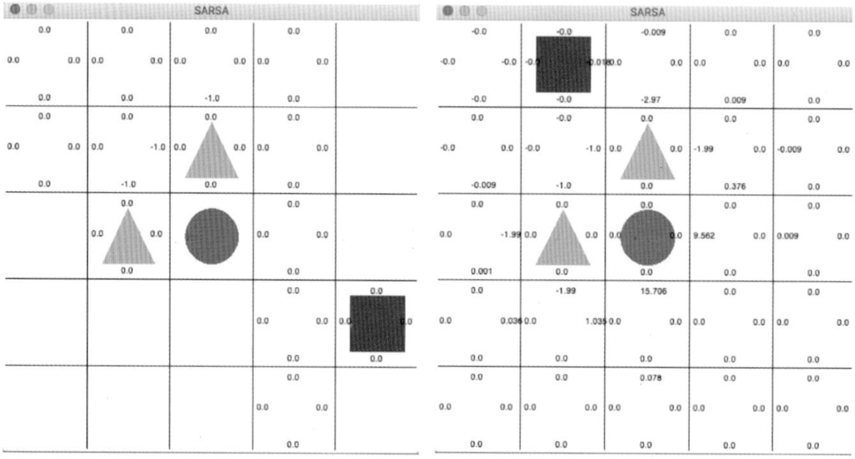

그림 4.22 살사의 실행 화면

그림 4.22의 왼쪽 그림에서는 에이전트가 학습을 시작한 지 얼마 되지 않아서 일부 상태만 방문했습니다. 하지만 시간이 지나면 오른쪽 그림처럼 모든 상태를 방문하게 됩니다. 모든 상태를 지속적으로 방문해야 큐함수가 최적의 값으로 수렴하기 때문에 ε-탐욕 정책의 ε을 일정한 값으로 유지합니다. 이로써 발생하는 문제를 살펴보겠습니다.

강화학습 알고리즘 2: 큐러닝

살사의 한계

그리드월드의 살사에서는 충분한 탐험을 하기 위해 ε-탐욕 정책을 사용했습니다. ε-탐욕 정책을 사용해 현재 상태의 큐함수를 업데이트하는 것을 생각해봅시다.

그림 4.23에서 빨간색 에이전트가 있는 곳이 현재 상태이고 이 상태에서 행동은 ε-탐욕 정책 발전에 따라 선택한 오른쪽으로 가는 행동 a입니다. 이때는 큐함수가 가장 큰 행동이 a였고 따라서 탐욕 정책에 따른 것입니다. 그래서 선을 검은색으로 표현했습니다. 에이전트는 이 행동을 통해 보상 r을 받고 다음 상태 s′으로 갑니다. 다음 상태에서 다시 행동을 선택하는데 이번에는 탐욕 정책이 아니라 탐험을 통해 아래로 가는 행동 a′을 했다고 해봅시다.

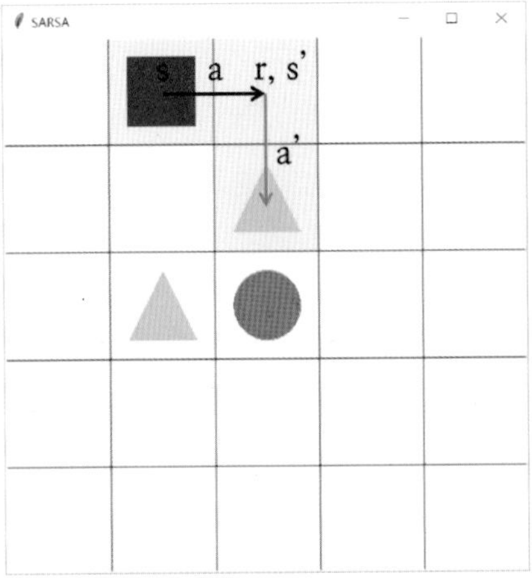

그림 4.23 살사의 학습 과정 중의 한 순간

다음 행동 a′까지 한 다음에 에이전트는 a 행동의 큐함수를 수식 4.23과 같은 식으로 업데이트합니다.

$$Q(S_t, A_t) \leftarrow Q(S_t, A_t) + \alpha(R_{t+1} + \gamma Q(S_{t+1}, A_{t+1}) - Q(S_t, A_t))$$

수식 4.23 살사에서 큐함수의 업데이트

이때 $Q(s', a')$는 초록색 세모(−1의 보상을 주는)로 가는 행동의 큐함수이기 때문에 값이 낮습니다. 따라서 $Q(s', a')$과 평균을 취하는 업데이트로 인해 행동 a의 큐함수 $Q(s, a)$의 값이 낮아지게 됩니다.

이 이후에 다시 현재 상태에 에이전트가 오게 되면 에이전트는 오른쪽으로 가는 행동 a를 하는 것이 안 좋다고 판단합니다. 왜냐하면 행동 a의 큐함수가 낮을 것이고 에이전트는 행동을 할 때 ε-탐욕 정책에 따라서 움직이기 때문입니다. 따라서 에이전트가 오른쪽으로 가지 않고 그림 4.24와 같이 일종의 갇혀버리는 현상이 발생합니다.

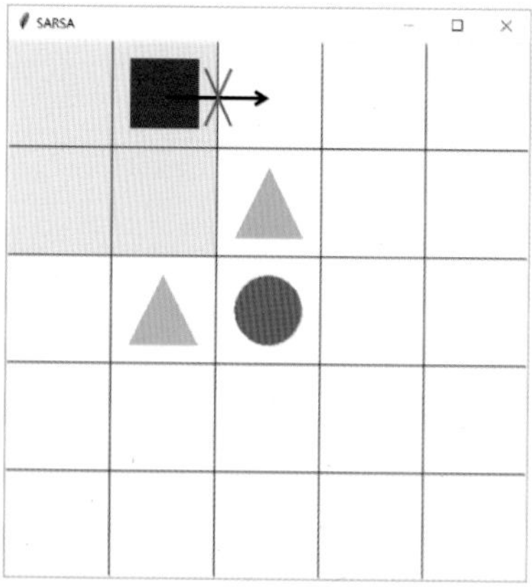

그림 4.24 살사에서 일종의 갇혀버리는 현상이 발생

살사는 온폴리시 시간차 제어 On-Policy Temporal-Difference Control , 즉 자신이 행동하는 대로 학습하는 시간차 제어입니다. 탐험을 위해 선택한 ε-탐욕 정책 때문에 에이전트는 오히려 최적 정책을 학습하지 못하고 잘못된 정책을 학습합니다.

하지만 강화학습에 있어서 탐험은 절대적으로 필요한 부분입니다. 충분한 탐험을 하지 않으면 마찬가지로 최적 정책을 학습하지 못하기 때문입니다. 이러한 딜레마를 해결하기 위해 사용하는 것이 바로 오프폴리시 시간차 제어입니다 Off-Policy Temporal-Difference Control . 다른 말로는 큐러닝 Q-Learning 이라고 합니다.

큐러닝 이론

큐러닝은 1989년 Chris Watkins에 의해 소개되었습니다.[7] 큐러닝의 아이디어는 간단합니다. 오프폴리시의 말 그대로 현재 행동하는 정책과는 독립적으로 학습한다는 것입니다. 즉, 행동하는 정책과 학습하는 정책을 따로 분리합니다. 에이전트는 행동하는 정책으로 지속적인 탐험을 합니다. 행동하는 것과는 별개로 에이전트는 따로 목표 정책을 둬서 학습은 목표 정책에 따라서 합니다. 하지만 살사에서는 따로 정책이 존재하지 않으며 단지 현재 큐함수에 따라 행동을 선택하는 것이 정책입니다. 그렇다면 큐러닝은 오프폴리시를 어떻게 구현했을까요?

그림 4.25는 그리드월드에서 같은 상황에서 살사와 달리 큐러닝은 어떻게 학습하는지 보여줍니다. 에이전트는 현재 상태 s에서 행동 a를 ε-탐욕 정책에 따라 선택합니다. 그리고 에이전트는 환경으로부터 보상 r을 받고 다음 상태 s′을 받습니다. 여기까지는 살사와 동일합니다. 하지만 살사에서는 다음 상태 s′에서 또다시 ε-탐욕 정책에 따라 다음 행동을 선택한 후에 그것을 학습에 샘플로 사용합니다. 큐러닝에서는 에이전트가 다음 상태 s′을 일단 알게 되면 그 상태에서 가장 큰 큐함수를 현재 큐함수의 업데이트에 사용합니다.

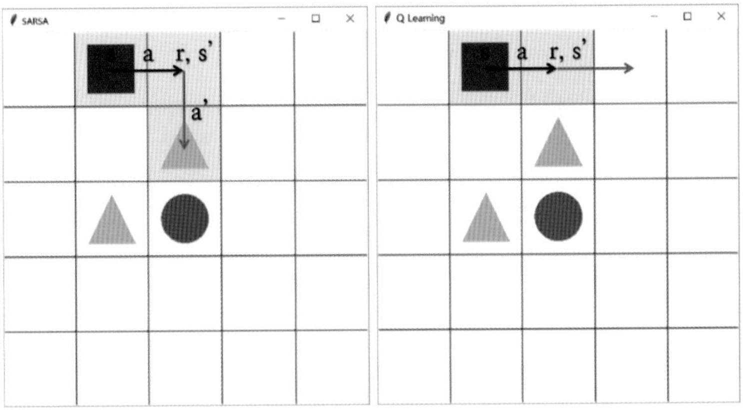

그림 4.25 그리드월드에서의 살사(좌)와 큐러닝(우)

7 Watkins, C. J. C. H. (1989), "Learning from Delayed Rewards", Ph.D. thesis, Cambridge University

그림 4.25의 오른쪽 그림에서 파란색 화살표는 다음 상태 s'에서 가장 큰 큐함수를 가지는 행동입니다. 에이전트는 실제로 다음 상태에서 어떤 행동을 했는지와 상관없이 현재 상태 s의 큐함수를 업데이트할 때는 다음 상태의 최대 큐함수를 이용합니다. 따라서 현재 상태의 큐함수를 업데이트하기 위해 필요한 샘플은 $< s, a, r, s' >$입니다.

큐러닝의 업데이트 식은 수식 4.24와 같습니다. 실제 다음 상태 s'에서 다음 행동을 해보는 것이 아니라 다음 상태 s'에서 가장 큰 큐함수를 가지고 업데이트하는 것입니다. 수식 4.24를 자세히 살펴보면 벨만 최적 방정식과 비슷하다는 생각이 들 겁니다.

$$Q(S_t, A_t) \leftarrow Q(S_t, A_t) + \alpha\left(R_{t+1} + \gamma \max_{a'} Q(S_{t+1}, a') - Q(S_t, A_t)\right)$$

수식 4.24 큐러닝을 통한 큐함수의 업데이트

벨만 최적 방정식은 수식 4.25와 같습니다. 큐러닝에서 보상 R_{t+1}은 실제 에이전트가 환경에게서 받는 값이므로 기댓값 E를 빼면 수식 4.24와 동일합니다.

$$q_*(s, a) = E\left[R_{t+1} + \gamma \max_{a'} q_*(S_{t+1}, a') \mid S_t = s, A_t = a\right]$$

수식 4.25 큐함수에 대한 벨만 최적 방정식

이를 통해 알 수 있는 점은 살사에서는 큐함수를 업데이트하기 위해 벨만 기대 방정식을 사용하고 큐러닝에서는 큐함수를 업데이트하기 위해 벨만 최적 방정식을 사용한다는 것입니다.

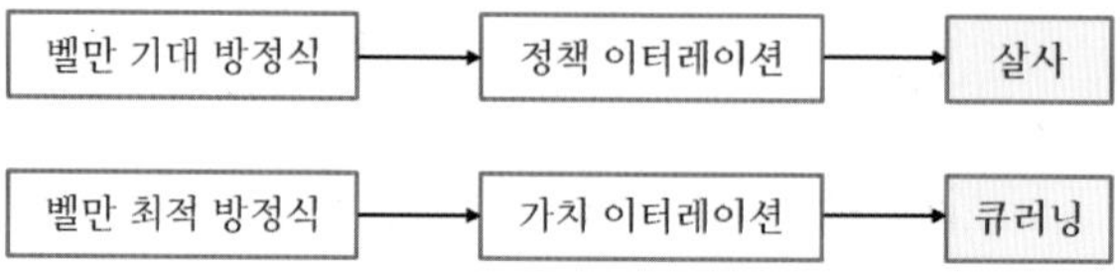

그림 4.26 살사와 큐러닝의 차이

큐러닝을 통해 학습하면 그림 4.25에서 살사에서와 같이 다음 상태 s′에서 실제 선택한 행동이 초록색 세모로 가는 안 좋은 행동이라도 그 정보가 현재 상태 s의 큐함수를 업데이트할 때 포함되지 않습니다. 왜냐하면 큐러닝에서 학습에 사용했던 다음 상태에서의 행동과 실제로 다음 상태로 가서 한 행동이 다르기 때문입니다. 따라서 큐함수를 이용하면 살사 때와 같이 구석에 갇혀버리는 문제가 생기지 않습니다.

이처럼 실제 환경에서 행동을 하는 정책과 큐함수를 업데이트할 때 사용하는 정책이 다르기 때문에 큐러닝을 오프폴리시라고 합니다. 큐러닝의 에이전트는 그림 4.27과 같이 환경과 상호작용합니다.

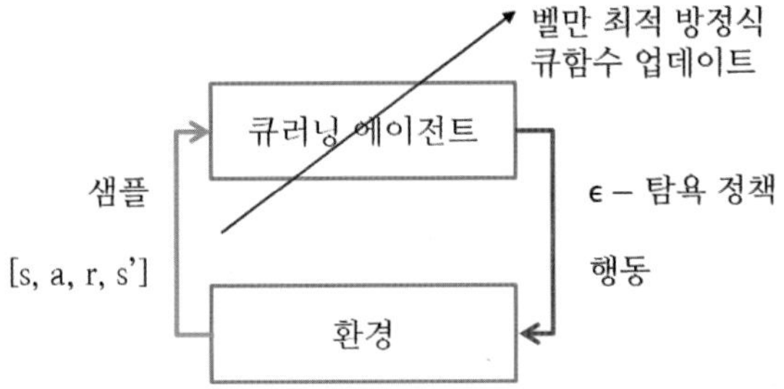

그림 4.27 큐러닝 에이전트와 환경의 상호작용

큐러닝은 살사에서 딜레마였던 탐험 vs. 최적 정책 학습의 문제를 정책을 분리시키고 행동 선택은 ε-탐욕 정책으로, 업데이트는 벨만 최적 방정식을 이용함으로써 해결했습니다. 다른 오프폴리시 강화학습과 달리 큐함수가 간단하기 때문에 이후에 많은 강화학습 알고리즘의 토대가 됐습니다.

큐러닝 코드 설명

큐러닝의 소스코드는 RLCode 깃허브 저장소의 "1-grid-world/4-q-learning" 폴더에 있습니다. agent.py의 전체 코드는 다음과 같습니다.

```
import numpy as np
import random
from environment import Env
from collections import defaultdict


class QLearningAgent:
    def __init__(self, actions):
        self.actions = actions
        self.step_size = 0.01
        self.discount_factor = 0.9
        self.epsilon = 0.9
        self.q_table = defaultdict(lambda: [0.0, 0.0, 0.0, 0.0])

    # <s, a, r, s'> 샘플로부터 큐함수 업데이트
    def learn(self, state, action, reward, next_state):
        state, next_state = str(state), str(next_state)
        q_1 = self.q_table[state][action]
        # 벨만 최적 방정식을 사용한 큐함수의 업데이트
        q_2 = reward + self.discount_factor * max(self.q_table[next_state])
        self.q_table[state][action] += self.step_size * (q_2 - q_1)

    # 큐함수에 의거하여 입실론 탐욕 정책에 따라서 행동을 반환
    def get_action(self, state):
        if np.random.rand() < self.epsilon:
            # 무작위 행동 반환
            action = np.random.choice(self.actions)
        else:
            # 큐함수에 따른 행동 반환
            state = str(state)
            q_list = self.q_table[state]
            action = arg_max(q_list)
        return action
```

```
# 큐함수의 값에 따라 최적의 행동을 반환
def arg_max(q_list):
    max_idx_list = np.argwhere(q_list == np.amax(q_list))
    max_idx_list = max_idx_list.flatten().tolist()
    return random.choice(max_idx_list)


if __name__ == "__main__":
    env = Env()
    agent = QLearningAgent(actions=list(range(env.n_actions)))

    for episode in range(1000):
        state = env.reset()

        while True:
            # 게임 환경과 상태를 초기화
            env.render()
            # 현재 상태에 대한 행동 선택
            action = agent.get_action(state)
            # 행동을 취한 후 다음 상태, 보상 에피소드의 종료 여부를 받아옴
            next_state, reward, done = env.step(action)
            # <s,a,r,s'>로 큐함수를 업데이트
            agent.learn(state, action, reward, next_state)

            state = next_state

            # 모든 큐함수를 화면에 표시
            env.print_value_all(agent.q_table)

            if done:
                break
```

큐함수 코드에서 살사 코드와 다른 점은 에이전트가 샘플을 가지고 학습하는 부분입니다. 큐러닝의 learn 함수는 다음과 같습니다.

```
def learn(self, state, action, reward, next_state):
    state, next_state = str(state), str(next_state)
    q_1 = self.q_table[state][action]
```

```
# 벨만 최적 방정식을 사용한 큐함수의 업데이트
q_2 = reward + self.discount_factor * max(self.q_table[next_state])
self.q_table[state][action] += self.step_size * (q_2 - q_1)
```

이 코드는 수식 4.26을 구현한 것입니다. self.q_table[next_state]에서 max 값을 업데이트에 사용하기 때문에 오프폴리시가 됩니다. 또한 max 값을 취하면 되기 때문에 다음 상태에서의 행동을 알 필요가 없습니다. 따라서 업데이트에 사용하는 샘플은 $< s, a, r, s' >$입니다.

$$Q(S_t, A_t) \leftarrow Q(S_t, A_t) + \alpha (R_{t+1} + \gamma \max_{a'} Q(S_{t+1}, a') - Q(S_t, A_t))$$

수식 4.26 큐러닝에서 큐함수의 업데이트 식

큐러닝 코드의 실행 결과

살사와 큐러닝의 차이는 온폴리시와 오프폴리시의 차이라고 볼 수 있습니다. 온폴리시인 살사는 지속적인 탐험 때문에 그림 4.28의 왼쪽 그림처럼 왼쪽 위 구석에 갇히곤 합니다. 그 이유는 그림 4.28에서 왼쪽 그림의 빨간색 동그라미를 보면 알 수 있습니다.

왼쪽 그림의 빨간 동그라미에 해당하는 큐함수는 −0.02의 값을 가집니다. 이 상태에서 빨간색 동그라미에 해당하는 큐함수는 가장 큰 값이 아닙니다. 따라서 에이전트는 이 상태에서 오른쪽으로 가게 될 확률이 낮습니다. 오른쪽으로 가서 결국 파란색 동그라미에 도착하지 않는다면 에이전트는 오른쪽으로 가는 행동이 좋다고 판단할 수 없습니다. 따라서 에이전트는 왼쪽 위에 갇히게 됩니다.

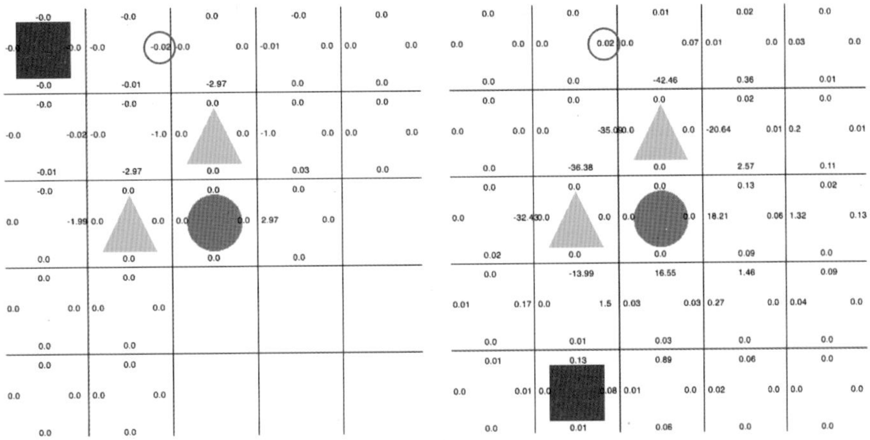

그림 4.28 살사(왼쪽)와 큐러닝(오른쪽)의 학습된 큐함수의 비교

하지만 오프폴리시인 큐러닝은 큐함수의 max 값으로 업데이트하기 때문에 그림 4.28의 오른쪽 그림을 보면 살사에서와 똑같은 위치에 큐함수 값이 0.02인 것을 볼 수 있습니다. 따라서 그림과 같이 갇히지 않고 벗어나는 정책을 학습합니다.

정리

강화학습과 정책 평가 1: 몬테카를로 예측

다이내믹 프로그래밍에서 강화학습으로 넘어가는 가장 기본적인 아이디어는 몬테카를로 예측입니다. 몬테카를로 예측은 기댓값을 샘플링을 통한 평균으로 대체하는 기법입니다. 몬테카를로 예측에서는 에피소드를 하나 진행하고 에피소드 동안 지나온 상태의 반환값을 구합니다. 이 반환값은 하나의 샘플이 되어서 각 상태의 가치함수를 업데이트합니다.

$$V(s) \leftarrow V(s) + \alpha(G(s) - V(s))$$

강화학습과 정책 평가 2: 시간차 예측

시간차 예측에서는 몬테카를로 예측과는 달리 타임스텝마다 큐함수를 업데이트합니다. 시간차 예측에서는 벨만 기대 방정식을 이용해 큐함수를 업데이트합니다.

$$V(S_t) \leftarrow V(S_t) + \alpha(R_{t+1} + \gamma V(S_{t+1}) - V(S_t))$$

강화학습 알고리즘 1: 살사

강화학습 제어에서 행동을 선택할 때 ε-탐욕 정책을 사용하는데, 가치함수를 사용하면 환경의 모델을 알아야 하기 때문에 제어에서 큐함수를 사용합니다. 큐함수를 사용할 때 시간차 제어에서는 하나의 샘플로 $(s, a, r, s' a')$이 필요합니다. 따라서 시간차 제어를 살사라고 합니다.

$$Q(S_t, A_t) \leftarrow Q(S_t, A_t) + \alpha(R_{t+1} + \gamma Q(S_{t+1}, A_{t+1}) - Q(S_t, A_t))$$

강화학습 알고리즘 2: 큐러닝

살사는 온폴리시 강화학습입니다. 온폴리시의 단점을 개선하는 것이 오프폴리시이며, 큐러닝이 대표적입니다. 큐러닝은 행동 선택에는 ε-탐욕 정책을 사용하고 큐함수의 업데이트에는 벨만 최적 방정식을 이용합니다. 식은 다음과 같습니다.

$$Q(S_t, A_t) \leftarrow Q(S_t, A_t) + \alpha(R_{t+1} + \gamma \max_{a'} Q(S_{t+1}, a') - Q(S_t, A_t))$$

3부

강화학습 심화

5장

강화학습 심화 1: 그리드월드와 근사함수

지금까지 다룬 문제는 상태 공간의 크기가 작고 환경이 변하지 않는 간단한 문제였습니다. 하지만 대부분의 문제에서는 에이전트에게 주어지는 상태가 정말 다양하고 또한 환경이 시간에 따라서 변합니다. 이런 경우에 에이전트가 강화학습을 통해 학습하려면 어떻게 해야 할까요?

기존의 강화학습 알고리즘에서는 각 상태에 대한 정보를 테이블 형태로 저장했지만 각 상태의 정보를 근사한다면 상태 공간의 크기가 크고 환경이 변해도 학습할 수 있습니다. 그중에서도 인공신경망을 강화학습과 함께 사용하는 움직임이 많습니다.

이번 장에서는 인공신경망의 개념과 인공신경망이 어떻게 학습하는지 살펴봅니다. 그리고 인공신경망을 사용하기 위한 라이브러리인 케라스의 기본적인 내용을 살펴봅니다. 인공신경망을 이용해 큐함수를 근사한 딥살사 알고리즘을 살펴보고 인공신경망으로 정책을 근사하는 REINFORCE 알고리즘을 살펴보겠습니다. 이를 통해 강화학습을 인공신경망과 함께 어떻게 사용하는지 배웁니다.

근사함수

몬테카를로, 살사, 큐러닝의 한계

지금까지 강화학습의 기본적인 알고리즘을 살펴봤습니다. 다이내믹 프로그래밍과는 다르게 몬테카를로, 살사, 큐러닝은 모델 프리model-free로서 환경에 대한 모델 없이 샘플링을 통해 학습합니다. 하지만 이 알고리즘들로 모든 문제가 해결됐다면 그 이후에 알고리즘들이 많이 생기지 않았을 것입니다.

다이내믹 프로그래밍의 한계는 다음과 같이 세 가지입니다.

1. 계산 복잡도
2. 차원의 저주
3. 환경에 대한 완벽한 정보가 필요

몬테카를로, 살사, 큐러닝은 이 세 가지 문제를 다 해결했을까요? 모델 프리라는 것은 3번의 문제를 해결한 것입니다. 그렇다면 계산 복잡도와 차원의 저주는 어떻게 된 것일까요? 독자분들께서 생각해야 하는 것은 현재까지 살펴본 강화학습 알고리즘들은 테이블 형식의 강화학습이라는 것입니다.

즉, 모든 상태에 대해 테이블을 만들어놓고 테이블의 각 칸에 큐함수를 적는 형태인 것입니다. 그리드월드의 경우에 상태는 (x, y) 좌표로서 2차원이었고 전체 상태의 수는 25개였습니다. 에이전트가 선택 가능한 행동이 5개였으므로 행동 상태는 125개입니다. 따라서 테이블 형태의 강화학습 알고리즘으로 문제를 푸는 것이 가능한 것입니다. 하지만 환경의 모델을 안다는 것의 장점을 빼면 다이내믹 프로그래밍이 이런 문제에 대해서는 더 뛰어납니다. 즉, 훨씬 빠른 속도로 답을 찾아냅니다.

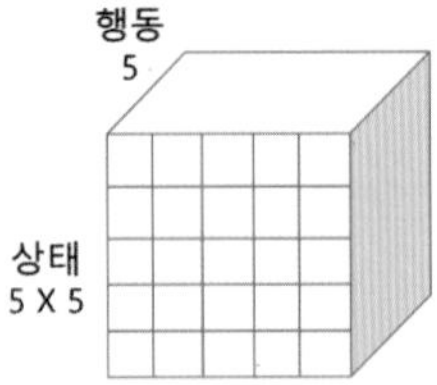

그림 5.1 그리드월드 예제의 행동 상태의 개수

하지만 강화학습을 연구했던 분들, 그리고 지금 강화학습을 배워서 적용하려는 분들은 간단한 문제에 강화학습을 적용하고 싶은 것이 아닙니다. 경우의 수가 우주의 원자 수보다 많은 문제인 바둑을 알파고가 학습한 것을 보면 계산 복잡도 문제와 차원의 저주 문제를 해결한 것임을 알 수 있습니다.

상태의 수가 많아지는 경우에 대해 생각하기 위해 그리드월드 문제를 살짝 변형해보겠습니다. 그리드월드에서 장애물의 숫자를 2개에서 3개로 늘립니다. 지금까지 그리드월드에서는 장애물이 그 자리에 고정돼 있었습니다. 하지만 이 장애물이 움직인다면 어떨까요? 그림 5.2는 기존의 그리드월드 문제와 변형한 그리드월드를 비교해서 보여줍니다. 지금까지 배운 강화학습 알고리즘으로는 변형한 그리드월드 문제를 풀기가 어렵습니다. 큐러닝까지의 알고리즘은 근본적으로 상태가 적은 문제에만 적용 가능하기 때문입니다.

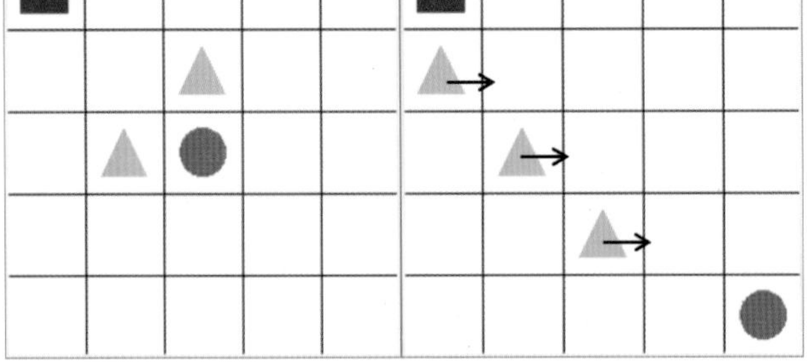

그림 5.2 기존의 그리드월드(왼쪽)와 변형한 그리드월드(오른쪽)

변형한 그리드월드와 같은 문제에 강화학습을 적용하려면 큐함수를 테이블의 형태로 모든 행동 상태에 대해 업데이트하고 저장하는 방식을 바꿔야 합니다. 이 문제는 큐함수를 매개변수로 근사함으로써 해결할 수 있습니다.

근사함수를 통한 가치함수의 매개변수화

매개변수로 근사 Approximation 한다는 말이 생소할 수도 있습니다. 매개변수로 근사하는 간단한 예를 살펴봅시다. 그림 5.3과 같이 2차원 평면 위에 수많은 데이터(⟨x, y⟩ 좌표)가 표시돼 있는 경우를 생각해 봅시다.

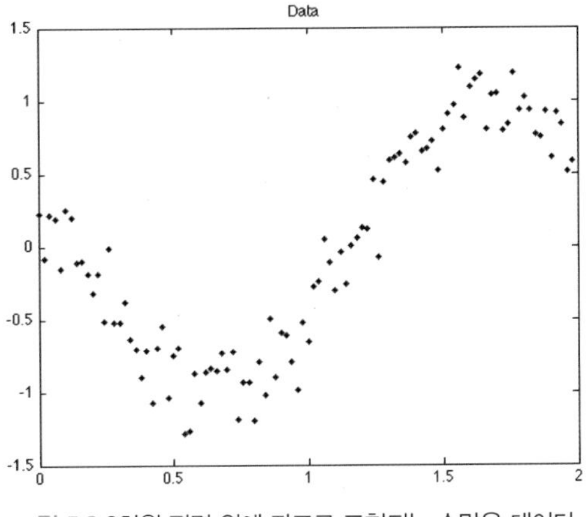

그림 5.3 2차원 평면 위에 좌표로 표현되는 수많은 데이터

데이터를 있는 그대로 저장하는 것이 가장 정확하겠지만 많은 경우에 이것은 효율적이지 못합니다. 비록 부정확하더라도 어떠한 함수를 통해 근사해서 그 함수의 식을 가지고 있는 것이 더 효율적입니다. 또한 데이터 중에서는 잡음 Noise 이 들어 있을 수 있어서 데이터의 세부적인 사항을 모두 메모리에 담는 것보다 데이터의 경향을 파악하는 것이 더 중요할 때가 많습니다.

이 데이터의 경우 경향이 삼차함수와 유사하기 때문에 그림 5.4처럼 3차함수 ($y=ax^3+bx^2+cx+d$)로 근사한다면 상당히 정확하게 데이터를 표현할 수 있습니다. 이렇게 데이터를 표현한다면 3차함수를 구성하는 4개의 매개변수(a,b,c,d)만으로 기존의 데이터를 대체할 수 있습니다.

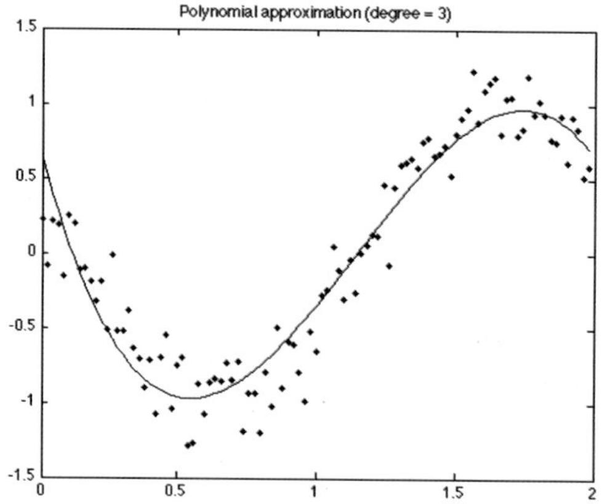

그림 5.4 기존의 데이터를 다차함수를 통해 근사한다

기존의 데이터를 매개변수를 통해 근사하는 함수를 근사함수Function Approximator라고 합니다. 근사라고 표현하는 이유는 실제의 데이터와 근사함수의 형태로 표현되는 데이터는 비슷하지만 같지는 않기 때문입니다.

변화하는 그리드월드와 같은 문제를 해결하려면 테이블이 아닌 근사함수로 가치함수를 표현해야 합니다. 이때 사용할 수 있는 근사함수로는 여러 가지가 있습니다. 그 중에서도 이 책에서 다루고자 하는 근사함수는 인공신경망입니다.

인공신경망을 이용하는 이유는 첫 번째로 오래전부터 강화학습에서 근사함수로서 인공신경망을 사용해왔기 때문입니다. 두 번째로는 딥러닝의 발전 이후로 거의 대부분의 경우 근사함수로 인공신경망을 사용하기 때문입니다. 더 진행하기에 앞서 인공신경망에 대해 간단히 살펴보겠습니다.

인공신경망

인공신경망 1: 인공신경망의 개념

인공신경망은 인간의 뇌를 구성하는 신경세포에서 영감을 받아 만든 수학적 모델입니다. 뉴런이라고도 하는 대뇌 피질의 신경세포는 그림 5.5와 같습니다.

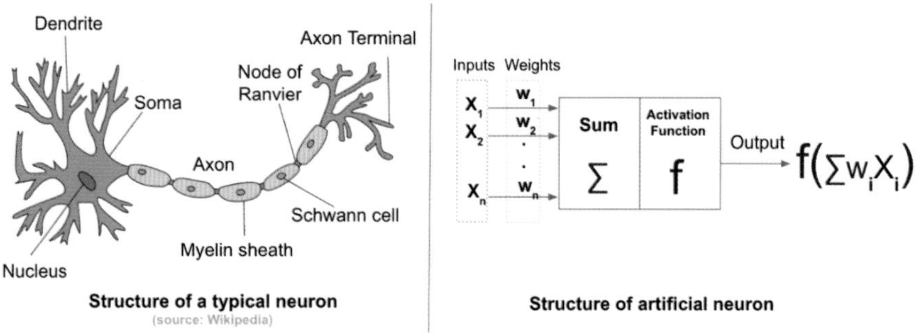

그림 5.5 인간의 뇌 신경세포

뉴런은 뇌 활동의 기본 단위입니다. 뉴런은 다른 뉴런과 상호작용하면서 정보를 가공하고 전달합니다. 그림 5.5를 보면 뉴런은 가지돌기Dendrite라고 불리는 다발이 있습니다. 뉴런은 가지돌기를 통해 다른 뉴런으로부터 신호를 받습니다. 가지돌기에 여러 다른 뉴런으로부터 신호를 받으면 그림 5.5의 가운데 노란색 부분인 축삭Axon이라는 기관을 거쳐서 다른 뉴런으로 신호를 전달합니다. 뉴런은 주변 뉴런에게 신호를 전달할 때 받은 그대로 전달하지 않습니다. 뉴런 내부에는 신호의 강도를 판단할 수 있는 기능이 있습니다. 신호의 강도가 일정 임계치Threshold를 넘어야 뉴런은 다른 뉴런에게 신호를 전달합니다.

뉴런 하나만 보면 간단한 구조처럼 보이지만 사람의 뇌는 이러한 뉴런 200억 개를 가지고 있습니다. 또한 뉴런은 서로서로 복잡하게 연결돼 있어서 사람의 뇌를 정확히 분석하는 것은 불가능합니다. 하지만 뉴런 하나만 놓고 보면 수많은 뉴런들은 동일한 방식으로 작동합니다. 공통된 방식으로 작동하는 것은 수학적 모델로 만들 수 있습니다. 뇌가 복잡한 기능을 수행할 수 있는 것은 뉴런 하나의 단순한 기능이 복잡한 구조를 이뤘기 때문입니다.

인공신경망이 바로 그 수학적 모델입니다. 이 모델은 생물학적 뉴런의 신호를 처리하는 방식과 전달하는 방식을 모방했습니다. 그림 5.6이 인공신경망의 뉴런과 같은 역할을 하는 노드Node의 예입니다.

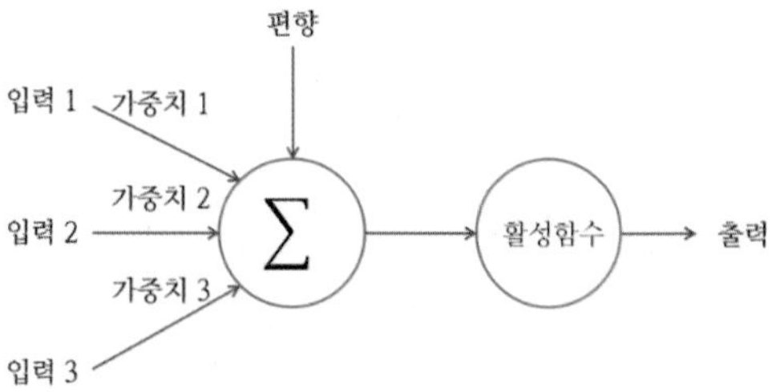

그림 5.6 인공신경망의 기본 단위인 노드의 예시

뉴런은 다른 뉴런으로부터 오는 신호를 입력으로 받아 "활성함수Activation Function"라는 것을 통해 입력을 처리합니다. 그 후에 처리된 정보를 다른 뉴런에 전달하는 것입니다. 앞으로 인공신경망의 기본 단위인 뉴런은 노드로, 뉴런으로 들어오는 신호는 입력으로, 입력을 처리하는 함수를 활성함수로, 그리고 뉴런에서 나가는 정보를 출력이라고 하겠습니다.

인공신경망 2: 노드와 활성함수

첫 번째로 노드가 입력을 받고 출력을 전달하는 방식을 살펴보겠습니다. 이 방식을 이해하려면 노드끼리 어떻게 연결돼 있는지 알아야 합니다. 생물학적 뉴런은 그림 5.7과 같이 시냅스Synapse로 연결돼 있습니다.

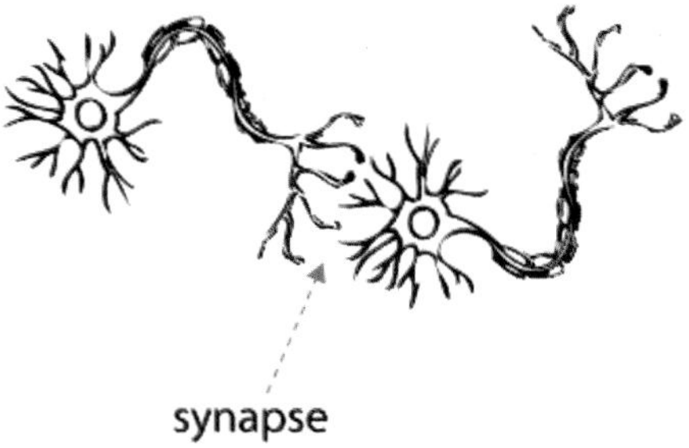

그림 5.7 생물학적 뉴런의 연결

초기의 인공신경망 연구자들은 노드끼리의 간단한 연결을 생각해냈습니다. 그 연결은 그림 5.8과 같습니다.

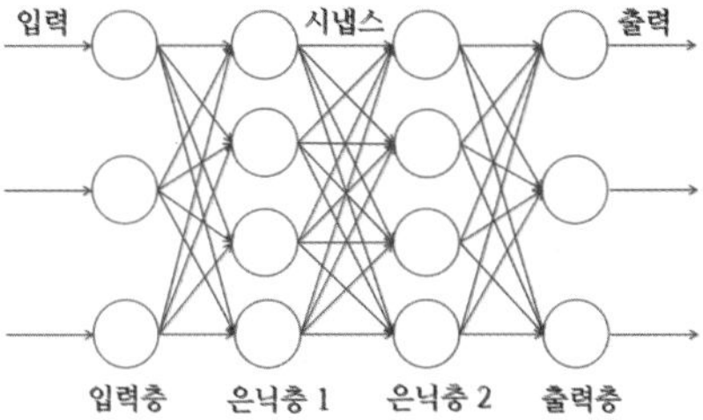

그림 5.8 인공신경망의 간단한 구조 예시

아이디어는 간단합니다. 노드로 일종의 계층구조를 만드는데 각 층은 레이어 Layer 라고 부릅니다. 계층구조는 크게 입력층Input Layer, 은닉층Hidden Layer, 출력층Output Layer으로 나뉩니다. 이러한 노드의 계층 구조를 인공신경망이라고 합니다. 인공신경망에서 정보는 입력층으로 들어와 은닉층을 거쳐 출력층으로 나갑니다. 중요한 점은 정보는 항상 입력층에서 출력층으로 흐른다는 것입니다.

인공신경망의 구조에서 눈여겨볼 만한 점은 같은 층의 노드끼리는 연결이 없다는 것입니다. 앞에서 생물학적 뉴런은 정말 복잡하게 서로 연결돼 있다고 했습니다. 하지만 초기의 인공신경망 연구자들은 있는 그대로 구현하기보다는 공학적으로 접근해서 그림 5.8과 같은 간단한 구조를 생각했습니다. 인공신경망마다 층의 개수와 각 층마다의 노드의 수, 그리고 층끼리의 연결 방법은 다르지만 큰 틀에서 그림 5.8의 구조와 동일합니다.

그림 5.8을 보면 각 노드를 연결하는 화살표를 볼 수 있습니다. 이것은 그림 5.7의 시냅스와 같은 역할을 하는 것으로서 노드와 노드를 연결합니다. 각 시냅스는 가중치를 가지고 있어서 단순히 연결만 하는 것이 아니라 연결의 비중을 조절합니다. 만약 노드가 인접한 노드로부터 3개의 입력을 받는다면 이 노드는 세 개의 입력을 다른 비중으로 생각하는 것입니다. 실제 생물학적 뉴런에서도 연결을 담당하는 시냅스는 가변적이라서 그 연결이 강해지기도 하고 아예 사라지기도 합니다.

그림 5.8의 각 노드는 그림 5.9와 같은 동일한 구조와 기능을 가지고 있습니다. 인공신경망으로 들어온 정보가 입력층으로 들어와서 출력층으로 나가는 동안 각 노드의 입장에서는 앞의 층의 노드로부터 입력을 받습니다. 그림 5.9처럼 노드가 앞의 층으로부터 3개의 입력을 받는 경우를 생각해 봅시다.

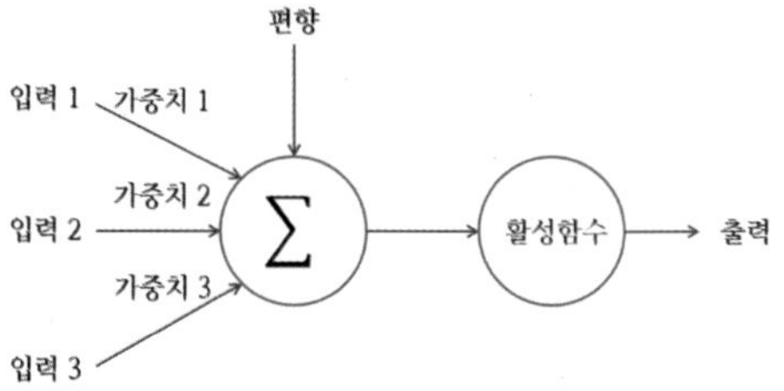

그림 5.9 인공신경망의 기본 단위인 노드의 구조와 기능

노드는 입력을 받아서 그 입력을 가공해 활성함수에 넣습니다. 활성함수에 들어가는 입력은 각 입력을 그 연결에 해당하는 가중치Weight에 곱하고 편향Bias을 더한 값입니다. 즉, 수식 5.1과 같이 표현할 수 있습니다. 편향의 역할은 뒤에서 설명하겠습니다. 활성함수의 입력이 만들어지면 그 값은 활성함수를 통과해서 출력됩니다. 이 출력은 다시 다음 층에 있는 노드의 입력이 되며, 이 과정이 반복됩니다.

$$\text{활성함수의 입력} = \sum(\text{입력}) \times (\text{가중치}) + \text{편향}$$

수식 5.1 활성함수의 입력

두 번째로 활성함수에 대해 살펴보겠습니다. 인공신경망의 노드는 활성함수를 통해 정보를 가공합니다. 생물학적 뉴런의 경우에는 마치 전구를 켜고 끄듯 어떤 조건이 되면 뉴런이 활성화됩니다. 따라서 활성함수라는 이름이 붙은 것입니다. 하지만 인공신경망에서는 조금 다른 형태의 활성함수를 사용합니다. 단순하게 1, 0으로 노드를 활성화하고 비활성화하는 것보다 다른 함수들이 더 인공신경망에 적합했기 때문입니다. 현재 인공신경망에서 사용하는 활성함수는 여러 종류가 있습니다. 대표적으로 ReLU 함수, Tanh 함수, Sigmoid 함수를 노드의 활성함수로 사용합니다.

그중에서도 가장 기본적으로 사용하는 활성함수가 Sigmoid 함수입니다. Sigmoid 함수는 0과 1로 활성과 비활성의 출력을 내지 않고 0과 1 사이의 연속적인 값을 출력으로 내놓습니다. Sigmoid 함수는 수식 5.2로 나타낼 수 있습니다. 이 식의 특징은 입력으로 어떤 값이 들어오든 출력 값은 0과 1 사이라는 것입니다.

$$f(x) = \frac{1}{1 + e^{-x}}$$

수식 5.2 Sigmoid 함수의 수식

어떤 값이 들어오든 출력 값이 0과 1 사이라는 것을 확인하기 위해 간단히 수식 5.2의 x에 $-\infty$, $+\infty$를 대입해 봅시다. e^{-x}는 지수함수이며, 간단히 그림 5.10과 같은 그래프를 그립니다. 그래프의 가로축은 x이고 세로축은 f(x)입니다. 편의상 x의 범위를 −10부터 10까지로 제한해서 그렸습니다. 이 그래프를 통해 x가 $-\infty$로 가면 e^{-x}의 값은 $+\infty$으로 접근한다는 것을 알 수 있으며, x가 $+\infty$로 가면 e^{-x}의 값은 0으로 수렴한다는 것을 알 수 있습니다.

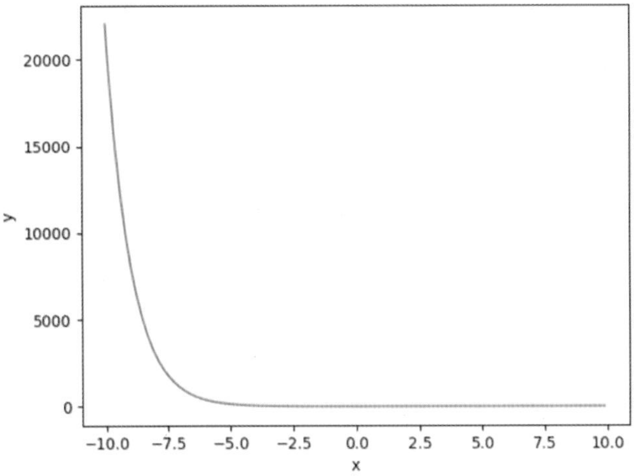

그림 5.10 e^{-x}의 x= [−10, 10] 범위에 대한 그래프

다시 수식 5.2를 보겠습니다. x값이 $-\infty$로 가면 Sigmoid 함수의 분모가 $+\infty$로 가므로 전체 Sigmoid 함수의 값은 0이 됩니다. 또한 x가 $+\infty$로 가면 Sigmoid 함수의 분모는 1로 수렴하며 따라서 전체 Sigmoid 함수의 값은 1이 됩니다. 위에서 언급했듯이 이 함수를 통해 노드의 상태를 단지 활성, 비활성으로 구분하는 것이 아니라 0과 1 사이의 값으로 표현할 수 있게 됩니다. Sigmoid 함수를 x의 범위 −10에서부터 10까지의 그래프로 그려보면 그림 5.11과 같습니다.

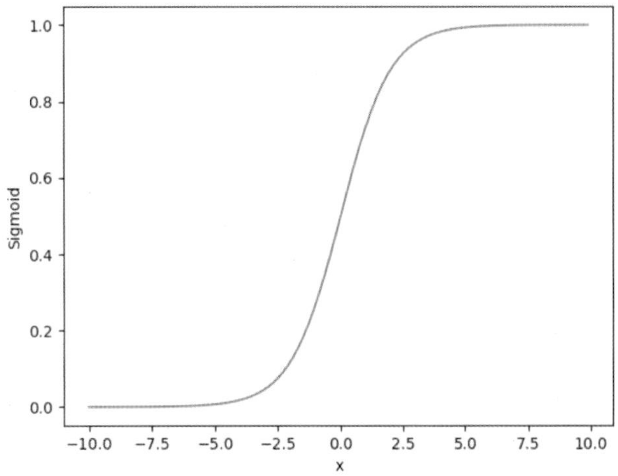

그림 5.11 Sigmoid 함수의 x = [−10, 10] 범위에 대한 그래프

또 하나의 활성함수를 살펴보겠습니다. ReLU는 Rectified Linear Unit의 줄임말입니다. 직역하면 정류된 선형 유닛입니다. 이름이 어렵게 느껴질 수 있지만 ReLU 함수는 정말 간단합니다. 입력이 0보다 크면 그대로 출력이 되고 0보다 작으면 0이 됩니다. 즉, 수식 5.3과 같습니다. 그래프로 그리면 그림 5.12와 같습니다. 때에 따라 여러 가지 활성함수가 사용될 수 있지만 현재 대부분의 인공신경망에서는 ReLU 함수를 활성함수로 사용하고 있습니다.

$$f(x) = \begin{cases} x, & x \geq 0 \\ 0, & x < 0 \end{cases}$$

수식 5.3 ReLU 함수의 수식

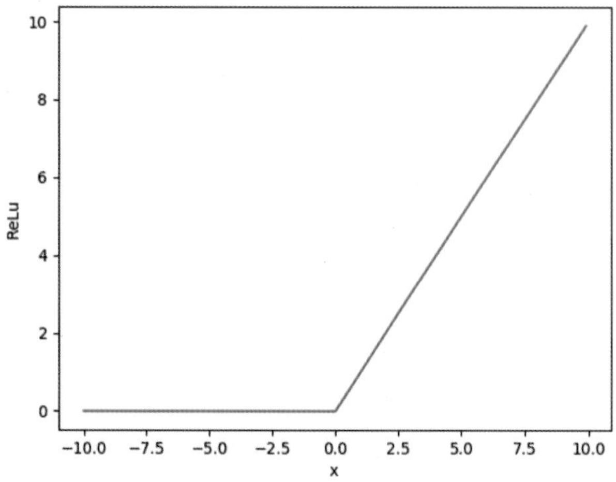

그림 5.12 ReLU 함수의 x=[−10, 10] 범위에 대한 그래프

앞에서 Sigmoid 함수와 ReLU 함수에 대해 살펴봤습니다. 두 함수는 비선형 Nonlinear 함수라는 공통점이 있습니다. 왜 비선형 함수를 노드의 활성함수로 사용할까요? 지도학습의 예로 살펴본 분류 문제를 다시 봅시다. 그림 5.13으로 표현된 문제의 목표는 빨간색 동그라미와 남색 엑스를 구분하는 것입니다. 지금은 문제가 복잡하지 않기 때문에 직선으로 두 대상을 구분할 수 있습니다. 이 직선은 선형적입니다.

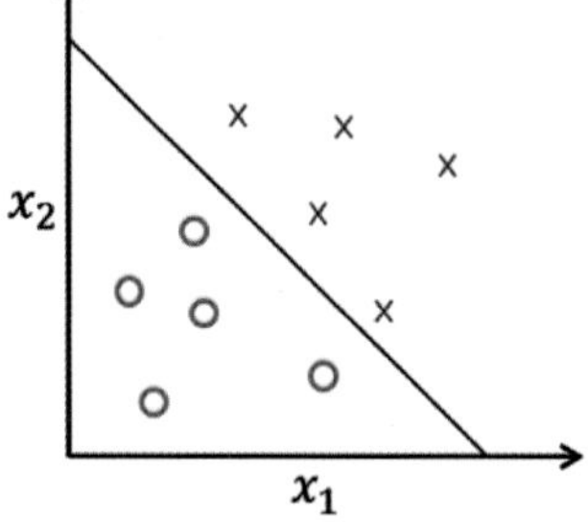

그림 5.13 지도학습의 예시인 분류 문제

문제를 조금 더 어렵게 변형해보겠습니다. 그림 5.14처럼 빨간색 동그라미를 하나 더 그려봅시다. 그래프의 직선을 이리저리 움직여봐도 이것은 실제로 가중치와 편향을 조정하는 것입니다 동그라미와 엑스를 구분하는 직선을 찾을 수 없습니다.

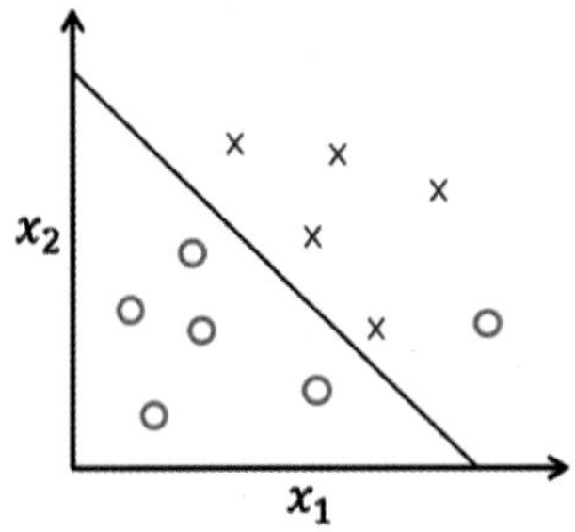

그림 5.14 그림 5.13의 변형

하지만 비선형 함수를 사용할 경우 그림 5.15처럼 두 대상을 구분할 수 있습니다.

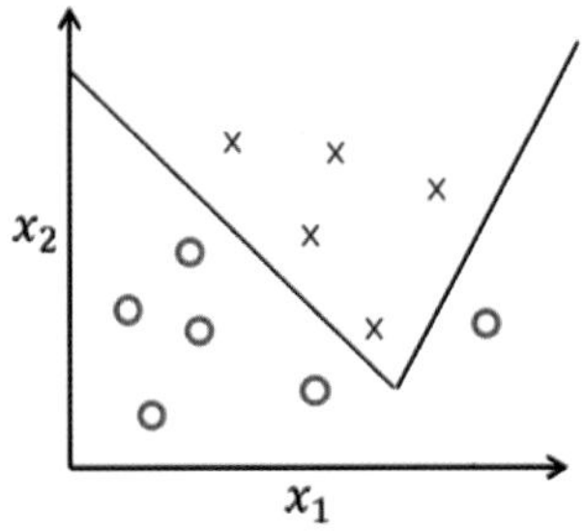

그림 5.15 비선형함수의 예시

실제 인공신경망이 풀고자 하는 문제는 이보다 더 복잡합니다. 따라서 층을 더 넓게 노드의 수가 많게 그리고 층을 더 깊게 쌓으려는 노력을 하는 것입니다. 선형 함수의 경우 층을 넓히고 쌓아봤자 결국 층이 하나인 것과 다름없습니다. 하지만 비선형 함수의 경우, 층을 넓히고 쌓을수록 함수는 새로운 형태로 변형됩니다.

인공신경망은 입력층과 은닉층, 출력층으로 구성됩니다. 복잡한 문제를 풀기 위해서는 은닉층이 더 늘어나야 합니다. 이때 2개 이상의 은닉층을 가진 인공신경망을 심층신경망Deep Neural Network이라고 합니다.

인공신경망 3: 딥러닝

심층신경망을 통해 가능한 것은 다양하고 복잡한 데이터에서 특징Feature을 추출해 높은 추상화가 가능하다는 것입니다. 사람의 경우를 생각해봅시다. 사람들은 살아가면서 여러 복잡한 선택의 상황을 맞이합니다. 예를 들어, 어떤 고3 수험생의 경우 수능을 본 후에 어떤 대학을 갈지 선택해야 합니다. 이때 고려해야 할 상황이나 선택을 내리는 데 필요한 정보가 너무 많습니다.

너무 상향지원을 할 경우에는 재수를 해야 할 가능성도 고려해야 하고 대학을 갈 경우에 내야 할 등록금도 고려해야 할 것입니다. 하지만 고3 수험생이 결국 결정하는 것은 어떤 대학을 가는 것이 좋은지에 대한 판단입니다. 따라서 복잡한 상황과 다양한 정보로부터 어떤 대학을 가는 것이 좋은가에 대한 판단이라는 높은 추상화를 만들어내는 것입니다.

사람은 나이가 들수록 어릴 때에 비해 더 복잡한 상황에서 판단을 할 수 있게 됩니다. 그동안의 경험과 배움을 통해 다양한 기억을 담았기 때문입니다. 인공신경망도 이와 마찬가지입니다. 더 복잡한 상황에서 추상화를 통해 판단을 내리기 위해서는 수많은 데이터로부터 학습해야 합니다. 또한 데이터로부터 학습한 내용을 담기에 충분히 커야 합니다.

추상화라는 말 안에 담긴 중요한 의미 중 하나는 바로 특징 추출Feature Extraction입니다. 특징이라는 말을 처음 접하면 개념이 익숙하지 않을 수도 있습니다. 만약 배우자를 선택한다고 해봅시다. 사람마다 배우자를 선택하는 기준이 다를 것입니다. 어떤 사람이 배우자를 가정적 배경, 인격, 직업, 학벌을 보고 선택하기로 했다면 이 네 가지가 특징이 되는 것입니다.

딥러닝 이전의 기계학습 알고리즘에서는 특징을 알고리즘을 사용하는 사람이 의도하는 대로 추출해서 그것을 학습에 데이터로 사용했습니다. 효과적인 특징을 추출하기 위해 관련 분야의 전문가가 오랜 시간 동안 직접 특징을 추출하는 수식이나 방법을 고안해야 했습니다. 이 방법은 개발, 평가 및 보완에 많은 시간이 걸립니다. 또한 그러한 특징이 실제로 학습에 필요한 정보를 모두 포함하고 있는지는 알 수 없습니다. 만약 학습하기에 중요한 정보를 놓치게 되면 결과적으로 낮은 성능으로 연결됩니다.

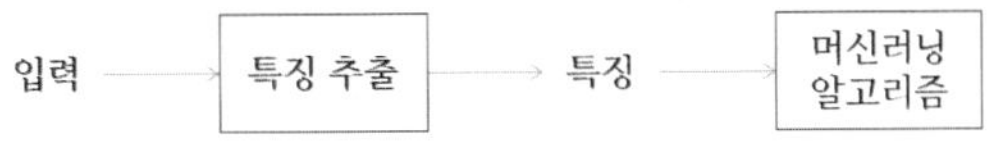

그림 5.16 기존의 머신러닝 알고리즘의 특징 추출

하지만 딥러닝에서 각 노드는 각자 다른 특징을 추출합니다. 잘 설계되고 학습된 심층신경망은 여러 가지 복잡한 특징을 추출할 수 있습니다. 또한 심층신경망은 특징 추출을 스스로 합니다. 심층신경망은 이러한 과정을 알고리즘과 컴퓨터가 대신 하는 것입니다. 따라서 사람에 비해 훨씬 빠르고 효과적으로 특징을 추출할 수 있습니다. "심층신경망이 스스로 특징을 추출한 것이 사람이 한 것보다 더 나을까?"라고 생각할 수 있지만 많은 분야에서 충분히 많고 다양한 데이터가 확보된다면 심층신경망은 사람이 하는 것보다 특징 추출을 잘 할 수 있다는 것이 증명되고 있습니다.

그림 5.17 딥러닝의 자동적인 특징 추출

인공신경망 4: 신경망의 학습

딥러닝에서 학습은 결과적으로 가중치와 편향을 학습하는 것입니다. 심층신경망의 서로 복잡하게 연결된 수많은 노드를 효율적으로 학습하기가 쉽지 않습니다. 머신러닝의 한 분야인 지도학습에서의 학습을 살펴보겠습니다. 지도학습의 경우 학습 데이터는 심층신경망에 들어갈 입력과 정답입니다. 이 입력과 정답은 각각 짝이 있어서 심층신경망이 해야 할 일은 입력이 신경망으로 들어갔을 때 출력으로 정답이 나오게 하는 것입니다.

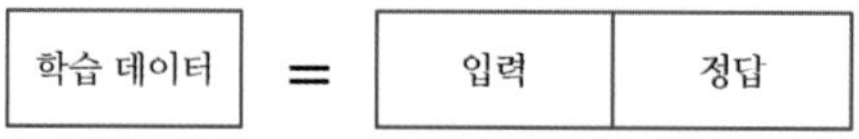

그림 5.18 지도학습의 학습 데이터

입력이 심층신경망을 통과해서 나온 출력을 예측이라고 합니다. 또한 학습 데이터의 정답은 타깃 Target 이라고도 합니다. 예측이 다가서야 하는 대상이 정답이기 때문입니다. 입력이 심층신경망을 통과해 예측이 나왔으면 그다음으로 해야 할 일은 타깃과 예측의 오차를 계산하는 것입니다. 오차를 계산하는 역할을 하는 것이 오차함수 Loss Function 입니다.

대표적인 오차함수는 평균제곱오차 Mean Squared Error 이고 줄여서 MSE라고 합니다. MSE는 수식 5.4와 같이 타깃에서 예측을 빼서 그 값을 제곱하는 것입니다.

$$\text{오차} = (\text{타깃} - \text{예측})^2$$

수식 5.4 대표적인 오차함수 MSE

오차함수를 통해 계산한 오차를 최소화하도록 심층신경망의 가중치와 편향을 업데이트합니다. 이 과정을 반복하는 것이 학습입니다. 하지만 심층신경망의 가중치와 편향을 어떻게 업데이트할까요?

역전파 Back-propagation 알고리즘이 그 해답입니다. 오차를 계산했다면 심층신경망 내의 가중치와 편향이 그 오차에 얼마만큼 기여했는지 계산합니다. 결국 각 가중치나 편향의 업데이트 값은 수식 5.5와 같이 오차와 오차 기여도의 곱에 비례합니다.

$$\text{업데이트 값} \propto \text{오차} \times \text{오차 기여도}$$

수식 5.5 각 가중치와 편향의 업데이트 값

역전파 알고리즘이 하는 것은 수식 5.5의 오차 기여도를 계산하는 것입니다. 이렇게 출력에서 계산한 오차로부터 다시 각 가중치와 편향의 오차 기여도를 계산하는 것이 그 오차가 거꾸로 전파되는 것 같다고 해서 역전파라는 이름이 붙었습니다. 이때 오차 기여도는 해당 오차에 대한 편미분값으로 계산합니다.

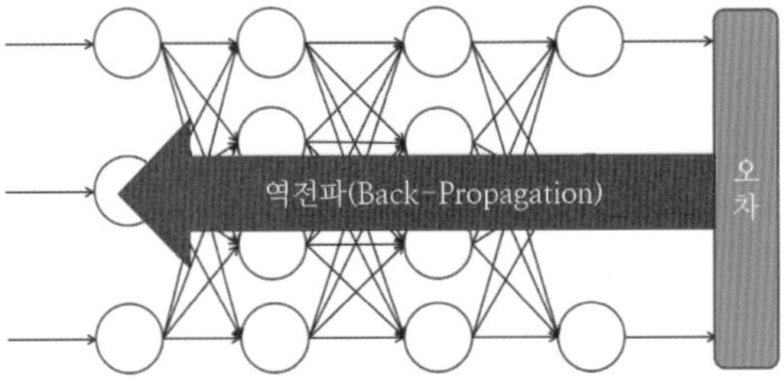

그림 5.19 심층신경망의 오류 역전파

편미분으로 해당 오차에 대한 오차 기여도를 어떻게 구할까요? 간단히 생각해보면 오차에 영향을 끼칠 수 있는 것은 심층신경망 내의 모든 가중치와 편향 값입니다. 편미분값이라는 것은 각 가중치 혹은 편향 값을 조금 증가시키거나 감소시켰을 때 오차가 어떻게 변하는지를 수치로 표현한 것입니다. 이 편미분 값을 통해 얻을 수 있는 정보는 각 가중치나 편향 값을 오차를 최소화하기 위해 증가시켜야 하는지 감소시켜야 하는지입니다. 또한 얼마나 증가 혹은 감소시켜야 하는지에 대한 정보를 얻을 수 있습니다. 이 정보를 통해 신경망 내부의 각 가중치나 편향 값을 업데이트할 수 있습니다.

이 업데이트 방법을 다른 말로 하면 "경사하강법 Gradient descent "입니다. 그래프 상에서 미분값은 기울기 혹은 경사입니다. 그림 5.20과 같이 출발점에서 경사를 따라서 점점 내려가서 최종점에 도착하는 것은 마치 언덕 위에서 돌을 굴리면 돌이 언덕을 따라 굴러 내려가는 것과 유사합니다. 그래서 경사하강법이라는 이름이 붙은 것입니다. 인공신경망 내의 각 가중치 값은 경사하강법을 따라 업데이트됩니다. 그래서 오차를 최소화하도록 인공신경망 자체가 변형돼 가는 것입니다.

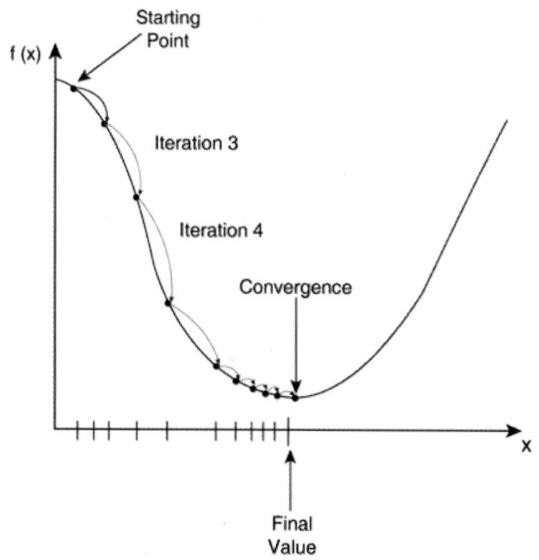

그림 5.20 경사하강법의 예시

경사하강법에는 SGD, RMSprop, Adam과 같은 방법이 있습니다. 모든 경사하강법은 학습 속도 Learning Rate 라는 변수를 공통으로 가지고 있습니다. 이 변수는 한 번 심층신경망을 업데이트할 때 얼마나 업데이트할 것인지를 결정하는 계수입니다. 모든 상황에서 학습이 잘 되는 경사하강법은 없습니다. 따라서 문제에 따라 맞는 방법을 선택해서 사용해야 합니다.

인공신경망 라이브러리: 케라스

텐서플로 2.0과 케라스 소개

여기까지 인공신경망에 대해 간단히 살펴봤습니다. 하지만 개념만 설명했을 뿐 직접적으로 어떻게 구현해야 하는지는 다루지 않았습니다. 이미 인공신경망을 구현해놓은 딥러닝 프레임워크가 있기 때문에 그 프레임워크를 이용하면 됩니다.

현재 가장 널리 쓰이는 딥러닝 프레임워크는 텐서플로 Tensorflow 2.0입니다. 최근에 더 직관적이고 쉬운 파이토치 Pytorch 의 인기가 꾸준히 높아지고 있으나, 텐서플로 또한 2.0 버전부터는 편하고 직관적으로 코드를 짤 수 있게 많은 부분이 개선됐습니다. 텐서플로 2.0 내부에는 인공신경망을 훨씬 더 직관적이고 효율적인 코드로 설계할 수 있게 도와주는 케라스 Keras 모듈이 포함돼 있습니다. 케라스의 기본 사용법은 여기서도 살펴보겠지만, 더 자세히 알고 싶다면 다음 링크의 공식 문서를 참고하면 됩니다(https://www.tensorflow.org/guide/keras).

그림 5.21 텐서플로와 케라스[8]

앞으로 나오는 모든 예제에서는 텐서플로 2.1 버전을 사용했으며 케라스 모듈을 적극적으로 사용해 작성했습니다.

간단한 케라스 예제

케라스에서 모델은 인공신경망을 뜻합니다. 모든 모델의 기본 단위는 층Layer 입니다. 케라스를 통해 모델을 만들기 위해서는 기본 단위에 해당하는 층을 먼저 선언해야 합니다. 그러고 나서 데이터를 입력으로 넣었을 때 이 층들을 어떻게 통과할 것인지를 정의해주면 됩니다. 케라스는 사용자의 편의를 위해 자주 사용되는 층은 하나의 모듈로서 제공합니다.

간단한 예제를 풀어보면서 케라스의 사용법을 알아보겠습니다. 여기서 풀어볼 예제는 의류 이미지를 분류하는 인공 신경망 모델입니다. 예제에서 사용할 데이터셋은 패션 MNIST입니다. 패션 MNIST는 70,000개의 다양한 흑백 의류 이미지로 구성되며 각 의류는 10개의 카테고리 중 하나에 속합니다. 각 이미지는 28×28의 낮은 해상도를 가지고 있습니다. 패션 MNIST 데이터셋의 예시 이미지는 그림 5.22와 같습니다.

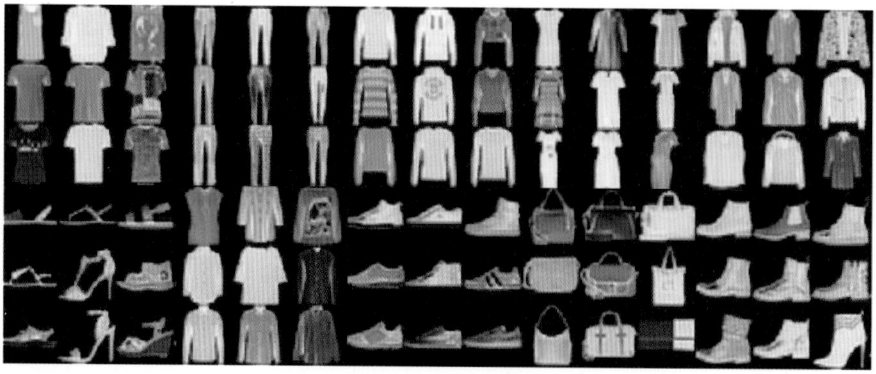

그림 5.22 패션 MNIST 데이터셋 예시

데이터셋은 이미지와 레이블로 구성됩니다. 레이블은 각 이미지가 어떤 분류에 해당하는지를 숫자로 나타낸 것입니다. 각 레이블이 나타내는 의미는 다음과 같습니다.

표 5.1 패션 MNIST 데이터셋의 레이블

레이블(Label)	의미
0	티셔츠
1	바지
2	스웨터
3	드레스
4	코트
5	샌들
6	셔츠
7	운동화
8	가방
9	발목 부츠

케라스에서는 패션 MNIST 데이터셋을 다음과 같은 몇 줄의 코드로 불러올 수 있는 편리한 함수를 제공합니다. 이미지는 흑백 이미지고 각 픽셀은 0~255 사이의 값을 가지는데, 이 값을 255로 나눠 0~1 사이의 값으로 변환한 후 사용합니다.

```
import tensorflow as tf
# 데이터 불러오기
mnist = tf.keras.datasets.fashion_mnist
(x_train, y_train), (x_test, y_test) = mnist.load_data()
# 0~255 범위의 픽셀값을 0~1로 노멀라이즈
x_train, x_test = x_train / 255.0, x_test / 255.0
```

데이터를 살펴봤으니 이제 이 문제를 풀기 위한 인공신경망을 케라스를 이용해 만들어 볼 차례입니다. 입력층에는 784개의 노드, 은닉층에는 각각 256개, 128개의 노드, 출력층에는 10개의 노드가 있는 인공신경망을 만들어보겠습니다. 활성함수는 출력층을 제외하고는 ReLU 함수를 사용하고 출력층에는 Softmax 함수를 사용합니다. 노드 10개를 가지는 Softmax 출력층을 사용하면 입력 이미지가 10개의 클래스 각각에 해당될 확률을 반환합니다. 이러한 구조의 인공신경망을 그림으로 표현하면 그림 5.23과 같습니다.

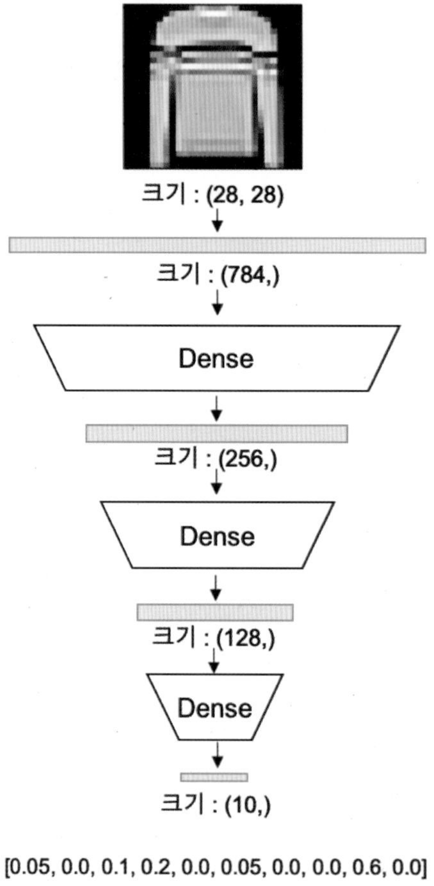

그림 5.23 케라스 모델의 도식화

모델에 이미지가 그대로 입력으로 들어가는 것은 아닙니다. 크기가 (28, 28)인 2차원 배열을 쭉 펼쳐서 일렬로 늘려 (784,) 크기의 1차원 배열로 변환합니다. 그 이후에 변환된 입력값은 입력층과 은닉층, 출력층을 거치며 (10,) 크기의 1차원 배열로 줄어듭니다. 이 1차원 배열은 마지막에 Softmax 활성함수를 거쳐서 합이 1인 확률값 10개를 가지는 1차원 배열이 됩니다. 모델의 최종 출력은 순서대로 입력으로 들어온 이미지가 레이블 0~9 중 하나일 확률을 의미합니다.

이제 인공신경망을 직접 코드로 작성해보겠습니다. 먼저 모델을 생성하기 위해 케라스 모듈을 불러옵니다.

```
from tensorflow.keras.layers import Dense
```

모델을 작성할 때는 tf.keras.Model을 상속받는 클래스를 선언해야 합니다. 이 클래스를 선언한 후에 초기화 함수인 __init__ 함수 안에 모델의 입력층과 은닉층, 출력층을 정의합니다. 그 후에 call 함수에 입력으로 들어온 데이터가 초기화 함수에서 선언한 층들을 어떻게 지날 것인지를 작성합니다.

이 예제에서는 가장 간단한 층에 해당하는 완전 연결 층fully-connected layer을 사용합니다. 완전 연결 층은 Dense라는 케라스 모듈의 클래스를 통해 선언해서 사용합니다. 완성된 모델 코드는 다음과 같습니다.

```
# 인공신경망 모델 정의
class Model(tf.keras.Model):
    def __init__(self):
        super(Model, self).__init__()
        self.input_layer = Dense(256, activation='relu', input_shape=(784,))
        self.hidden_layer = Dense(128, activation='relu')
        self.output_layer = Dense(10, activation='softmax')

    def call(self, x):
        x = self.input_layer(x)
        x = self.hidden_layer(x)
        output = self.output_layer(x)
        return output
```

모델을 정의했다면 이제는 학습을 위한 코드를 작성해야 합니다. 학습을 위한 코드에는 모델을 업데이트하기 위한 옵티마이저, 오차함수를 선언하는 부분과 데이터셋을 작은 단위 미니배치 로 나눠 반복적으로 모델을 업데이트하는 부분이 포함됩니다. 먼저 학습에 필요한 모델과 오차함수, 옵티마이저를 생성하는 코드는 다음과 같습니다.

```
from tensorflow.keras.optimizers import Adam

# 모델, 오류함수, 옵티마이저 생성
model = CNN()
cross_entropy = tf.keras.losses.CategoricalCrossentropy(from_logits=False)
optimizer = Adam(1e-4)
```

모델은 방금 작성한 Model 클래스를 선언하면 됩니다. 오차함수와 옵티마이저는 모두 케라스의 모듈을 사용합니다. 오차함수는 크로스 엔트로피 cross entropy 를 사용하고 옵티마이저로는 Adam을 사용합니다. 크로스 엔트로피 함수의 자세한 의미는 폴리시 그레이디언트 파트에서 설명하겠습니다.

모델과 옵티마이저, 오차함수를 정의했다면 학습을 할 수 있습니다. 다음 코드는 전체 학습의 구조만 보여줍니다. 데이터를 순회하면서 학습을 반복합니다.

```
# 미니배치 사이즈 설정
batch_size = 32
num_train_data = x_train.shape[0]
num_test_data = x_test.shape[0]

num_epoch = 10
for e in range(num_epoch):
    # 1 에포크 동안 훈련 진행
    for i in range(num_train_data // batch_size):
        pass
```

패션 MNIST 데이터셋은 훈련을 위한 데이터 60,000개와 테스트를 위한 데이터 10,000개로 이루어져 있습니다. 경사하강법을 사용해서 모델을 업데이트하기 위해서는 60,000개의 데이터에 대해 오차함수와 그에 대한 편미분 값을 계산해야 합니다. 크기가 큰 데이터셋의 경우 모든 데이터에 대해 오차함수를 구하고 경사하강법을 적용하는 것은 계산에 많은 자원이 필요합니다. 이러한 문제를 해결하기 위해 딥러닝에서는 보통 데이터셋을 작은 단위로 쪼개어 경사하강법을 반복해서 적용합니다. 전체 데이터셋은 배치 batch 라고 하고 전체 데이터셋을 작은 단위로 쪼갠 것을 미니배치 mini-batch 라고 합니다.

이 예제에서는 한 번 모델을 업데이트할 때 데이터를 32개씩 사용해 경사하강법을 적용합니다. 따라서 미니배치의 크기를 나타내는 batch_size는 32입니다. 에포크 epoch 란 데이터셋 전체에 대해 한 번 학습하는 것을 의미하고 num_epoch는 학습 데이터 전체에 대해 몇 번 학습할 것인지에 대한 변수입니다. 이 예제에서는 에포크 값을 10으로 설정하겠습니다.

이제 한 에포크 안에서 실제로 학습이 일어나는 부분을 살펴보겠습니다.

```
for i in range(num_train_data // batch_size):
    # 미니배치 하나만큼 데이터 가져오기
    x_batch = x_train[i * batch_size:(i + 1) * batch_size]
    y_batch = y_train[i * batch_size:(i + 1) * batch_size]
    # (batch_size, 28, 28) -> (batch_size, 28, 28, 1)로 shape 변경
    x_batch = x_batch.reshape(-1, 28 * 28)
    # 정답을 one-hot encoding으로 변경
    y_batch = tf.one_hot(y_batch, 10)

    # 계산 과정을 기록하기 위한 tape scope 선언
    model_params = model.trainable_variables
    with tf.GradientTape() as tape:
```

```
    # 모델을 통한 예측
    predicts = model(x_batch)
    # 오류함수 계산
    losses = cross_entropy(predicts, y_batch)
# tape를 통한 그레이디언트 계산
grads = tape.gradient(losses, model_params)
# 계산한 그레이디언트를 통해 모델을 업데이트
optimizer.apply_gradients(zip(grads, model_params))
```

먼저 이미지 데이터와 정답 레이블을 미니배치의 크기만큼 가져옵니다. 그다음 이미지와 레이블에 대한 전처리가 필요합니다. 먼저 (28, 28) 크기의 2차원 배열을 일렬로 쭉 펴서 (784,) 크기의 배열로 만듭니다. 또한 스칼라값을 가지는 레이블 데이터는 원-핫 인코딩 One-hot encoding 을 적용해 줍니다. 원-핫 인코딩이란 전체 집합의 크기와 같은 차원의 벡터에 표현하고 싶은 원소의 인덱스에는 1의 값을, 다른 인덱스에는 0의 값을 주는 표현 방식을 의미합니다. 그림 5.24는 원-핫 인코딩의 예시를 보여줍니다. 레이블이 다섯 종류밖에 없다면 스웨터는 [0, 0, 1, 0, 0]으로 표현합니다.

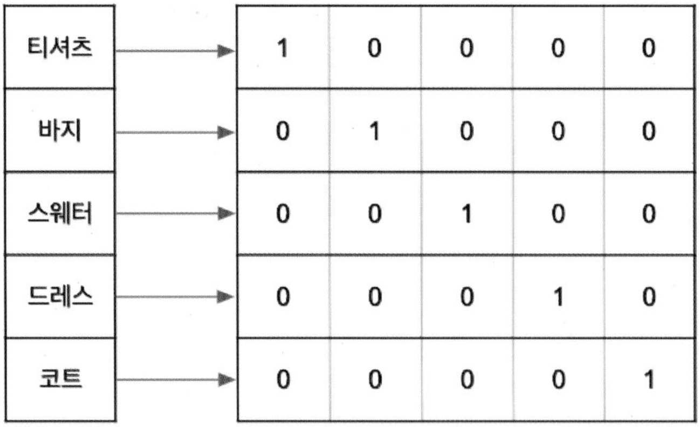

그림 5.24 원-핫 인코딩의 예시

미니배치를 만들고 이미지를 1차원 배열로 쭉 펴서 레이블을 원-핫 인코딩하는 코드는 다음과 같습니다.

```
# 미니배치 하나만큼 데이터 가져오기
x_batch = x_train[i * batch_size:(i + 1) * batch_size]
y_batch = y_train[i * batch_size:(i + 1) * batch_size]
# (batch_size, 28, 28) -> (batch_size, 28, 28, 1)로 shape 변경
x_batch = x_batch.reshape(-1, 28 * 28)
# 정답을 one-hot encoding으로 변경
y_batch = tf.one_hot(y_batch, 10)
```

데이터 전처리가 끝났으면 모델을 학습할 수 있습니다. 모델을 학습하는 순서는 다음과 같습니다.

1. x_batch를 모델의 입력으로 넣어서 예측값 구하기
2. 예측값과 y_batch를 통해 오차함수 계산하기
3. 오차함수에 대한 각 가중치와 편향의 편미분 값 구하기(역전파 알고리즘)
4. 이 편미분 값으로 경사하강법을 이용해 모델 업데이트하기

역전파 알고리즘을 효율적으로 수행하기 위해서는 모델에 입력부터 출력까지의 계산 과정을 저장해야 합니다. 이러한 역할을 수행하는 것이 tf.GradientTape 함수입니다. 다음 코드는 tf.GradientTape의 사용법을 보여줍니다. with as를 통해 tf.GradientTape()를 tape라는 이름으로 선언하면 with 문 안에서 일어난 계산을 tape에 모두 기록합니다. 모델의 입력부터 출력까지의 과정을 모두 저장했기 때문에 tape.gradient() 함수를 사용해 편미분 값을 구할 수 있습니다. 모델에 x_batch 입력을 넣고 losses라는 오류함수 값을 구하기까지의 과정을 저장하는 것입니다.

```
# 계산 과정을 기록하기 위한 tape scope 선언
model_params = model.trainable_variables
with tf.GradientTape() as tape:
    # 모델을 통한 예측
    predicts = model(x_batch)
    # 오류함수 계산
    losses = cross_entropy(predicts, y_batch)
```

model.trainable_variables를 통해 모델 안에 미분 가능한 변수들을 모두 가져옵니다. losses로 정의된 오류함수를 model_params에 대해 미분해서 편미분 값을 구합니다. 편미분 값을 구한 후에 옵티마이저를 통해 모델을 업데이트합니다. optimizer의 apply_gradients가 그 역할을 수행합니다.

```
# tape를 통한 그레이디언트 계산
grads = tape.gradient(losses, model_params)
# 계산한 그레이디언트를 통해 모델을 업데이트
optimizer.apply_gradients(zip(grads, model_params))
```

전체 코드는 다음과 같습니다.

```
import tensorflow as tf
from tensorflow.keras.optimizers import Adam
from tensorflow.keras.layers import Dense


# 인공신경망 모델 정의
class Model(tf.keras.Model):
    def __init__(self):
        super(Model, self).__init__()
        self.input_layer = Dense(256, activation='relu', input_shape=(784,))
        self.hidden_layer = Dense(128, activation='relu')
        self.output_layer = Dense(10, activation='softmax')

    def call(self, x):
        x = self.input_layer(x)
        x = self.hidden_layer(x)
        output = self.output_layer(x)
        return output


if __name__ == "__main__":
    # 모델, 오류함수, 옵티마이저 생성
    model = Model()
    cross_entropy = tf.keras.losses.CategoricalCrossentropy(from_logits=False)
```

```
optimizer = Adam(1e-4)

# 데이터 불러오기
mnist = tf.keras.datasets.fashion_mnist
(x_train, y_train), (x_test, y_test) = mnist.load_data()
# 0~255 범위의 픽셀값을 0~1로 노멀라이즈
x_train, x_test = x_train / 255.0, x_test / 255.0

# 미니배치 사이즈 설정
batch_size = 32
num_train_data = x_train.shape[0]
num_test_data = x_test.shape[0]

num_epoch = 10
for e in range(num_epoch):
    # 1 에포크 동안 훈련 진행
    for i in range(num_train_data // batch_size):
        # 미니배치 하나만큼 데이터 가져오기
        x_batch = x_train[i * batch_size:(i + 1) * batch_size]
        y_batch = y_train[i * batch_size:(i + 1) * batch_size]
        # (batch_size, 28, 28) -> (batch_size, 28, 28, 1)로 shape 변경
        x_batch = x_batch.reshape(-1, 28 * 28)
        # 정답을 one-hot encoding으로 변경
        y_batch = tf.one_hot(y_batch, 10)

        # 계산 과정을 기록하기 위한 tape scope 선언
        model_params = model.trainable_variables
        with tf.GradientTape() as tape:
            # 모델을 통한 예측
            predicts = model(x_batch)
            # 오류함수 계산
            losses = cross_entropy(predicts, y_batch)
        # tape를 통한 그레이디언트 계산
        grads = tape.gradient(losses, model_params)
        # 계산한 그레이디언트를 통해 모델을 업데이트
        optimizer.apply_gradients(zip(grads, model_params))
```

지금까지 케라스의 사용법을 살펴봤습니다. 실제 패션 MNIST 데이터셋을 학습하는 모델을 만드는 코드는 이 예제보다 더 복잡합니다. 여기서는 케라스의 기본 사용법만 살펴보고 앞으로 에이전트를 학습하는 코드를 이해하는 것이 목적이기 때문입니다. 패션 MNIST 데이터셋의 학습에 관해 더 궁금한 사람은 텐서플로 공식 홈페이지의 예제(https://www.tensorflow.org/tutorials/keras/classification?hl=ko)를 참고하면 됩니다.

딥살사

딥살사 이론

다시 앞의 문제로 돌아가보겠습니다. 그림 5.25에서 장애물은 세 개이며, 같은 속도와 방향으로 움직입니다. 속도가 같다는 것은 한 스텝마다 한 칸씩 움직인다는 것입니다. 이 장애물들은 왼쪽이나 오른쪽 벽에 부딪힐 경우에 다시 튕겨 나와서 반대 방향으로 움직입니다.

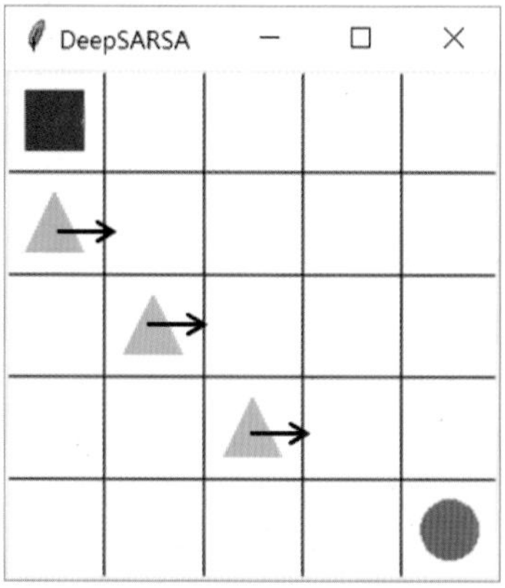

그림 5.25 딥살사의 실행 화면

에이전트가 장애물을 만날 경우 보상은 (−1)이며 도착했을 경우 보상은 (+1)입니다. 에이전트가 해야 할 일은 보상을 최대화하는 것입니다. 따라서 에이전트의 목표가 장애물은 피하고 도착지점에 가는 것이 됩니다. 기존에 사용했던 살사 알고리즘으로는 장애물이 움직이는 문제를 풀기가 어렵습니다. 따라서 살사 알고리즘을 사용하되 큐함수를 인공신경망으로 근사할 것입니다. 은닉층을 두 개 사용할 것이므로 심층신경망이 되고 따라서 이 알고리즘을 이 책에서는 딥살사DeepSARSA 라고 부르겠습니다.

첫 번째로 해야 할 일은 MDP를 정의하는 것입니다. MDP의 상태 이외의 다른 요소들은 변형하기 전의 그리드월드 예제와 유사합니다. 하지만 변형된 그리드월드 예제에서는 상태의 정의를 다르게 해야 합니다. 에이전트가 장애물을 회피하고 도착지점에 가기에 충분한 정보를 에이전트에게 줘야 합니다. 사람이 어떤 물체를 피할 때를 생각해 보면 정확하지는 않지만 물체의 속도 정보가 필요한 것을 알 수 있습니다. 물체가 내 쪽으로 오고 있는지 아니면 멀어지고 있는지 등의 정보를 알아야 사람은 자신의 행동을 정할 수 있습니다.

이 문제에서 정의하는 상태는 다음과 같습니다. 상대 위치를 사용하는 것은 사람이 물체를 회피할 때 상대적인 거리와 방향을 보기 때문입니다.

1. 에이전트에 대한 도착지점의 상대 위치 x, y
2. 도착지점의 라벨
3. 에이전트에 대한 장애물의 상대 위치 x, y
4. 장애물의 라벨
5. 장애물의 속도

장애물이 총 3개이므로 3, 4, 5는 3배를 해주면 12개이고 1, 2와 더하면 상태는 총 15개의 원소를 가집니다. 이 상태는 문제로부터 일종의 특징을 추출했다고 볼 수 있습니다. 다른 머신러닝 분야에서도 그렇듯이 강화학습에서도 이 특징을 추출하려면 문제에 대한 전문지식이 필요합니다. 이 예제의 경우는 문제가 간단하기 때문에 바로 특징 추출이 가능합니다.

딥살사가 큐함수를 인공신경망으로 근사한다는 것 말고도 살사와 다른 점이 있습니다. 살사의 큐함수 업데이트 식은 수식 5.6과 같습니다. 현재 상태에서 행동을 선택해서 다음 상태로 가고 다음 상태에서 다음 행동을 정하면 수식 5.6을 사용할 수 있습니다. 하지만 딥살사는 인공신경망을 사용하므로 테이블 형태의 강화학습에서 하듯이 하나의 큐함수 값을 업데이트하지 않습니다. 딥살사에서 인공신경망을 업데이트할 때는 경사하강법을 사용합니다.

$$Q(S_t, A_t) \leftarrow Q(S_t, A_t) + \alpha(R_{t+1} + \gamma Q(S_{t+1}, A_{t+1}) - Q(S_t, A_t))$$

수식 5.6 살사의 큐함수 업데이트 식

경사하강법을 사용해 인공신경망을 업데이트하려면 오차함수를 정의해야 합니다. 이때 오차함수는 가장 기본적으로 사용하는 MSE를 사용합니다. 중요한 부분은 바로 여기입니다. 강화학습은 지도학습이 아니기 때문에 정답이 있지 않습니다. 하지만 수식 5.6을 자세히 보면 정답의 역할을 하는 것과 예측에 해당하는 것을 알아볼 수 있습니다. 살사를 이용한 큐함수의 업데이트에서 정답의 역할을 하는 것이 수식 5.7입니다. 그리고 예측에 해당하는 것이 수식 5.8입니다.

$$R_{t+1} + \gamma Q(S_{t+1}, A_{t+1})$$

수식 5.7 살사의 큐함수 업데이트 식에서 정답의 역할

$$Q(S_t, A_t)$$

수식 5.8 살사의 큐함수 업데이트 식에서 예측의 역할

이 정답과 예측을 MSE 식에 집어넣어서 오차함수를 만들어볼 수 있습니다. 딥살사의 오차함수 식은 수식 5.9와 같습니다. 수식 5.9에서 Q가 아니라 Q_θ로 표기하는 것은 테이블 형태의 큐함수가 아니라 θ를 매개변수로 가지는 인공신경망을 통해 표현한 큐함수라는 뜻입니다. 큐함수를 근사하고 있는 인공신경망의 매개변수 θ를 이 오차함수를 통해 업데이트하는 것이 학습 과정입니다. 하지만 테이블 형태의 강화학습에서 하듯 업데이트 식을 작성할 필요가 없습니다. 오차함수만 정의한다면 케라스를 이용해 간단하게 인공신경망을 업데이트할 수 있기 때문입니다.

$$MSE = (\text{정답} - \text{예측})^2 = (R_{t+1} + \gamma Q_\theta(S_{t+1}, A_{t+1}) - Q_\theta(S_t, A_t))^2$$

수식 5.9 딥살사의 오차함수

여기까지 딥살사의 개념을 살펴봤습니다. 이제 변형된 그리드월드 예제에 딥살사 알고리즘을 적용해 보겠습니다.

딥살사 코드 설명

바로 코드로 들어가보겠습니다. 딥살사 코드는 RLCode의 깃허브 저장소에서 "1-grid-world/5-deep-sarsa/"에 있습니다. train.py의 전체 코드는 다음과 같습니다.

```
import copy
import pylab
import random
import numpy as np
from environment import Env
import tensorflow as tf
from tensorflow.keras.layers import Dense
from tensorflow.keras.optimizers import Adam
```

```
# 딥살사 인공신경망
class DeepSARSA(tf.keras.Model):
    def __init__(self, action_size):
        super(DeepSARSA, self).__init__()
        self.fc1 = Dense(30, activation='relu')
        self.fc2 = Dense(30, activation='relu')
        self.fc_out = Dense(action_size)

    def call(self, x):
        x = self.fc1(x)
        x = self.fc2(x)
        q = self.fc_out(x)
        return q


# 그리드월드 예제에서의 딥살사 에이전트
class DeepSARSAgent:
    def __init__(self, state_size, action_size):
        # 상태의 크기와 행동의 크기 정의
        self.state_size = state_size
        self.action_size = action_size

        # 딥살사 하이퍼파라미터
        self.discount_factor = 0.99
        self.learning_rate = 0.001
        self.epsilon = 1.
        self.epsilon_decay = .9999
        self.epsilon_min = 0.01
        self.model = DeepSARSA(self.action_size)
        self.optimizer = Adam(lr=self.learning_rate)

    # 입실론 탐욕 정책으로 행동 선택
    def get_action(self, state):
        if np.random.rand() <= self.epsilon:
            return random.randrange(self.action_size)
        else:
            q_values = self.model(state)
            return np.argmax(q_values[0])
```

```
    # <s, a, r, s', a'>의 샘플로부터 모델 업데이트
    def train_model(self, state, action, reward, next_state, next_action, done):
        if self.epsilon > self.epsilon_min:
            self.epsilon *= self.epsilon_decay

        # 학습 파라미터
        model_params = self.model.trainable_variables
        with tf.GradientTape() as tape:
            tape.watch(model_params)
            predict = self.model(state)[0]
            one_hot_action = tf.one_hot([action], self.action_size)
            predict = tf.reduce_sum(one_hot_action * predict, axis=1)

            # done = True일 경우 에피소드가 끝나서 다음 상태가 없음
            next_q = self.model(next_state)[0][next_action]
            target = reward + (1 - done) * self.discount_factor * next_q

            # MSE 오류함수 계산
            loss = tf.reduce_mean(tf.square(target - predict))

        # 오류함수를 줄이는 방향으로 모델 업데이트
        grads = tape.gradient(loss, model_params)
        self.optimizer.apply_gradients(zip(grads, model_params))


if __name__ == "__main__":
    # 환경과 에이전트 생성
    env = Env(render_speed=0.01)
    state_size = 15
    action_space = [0, 1, 2, 3, 4]
    action_size = len(action_space)
    agent = DeepSARSAgent(state_size, action_size)

    scores, episodes = [], []

    EPISODES = 1000
    for e in range(EPISODES):
        done = False
        score = 0
        # env 초기화
```

```
state = env.reset()
state = np.reshape(state, [1, state_size])

while not done:
    # 현재 상태에 대한 행동 선택
    action = agent.get_action(state)

    # 선택한 행동으로 환경에서 한 타임스텝 진행 후 샘플 수집
    next_state, reward, done = env.step(action)
    next_state = np.reshape(next_state, [1, state_size])
    next_action = agent.get_action(next_state)

    # 샘플로 모델 학습
    agent.train_model(state, action, reward, next_state,
                      next_action, done)
    score += reward
    state = next_state

    if done:
        # 에피소드마다 학습 결과 출력
        print("episode: {:3d} | score: {:3d} | epsilon: {:.3f}".format(
              e, score, agent.epsilon))

        scores.append(score)
        episodes.append(e)
        pylab.plot(episodes, scores, 'b')
        pylab.xlabel("episode")
        pylab.ylabel("average score")
        pylab.savefig("./save_graph/graph.png")


# 100에피소드마다 모델 저장
if e % 100 == 0:
    agent.model.save_weights('save_model/model', save_format='tf')
```

train.py 코드는 크게 메인 루프 부분과 에이전트의 클래스로 구분할 수 있습니다. 세부사항을 빼고 구조만 보자면 다음과 같습니다.

```
from environment import Env

class DeepSARSAgent:
    def __init__(self):
        pass

if __name__ == "__main__":
    env = Env()
    agent = DeepSARSAgent()
```

메인 루프인 if __name__ == "__main__": 이후의 내용은 에이전트와 환경이 상호작용하는 부분입니다. 상호작용을 시작하기 전에 환경이 무엇이고, 에이전트는 무엇인지를 정의해야 합니다. 따라서 아래 코드에서 에이전트와 환경을 정의합니다. 이후로 env는 환경이라는 객체를 의미하고 agent는 에이전트라는 객체를 의미합니다.

```
env = Env()
agent = DeepSARSAgent()
```

에이전트 클래스를 구성할 때 무엇이 필요한지 알기 위해서는 에이전트가 환경과 어떻게 상호작용하는지 알아야 합니다. 에이전트가 환경과 상호작용하면서 하는 일은 다음과 같습니다.

1. 상태에 따른 행동 선택
2. 선택한 행동으로 환경에서 한 타임스텝을 진행
3. 환경으로부터 다음 상태와 보상을 받음
4. 다음 상태에 대한 행동을 선택
5. 환경으로부터 받은 정보를 토대로 학습을 진행

에이전트와 환경의 상호작용을 코드로 나타내면 다음과 같습니다. agent 내부의 get_action이라는 함수를 통해 에이전트는 현 상태 state에 대한 행동 action을 정합니다. 에이전트가 행동을 정하면 그 행동에 따라 환경에서 한 타임스텝을 진행합니다. 그러면 환경은 에이전트에게 다음 상태 next_state와 보상 reward와 에피소드가 끝났는지 여부를 나타내는 done을 알려줍니다.

에이전트는 다음 상태 next_state에 대한 행동을 정하고 샘플(sars'a' = state, action, reward, next_state, next_action)을 가지고 학습을 진행합니다.

```
# 선택한 행동으로 환경에서 한 타임스텝 진행 후 샘플 수집
next_state, reward, done = env.step(action)
next_state = np.reshape(next_state, [1, state_size])
next_action = agent.get_action(next_state)

# 샘플로 모델 학습
agent.train_model(state, action, reward, next_state,
                  next_action, done)
score += reward
state = next_state
```

기존의 강화학습 알고리즘에서는 어떤 상태에서 행동을 선택하기 위해 에이전트가 가지고 있는 큐함수 테이블을 이용합니다. 현재 상태에서 각 행동에 대한 큐함수를 가져오면 ε-탐욕 정책으로 행동을 선택합니다. 하지만 딥살사에서는 큐함수 테이블 대신 인공신경망을 사용합니다. 현재 상태의 특징들이 인공신경망의 입력으로 들어가면 인공신경망은 각 행동에 대한 큐함수를 출력으로 내놓습니다. 물론 이 큐함수는 근사된 함수입니다.

따라서 에이전트 클래스는 상태가 입력이고 출력이 각 행동에 대한 큐함수인 인공신경망 모델을 가지고 있어야 합니다. 이 책에서 제공하는 딥살사의 인공신경망은 그림 5.26과 같습니다. 입력층은 상태의 형태에 따라 유닛의 개수가 15개이고 은닉층은 총 2개이며, 둘 다 30개의 유닛을 가지고 있습니다. 출력층의 유닛은 선택 가능한 행동 상, 하, 좌, 우, 제자리 의 개수인 5입니다.

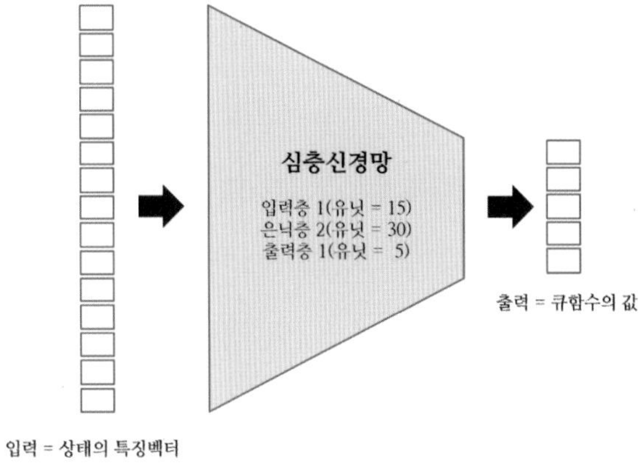

그림 5.26 딥살사의 인공신경망

인공신경망을 생성하는 함수의 코드는 다음과 같습니다. tf.keras.Model을 사용해서 DeepSARSA 클래스를 만들고 입력층[fc1], 은닉층[fc2], 출력층[fc_out]을 만듭니다. 은닉층의 활성함수는 ReLU 함수이고 출력층의 활성함수는 선형 함수입니다. 출력층이 선형 함수인 이유는 출력으로 나오는 값이 큐함수이며 큐함수는 0과 1 사이의 값이 아니기 때문입니다.

```
class DeepSARSA(tf.keras.Model):
    def __init__(self, action_size):
        super(DeepSARSA, self).__init__()
        self.fc1 = Dense(30, activation='relu')
        self.fc2 = Dense(30, activation='relu')
        self.fc_out = Dense(action_size)

    def call(self, x):
        x = self.fc1(x)
        x = self.fc2(x)
        q = self.fc_out(x)
        return q
```

DeepSARSA 클래스는 에이전트 클래스의 __init__(self) 내부에서 선언합니다.

```
self.model = DeepSARSA(self.action_size)
```

이렇게 모델을 생성하면 이제 에이전트는 모델을 이용해 큐함수의 값을 얻을 수 있습니다. 큐함수를 통해 에이전트는 행동을 선택할 수 있는데, 그것이 get_action 함수입니다.

```
def get_action(self, state):
    if np.random.rand() <= self.epsilon:
        return random.randrange(self.action_size)
    else:
        q_values = self.model(state)
        return np.argmax(q_values[0])
```

model(state)를 통해 큐함수에 대한 모델의 예측값을 구할 수 있습니다. self.model(state)의 출력은 [[], [], [], [], []]와 같은 형태로 나오기 때문에 [], [], [], [], []와 같이 변경하기 위해 뒤에 [0]을 붙입니다. 이렇게 모델의 출력에 첫 번째 차원이 추가되는 이유는 케라스에서는 기본적으로 미니배치의 형태로 입력과 출력이 나온다고 가정하기 때문입니다. 따라서 입력으로 넣는 state도 차원을 추가해야 하고 출력으로 나오는 큐함수 예측 값도 차원이 추가되어 나오는 것입니다. 모델을 통해 나온 값은 현재 상태 state에 대한 큐함수 값입니다. 탐욕 정책일 때 get_action 함수는 이 큐함수의 값 중에서 가장 큰 값을 가지는 행동을 반환합니다.

에이전트 클래스는 환경으로부터 받은 정보를 토대로 인공신경망을 학습시키는 함수를 포함해야 합니다. 학습의 핵심은 MSE로 정의한 오류함수를 최소로 하도록 인공신경망을 업데이트하는 것입니다. 앞서 설명했듯이 딥살사의 학습은 수식 5.10과 같이 오류함수를 계산한 후에 케라스의 optimizer 함수를 통해 학습하면 됩니다.

$$\text{MSE} = (\text{정답} - \text{예측})^2 = (R_{t+1} + \gamma Q_\theta(S_{t+1}, A_{t+1}) - Q_\theta(S_t, A_t))^2$$

수식 5.10 딥살사의 오류함수

샘플을 가지고 인공신경망을 업데이트하는 함수의 이름은 train_model이며, 코드는 다음과 같습니다.

```
def train_model(self, state, action, reward, next_state, next_action, done):
    if self.epsilon > self.epsilon_min:
        self.epsilon *= self.epsilon_decay

    # 학습 파라미터
    model_params = self.model.trainable_variables
    with tf.GradientTape() as tape:
        tape.watch(model_params)
        predict = self.model(state)[0]
        one_hot_action = tf.one_hot([action], self.action_size)
        predict = tf.reduce_sum(one_hot_action * predict, axis=1)

        # done = True일 경우 에피소드가 끝나서 다음 상태가 없음
        next_q = self.model(next_state)[0][next_action]
        target = reward + (1 - done) * self.discount_factor * next_q

        # MSE 오류함수 계산
        loss = tf.reduce_mean(tf.square(target - predict))

    # 오류함수를 줄이는 방향으로 모델 업데이트
    grads = tape.gradient(loss, model_params)
    self.optimizer.apply_gradients(zip(grads, model_params))
```

살사와 큐러닝과는 다르게 딥살사에서 ε-탐욕정책에 사용되는 ε은 시간에 따라서 감소시킵니다. 이렇게 하는 이유는 초반에는 에이전트가 탐험을 통해 다양한 상황에 대해서 학습하고 학습이 충분히 이뤄진 후에는 예측하는 대로 에이전트가 움직이기 위해서입니다.

한 가지 알아야 할 것이 있습니다. 딥살사의 출력은 5개의 큐함수 값을 가집니다. 하지만 모델을 업데이트하기 위해 오류함수를 계산할 출력은 이 가운데 실제로 행동이 된 하나의 큐함수뿐입니다. 모델의 출력인 predict에서 실제로 한 행동에 해당하는 값만 추출하기 위해 tf.one_hot 함수를 사용합니다. tf.one_hot 함수를 통해 모델의 출력과 크기는 같지만 실제로 한 행동만 1의 값을 가지는 벡터를 만듭니다. 그렇게 만들어진 one_hot_action 벡터를 predict와 곱함으로써 실제 행동에 대한 모델의 출력만 남겨놓을 수 있습니다.

```
predict = self.model(state)[0]
one_hot_action = tf.one_hot([action], self.action_size)
predict = tf.reduce_sum(one_hot_action * predict, axis=1)
```

predict 출력 중에 실제 행동에 해당하는 값만 추출했다면 이제 업데이트해야 할 목표를 구해야 합니다. 이때 계산해야 할 것은 $R_{t+1} + \gamma Q_\theta(S_{t+1}, A_{t+1})$입니다. done이 True일 경우에는 (1 − done)의 값이 0이 되어서 즉각적인 보상만 고려하게 됩니다.

```
# done = True일 경우 에피소드가 끝나서 다음 상태가 없음
next_q = self.model(next_state)[0][next_action]
target = reward + (1 - done) * self.discount_factor * next_q

# MSE 오류함수 계산
loss = tf.reduce_mean(tf.square(target - predict))
```

이렇게 계산한 타깃과 상태 입력을 통해 loss를 계산합니다. 오류 함수로 MSE를 사용하기 때문에 tf.square 함수를 사용합니다. loss를 정의하고 나면 optimizer의 apply_gradients 함수를 통해 모델을 업데이트합니다.

```
grads = tape.gradient(loss, model_params)
self.optimizer.apply_gradients(zip(grads, model_params))
```

딥살사의 실행 및 결과

train.py를 실행하면 그림 5.27처럼 에이전트가 학습을 시작합니다.

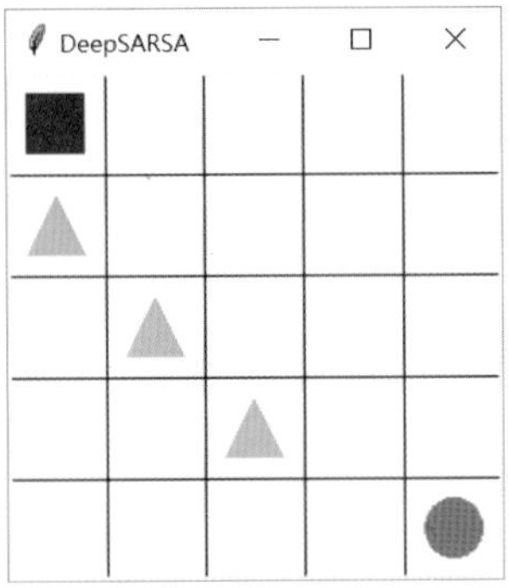

그림 5.27 딥살사의 실행 화면

에이전트가 학습을 시작하면 코드 실행 화면에 다음과 같은 로그가 출력됩니다. 에이전트의 학습이 어떻게 진행되는지 알 수 있는 정보로서 몇 번째 에피소드인지, 해당 에피소드에서 점수는 몇 점인지, ε 값을 출력합니다.

```
episode:   0 | score: -22 | epsilon: 0.975
episode:   1 | score: -12 | epsilon: 0.958
episode:   2 | score:   0 | epsilon: 0.957
episode:   3 | score:  -7 | epsilon: 0.946
episode:   4 | score: -25 | epsilon: 0.933
episode:   5 | score:  -7 | epsilon: 0.925
episode:   6 | score:   0 | epsilon: 0.923
episode:   7 | score: -14 | epsilon: 0.911
episode:   8 | score: -54 | epsilon: 0.880
episode:   9 | score: -22 | epsilon: 0.868
episode:  10 | score:   1 | epsilon: 0.866
```

그림 5.28 딥살사의 로그 출력

ε-탐욕 정책의 값을 나타내는 epsilon은 에이전트가 얼마만큼의 확신을 가지고 행동을 선택하고 있는지 알려줍니다. 만약 epsilon이 0.01이라면 선택한 행동 중 대부

분은 모델을 통해 나온 값을 통해 선택한 것입니다. 이 경우 에피소드의 점수가 지속적으로 낮다면 학습이 잘 안 될 가능성이 높습니다. 더는 에이전트가 탐험을 하지 않기 때문입니다0.01의 확률로 탐험을 하긴 합니다.

학습을 진행하는 환경이 장애물에 부딪히면 (−1)의 보상을 주고 목표지점에 도착하면 (+1)의 보상을 주기 때문에 에이전트가 한 에피소드 동안 가장 많이 받을 수 있는 보상은 (+1)입니다. 에피소드마다 얼마의 점수를 받았는지를 그래프로 그리는 코드는 다음과 같습니다.

```
scores.append(score)
episodes.append(e)
pylab.plot(episodes, scores, 'b')
pylab.xlabel("episode")
pylab.ylabel("average score")
pylab.savefig("./save_graph/graph.png")
```

그림 5.29는 100 에피소드를 진행했을 때의 에피소드-점수의 그래프와 500 에피소드를 진행했을 때의 에피소드-점수의 그래프를 보여줍니다. 500 에피소드 정도가 되면 ε-탐욕 정책의 ε이 0.01이 됩니다. 따라서 점수가 거의 수렴하는 것을 볼 수 있습니다.

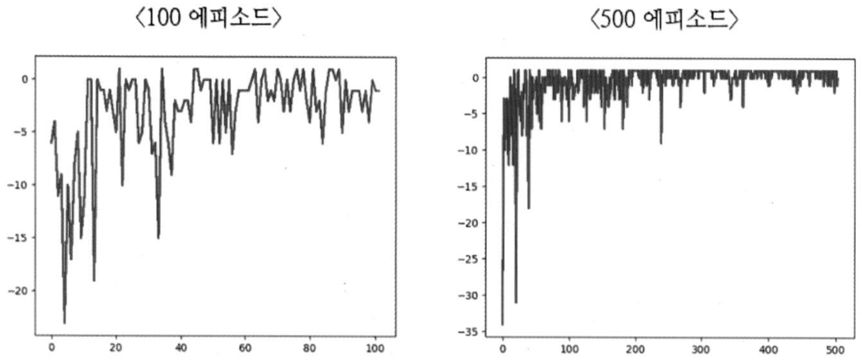

그림 5.29 딥살사의 학습 과정을 보여주는 그래프

이 책의 예제에서는 ε을 매 타임스텝마다 0.9999를 곱하면서 감소시키는데, ε을 더 빨리 감소시킨다면 점수는 더 빨리 수렴할 수도 있습니다. 하지만 에이전트가 탐험을 덜 하게 되므로 최적으로 수렴하지 않고 엉뚱한 값으로 수렴할 수도 있습니다. 따라서 ε을 어느 정도의 속도로 감소시킬지도 정해야 할 변수 중 하나입니다.

RLCode 깃허브 저장소에는 학습을 완료한 모델이 업로드돼 있습니다. 이 책에서 모델은 텐서플로 모델의 형식으로 저장합니다. 학습한 모델을 저장하는 코드는 메인 루프의 마지막에 있으며 다음과 같습니다.

```
if e % 100 == 0:
    agent.model.save_weights('save_model/model', save_format='tf')
```

딥살사의 학습된 모델은 "1-grid-world/5-deep-sarsa/save_model/"에 저장돼 있습니다. 에이전트가 어떻게 학습했는지 알기 위해 저장한 모델을 실행하고 싶다면 test.py를 실행하면 됩니다. test.py에서 DeepSARSAgent 클래스의 __init__ 함수에서 다음 코드가 모델을 불러오는 부분입니다.

```
self.model.load_weights('save_model/trained/model')
```

이 이후의 모든 코드는 이와 같은 방식으로 모델을 저장하고 저장돼 있는 모델을 불러와서 플레이합니다.

폴리시 그레이디언트

정책 기반 강화학습

지금까지 다룬 강화학습 알고리즘을 한 번에 묶어서 지칭하는 말이 있습니다. 바로 '가치 기반 강화학습 Value-based Reinforcement Learning '입니다. 에이전트가 가치함수를 기반으로 행동을 선택하고 가치함수를 업데이트하면서 학습을 하기 때문입니다. 하지만 가치 기반 강화학습과 다른 관점에서 순차적 행동 결정 문제에 접근하는 방법이 있습니다. 바로 '정책 기반 강화학습 Policy-based Reinforcement Learning '입니다.

정책 기반 강화학습은 가치함수를 토대로 행동을 선택하지 않고 상태에 따라 바로 행동을 선택합니다. 이것이 무슨 의미인지 잘 이해가 안 될 수도 있으니 바로 코드로 설명하겠습니다. 정책 기반 강화학습에서는 정책을 직접적으로 근사시킵니다. 딥살사에서는 인공신경망이 큐함수를 근사했지만 정책 기반 강화학습에서는 인공신경망이 정책을 근사합니다. 따라서 그림 5.30과 같이 인공신경망의 입력은 상태가 되고 출력은 각 행동을 할 확률이 됩니다.

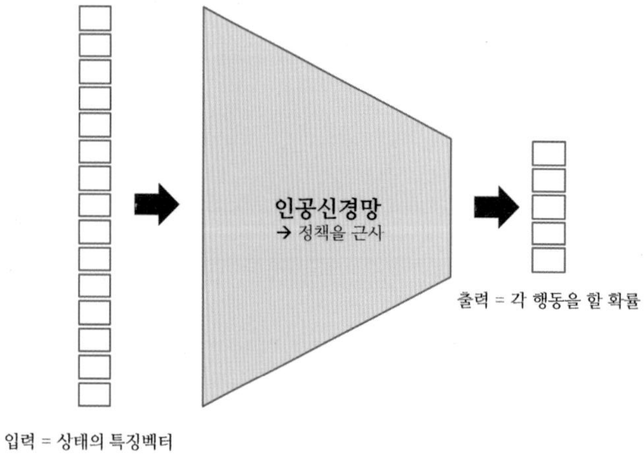

그림 5.30 정책 기반 강화학습에서 정책을 근사하는 인공신경망

그림 5.30의 인공신경망을 케라스 모델로 형성하는 클래스는 다음과 같습니다. 이제부터 정책 기반 강화학습에서 정책을 근사하는 인공신경망을 정책신경망이라고 부르겠습니다. 딥살사 코드와 다른 점은 출력층입니다. 딥살사에서는 출력층의 활성함

수가 선형함수였습니다. 하지만 정책신경망에서는 활성함수로 Softmax 함수를 사용합니다.

```
class Reinforce(tf.keras.Model):
    def __init__(self, action_size):
        super(Reinforce, self).__init__()
        self.fc1 = Dense(24, activation='relu')
        self.fc2 = Dense(24, activation='relu')
        self.fc_out = Dense(action_size, activation='softmax')

    def call(self, x):
        x = self.fc1(x)
        x = self.fc2(x)
        policy = self.fc_out(x)
        return policy
```

Softmax 함수는 Sigmoid 함수와 같이 0과 1 사이의 값을 출력하지만 하나만 출력하는 것이 아닙니다. Softmax 함수의 식은 수식 5.11과 같습니다. 식이 생소할 수도 있지만 Softmax 함수의 성격을 이해하면 그다지 어렵지 않습니다.

$$s(y_i) = \frac{e^{y_i}}{\sum_j e^{y_j}}$$

수식 5.11 Softmax 함수의 수식

Softmax 함수를 사용할 때는 인공신경망의 출력층에서 나오는 출력이 다 합해서 1이 나오기를 원할 때입니다. 그렇기 때문에 정책신경망에서 Softmax 함수를 출력층의 활성함수로 사용하는 것입니다. 정책의 정의가 바로 각 행동을 할 확률이기 때문에 이 확률들을 합하면 1이 됩니다. 즉, 수식 5.11로 표현하는 $s(y_i)$가 i번째 행동을 할 확률인 것입니다.

폴리시 그레이디언트

강화학습의 목표는 누적 보상을 최대로 하는 최적 정책을 찾는 것입니다. 정책 기반 강화학습에서도 마찬가지입니다. 정책 기반 강화학습에서는 정책을 직접적으로 근사합니다. 정책을 근사하는 방법 중 하나로 정책신경망을 소개했습니다. 정책신경망을 사용하는 경우에 정책신경망의 가중치에 따라 에이전트가 받을 누적 보상이 달라질 것입니다. 즉, 누적 보상은 정책신경망의 가중치에 따라 결정됩니다.

정책이 정책신경망으로 근사됐기 때문에 수식 5.12와 같이 표현할 수 있습니다. 그리드월드에서의 정책은 상태마다 행동에 따라 확률을 나타내는 것이기에 테이블의 형태로 정책을 가지고 있어야 했습니다. 하지만 이제 정책신경망으로 정책을 대체하기 때문에 θ라는 정책 신경망의 가중치값이 정책을 표현할 수 있습니다.

$$\text{정책} = \pi_\theta(a \mid s)$$

수식 5.12 정책의 표현

누적 보상은 최적화하고자 하는 목표함수가 되며 최적화를 하게 되는 변수는 인공신경망의 가중치입니다. 이를 식으로 나타내면 수식 5.13과 같습니다. 목표함수는 앞으로 $J(\theta)$로 표현하겠습니다.

$$\text{maximize}\, J(\theta)$$

수식 5.13 정책 기반 강화학습의 목표

목표함수 $J(\theta)$를 최적화하는 방법은 간단합니다. 목표함수를 미분해서 그 미분값에 따라 정책을 업데이트하는 것입니다. 이 방법은 딥살사에서 소개했던 경사하강법과 동일합니다. 하지만 딥살사에서와는 다르게 목표가 오류함수를 최소화하는 것이 아니라 목표함수를 최대화하는 것이므로 경사를 올라가야 합니다. 따라서 경사상승법 Gradient Ascent 이라고 부릅니다.

경사상승법에 따라 정책신경망을 업데이트하는 것을 수식으로 나타낸다면 수식 5.14와 같습니다. ∇_θ은 그레이디언트 gradient 로서 θ에 대해 미분을 하는 기호입니다. 어느 시간 $t+1$에서 정책신경망의 계수 θ_{t+1}은 이전 시간의 계수인 θ_t에 목표함수의 미분인 $\nabla_\theta J(\theta)$의 일부분을 더한 값이 됩니다. α는 한 번 업데이트할 때 얼마만큼 업데이트할 것인가를 정하는 학습속도 Learning Rate 입니다.

$$\theta_{t+1} = \theta_t + \alpha \nabla_\theta J(\theta)$$

수식 5.14 목표함수의 경사에 따라 정책신경망을 업데이트

수식 5.14와 같이 목표함수의 경사상승법을 따라서 근사된 정책을 업데이트하는 방식을 폴리시 그레이디언트 Policy Gradient 라고 합니다. 이제 해야 할 일은 목표함수를 정의하고 목표함수를 미분하는 것입니다. 만일 에피소드의 끝이 있고 에이전트가 어떤 특정 상태 s_0에서 에피소드를 시작하는 경우에 목표함수는 상태 s_0에 대한 가치함수라고 할 수 있습니다. 이때 목표함수의 정의는 수식 5.15와 같습니다.

$$J(\theta) = v_{\pi_\theta}(s_0)$$

수식 5.15 가치함수로 나타내는 목표함수의 정의

이제 수식 5.15의 미분값을 구해야 합니다. 수식 5.15의 미분은 수식 5.16과 같습니다. 하지만 가치함수를 미분하는 것은 생각보다 쉽지 않습니다. 이 책에서는 이 과정의 대략적인 흐름만 살펴보겠습니다.

$$\nabla_\theta J(\theta) = \nabla_\theta v_{\pi_\theta}(s_0)$$

수식 5.16 목표함수의 미분 1

이때 필요한 것이 폴리시 그레이디언트 정리Policy Gradient Theorem 입니다. 이 정리는 리처드 서튼Richard Sutton 의 논문 "Policy Gradient Methods for Reinforcement Learning with Function Approximation"[9] 에서 소개하고 있습니다. 이 정리에 따르면 수식 5.16은 수식 5.17과 같이 표현할 수 있습니다.

$$\nabla_\theta J(\theta) = \sum_s d_{\pi_\theta}(s) \sum_a \nabla_\theta \pi_\theta(a \mid s)\, q_\pi(s,a)$$

수식 5.17 폴리시 그레이디언트 정리

$d_{\pi_\theta}(s)$는 간단히 말하면 s라는 상태에 에이전트가 있을 확률입니다. 상태 분포State Distribution 라는 말로도 표현하는데 그중에서 분포의 d를 따온 변수입니다. 에이전트의 정책에 따라 전반적으로 각 상태에 에이전트가 있을 확률이 달라집니다. 수식 5.17의 의미는 가능한 모든 상태에 대해 각 상태에서 특정 행동을 했을 때 받을 큐함수의 기댓값의 미분을 의미합니다.

수식 5.17의 우변에 $\pi_\theta(a \mid s)$를 곱하고 나눠줘도 식은 같습니다.

$$\nabla_\theta J(\theta) = \sum_s d_{\pi_\theta}(s) \sum_a \pi_\theta(a \mid s) \times \frac{\nabla_\theta \pi_\theta(a \mid s)}{\pi_\theta(a \mid s)} q_\pi(s,a)$$

수식 5.18 목표함수의 미분 2

이때 $\nabla_\theta \pi_\theta(a \mid s) / \pi_\theta(a \mid s)$는 $\nabla_\theta \log \pi_\theta(a \mid s)$라고 쓸 수 있습니다. log 함수의 미분이 수식 5.19와 같기 때문입니다.

$$\nabla_x \log f(x) = \frac{\nabla_x f(x)}{f(x)}$$

수식 5.19 log 함수의 미분

이를 반영하면 목표함수의 미분은 수식 5.20과 같습니다.

$$\nabla_\theta J(\theta) = \sum_s d_\pi(s) \sum_a \pi_\theta(a \mid s) \times \nabla_\theta \log \pi_\theta(a \mid s) q_\pi(s,a)$$

수식 5.20 목표함수의 미분 3

우리는 기댓값의 정의가 (확률 x 받은 값)이라는 것을 배웠습니다. 수식 5.20을 유심히 살펴보면 이 식 또한 기댓값의 한 형태인 것을 알 수 있습니다. 수식 5.20의 우변 중에서 $\sum_s d_\pi(s) \sum_a \pi_\theta(a \mid s)$는 에이전트가 어떤 상태 s에서 행동 a를 선택할 확률을 의미합니다. 따라서 수식 5.20은 기댓값의 형태로 표현할 수 있습니다.

최종적으로 얻는 것은 수식 5.21입니다. 수식 5.21은 목표함수의 미분값, 즉 경사를 의미합니다.

$$\nabla_\theta J(\theta) = E_{\pi_\theta} [\nabla_\theta \log \pi_\theta(a \mid s) q_\pi(s,a)]$$

수식 5.21 기댓값의 형태로 나타내는 목표함수의 미분

다른 강화학습 알고리즘에서도 그렇듯이 폴리시 그레이디언트에서도 기댓값은 샘플링으로 대체할 수 있습니다. 결국 에이전트가 정책신경망을 업데이트하기 위해 구해야 하는 식은 $\nabla_\theta \log \pi_\theta(a \mid s) q_\pi(s,a)$입니다. 이 식을 구한다면 정책신경망의 계수는 경사상승법에 의해 업데이트할 수 있습니다. 수식 5.22는 폴리시 그레이디언트에서 정책을 업데이트하는 식입니다.

$$\theta_{t+1} = \theta_t + \alpha \nabla_\theta J(\theta) \approx \theta_t + \alpha [\nabla_\theta \log \pi_\theta (a \mid s) q_\pi (s, a)]$$

수식 5.22 폴리시 그레이디언트의 업데이트 식

딥살사에서 배웠듯이 케라스를 사용한다면 미분값을 직접 구할 필요가 없습니다. 하지만 한 가지 문제가 있습니다. 폴리시 그레이디언트에서는 행동을 선택하는 데 가치함수가 꼭 필요하지 않습니다. 따라서 현재 에이전트는 정책만 가지고 있고 가치함수 혹은 큐함수를 가지고 있지 않기 때문에 식 $\nabla_\theta \log \pi_\theta (a \mid s) q_\pi (s, a)$에서 $q_\pi (s, a)$를 구할 수 없습니다.

폴리시 그레이디언트에서 이것은 중요한 문제입니다. 목표함수의 미분값 $\nabla_\theta J(\theta)$를 어떻게 잘 근사할 것인가에 대한 방법은 여러 가지가 있습니다. 가장 고전적인 방법 중 하나는 큐함수를 반환값 G_t로 대체하는 것입니다. 큐함수를 반환값으로 대체하는 것이 REINFORCE 알고리즘입니다.[10] 이 알고리즘의 업데이트 식은 수식 5.23과 같습니다.

$$\theta_{t+1} \approx \theta_t + \alpha [\nabla_\theta \log \pi_\theta (a \mid s) G_t]$$

수식 5.23 REINFORCE 알고리즘의 업데이트 식

에피소드가 끝날 때까지 기다리면 에피소드 동안 지나온 상태에 대해 각각의 반환값을 구할 수 있습니다. REINFORCE 알고리즘은 에피소드마다 실제로 얻은 보상으로 학습하는 폴리시 그레이디언트라고 할 수 있습니다. 그래서 몬테카를로 폴리시 그레이디언트라고도 부릅니다.

다시 코드로 돌아가보겠습니다.

REINFORCE 코드 설명

그리드월드의 REINFORCE 코드는 RLCode의 깃허브 저장소에서 "1-gridworld/6-reinforce"에 있습니다. 전체 코드는 다음과 같습니다.

```
import copy
import pylab
import random
import numpy as np
from environment import Env
import tensorflow as tf
from tensorflow.keras.layers import Dense
from tensorflow.keras.optimizers import Adam


# 상태가 입력, 각 행동의 확률이 출력인 인공신경망 생성
class REINFORCE(tf.keras.Model):
    def __init__(self, action_size):
        super(REINFORCE, self).__init__()
        self.fc1 = Dense(24, activation='relu')
        self.fc2 = Dense(24, activation='relu')
        self.fc_out = Dense(action_size, activation='softmax')

    def call(self, x):
        x = self.fc1(x)
        x = self.fc2(x)
        policy = self.fc_out(x)
        return policy


# 그리드월드 예제에서의 REINFORCE 에이전트
class REINFORCEAgent:
    def __init__(self, state_size, action_size):
        # 상태의 크기와 행동의 크기 정의
        self.state_size = state_size
        self.action_size = action_size

        # REINFORCE 하이퍼파라미터
        self.discount_factor = 0.99
        self.learning_rate = 0.001
```

```
        self.model = REINFORCE(self.action_size)
        self.optimizer = Adam(lr=self.learning_rate)
        self.states, self.actions, self.rewards = [], [], []

    # 정책신경망으로 행동 선택
    def get_action(self, state):
        policy = self.model(state)[0]
        policy = np.array(policy)
        return np.random.choice(self.action_size, 1, p=policy)[0]

    # 반환값 계산
    def discount_rewards(self, rewards):
        discounted_rewards = np.zeros_like(rewards)
        running_add = 0
        for t in reversed(range(0, len(rewards))):
            running_add = running_add * self.discount_factor + rewards[t]
            discounted_rewards[t] = running_add
        return discounted_rewards

    # 한 에피소드 동안의 상태, 행동, 보상을 저장
    def append_sample(self, state, action, reward):
        self.states.append(state[0])
        self.rewards.append(reward)
        act = np.zeros(self.action_size)
        act[action] = 1
        self.actions.append(act)

    # 정책신경망 업데이트
    def train_model(self):
        discounted_rewards = np.float32(self.discount_rewards(self.rewards))
        discounted_rewards -= np.mean(discounted_rewards)
        discounted_rewards /= np.std(discounted_rewards)

        # 크로스 엔트로피 오류함수 계산
        model_params = self.model.trainable_variables
        with tf.GradientTape() as tape:
            tape.watch(model_params)
            policies = self.model(np.array(self.states))
            actions = np.array(self.actions)
```

```
            action_prob = tf.reduce_sum(actions * policies, axis=1)
            cross_entropy = - tf.math.log(action_prob + 1e-5)
            loss = tf.reduce_sum(cross_entropy * discounted_rewards)
            entropy = - policies * tf.math.log(policies)

        # 오류함수를 줄이는 방향으로 모델 업데이트
        grads = tape.gradient(loss, model_params)
        self.optimizer.apply_gradients(zip(grads, model_params))
        self.states, self.actions, self.rewards = [], [], []
        return np.mean(entropy)


if __name__ == "__main__":
    # 환경과 에이전트 생성
    env = Env(render_speed=0.01)
    state_size = 15
    action_space = [0, 1, 2, 3, 4]
    action_size = len(action_space)
    agent = REINFORCEAgent(state_size, action_size)

    scores, episodes = [], []

    EPISODES = 200
    for e in range(EPISODES):
        done = False
        score = 0
        # env 초기화
        state = env.reset()
        state = np.reshape(state, [1, state_size])

        while not done:
            # 현재 상태에 대한 행동 선택
            action = agent.get_action(state)

            # 선택한 행동으로 환경에서 한 타임스텝 진행 후 샘플 수집
            next_state, reward, done = env.step(action)
            next_state = np.reshape(next_state, [1, state_size])

            agent.append_sample(state, action, reward)
            score += reward
```

```
            state = next_state

            if done:
                # 에피소드마다 정책신경망 업데이트
                entropy = agent.train_model()
                # 에피소드마다 학습 결과 출력
                print("episode: {:3d} | score: {:3d} | entropy: {:.3f}".format(
                      e, score, entropy))

                scores.append(score)
                episodes.append(e)
                pylab.plot(episodes, scores, 'b')
                pylab.xlabel("episode")
                pylab.ylabel("score")
                pylab.savefig("./save_graph/graph.png")


        # 100에피소드마다 모델 저장
        if e % 100 == 0:
            agent.model.save_weights('save_model/model', save_format='tf')
```

에이전트에 필요한 함수가 무엇인지 알기 위해 에이전트가 환경과 어떻게 상호작용하는지 생각해보겠습니다.

1. 상태에 따른 행동 선택
2. 선택한 행동으로 환경에서 한 타임스텝을 진행
3. 환경으로부터 다음 상태와 보상을 받음
4. 다음 상태에 대한 행동을 선택, 에피소드가 끝날 때까지 반복
5. 환경으로부터 받은 정보를 토대로 에피소드마다 학습을 진행

딥살사 에이전트와는 다르게 REINFORCE 에이전트는 정책신경망을 가지고 있기 때문에 1번에서 행동을 선택할 때 그저 정책신경망의 출력을 이용하면 됩니다.

```
def get_action(self, state):
```

```
    policy = self.model(state)[0]
    policy = np.array(policy)
    return np.random.choice(self.action_size, 1, p=policy)[0]
```

따라서 위 코드처럼 현재 state를 정책신경망에 입력으로 넣으면 출력이 정책 policy로 나옵니다. 정책 자체가 확률적이기 때문에 그 확률에 따라 행동을 선택하면 에이전트는 저절로 탐험을 하게 됩니다. ε-탐욕정책과 같이 임의로 다른 행동을 선택하게 하지 않아도 된다는 것입니다.

REINFORCE에서 중요하게 봐야 할 부분이 목표함수의 미분값을 계산해서 정책신경망을 업데이트하는 부분입니다. 위에서 살펴봤듯이 수식 5.24가 REINFORCE 알고리즘의 업데이트 과정을 나타냅니다. 큐함수를 에피소드마다 얻는 반환값으로 대체했기 때문에 반환값을 계산하는 함수가 필요합니다.

$$\theta_{t+1} \approx \theta_t + \alpha[\nabla_\theta \log \pi_\theta(a \mid s) G_t]$$

수식 5.24 REINFORCE 알고리즘의 업데이트 식

4번에서와 같이 에이전트는 에피소드가 끝날 때까지 지속적으로 행동을 선택합니다. 상태 state와 그 상태에서 선택한 행동 action과 그 행동을 선택해서 받은 reward를 append_sample 함수를 이용해 리스트로 저장합니다.

```
def append_sample(self, state, action, reward):
    self.states.append(state[0])
    self.rewards.append(reward)
    act = np.zeros(self.action_size)
    act[action] = 1
    self.actions.append(act)
```

에피소드가 끝나면 에이전트는 그레이디언트 gradient 를 계산합니다. 그 전에 discount_rewards 함수를 호출해서 rewards 리스트로부터 반환값을 계산합니다.

```
def discount_rewards(self, rewards):
    discounted_rewards = np.zeros_like(rewards)
    running_add = 0
    for t in reversed(range(0, len(rewards))):
        running_add = running_add * self.discount_factor + rewards[t]
        discounted_rewards[t] = running_add
    return discounted_rewards
```

계산 방법은 다음과 같습니다. 만약 에이전트가 타임스텝 6까지 진행하고 에피소드가 끝났을 경우를 예를 들어 설명하겠습니다. 처음 반환값을 설명할 때 수식 5.25와 같이 반환값을 계산한다고 했습니다. 반환값은 에피소드 동안 지나온 모든 상태에 대해 각각 계산합니다.

$$
\begin{gathered}
G_1 = R_2 + \gamma R_3 + \gamma^2 R_4 + \gamma^3 R_5 + \gamma^4 R_6 \\
G_2 = R_3 + \gamma R_4 + \gamma^2 R_5 + \gamma^3 R_6 \\
G_3 = R_4 + \gamma R_5 + \gamma^2 R_6 \\
G_4 = R_5 + \gamma R_6 \\
G_5 = R_6
\end{gathered}
$$

수식 5.25 받은 보상들의 정산: 반환값

실제로 코드에서 반환값을 계산할 때는 좀 더 효율적인 방법을 사용할 수 있습니다. 수식 5.26과 같이 거꾸로 계산하며 계산해놓은 반환값을 이용하는 방법입니다.

$$G_5 = R_6$$
$$G_4 = R_5 + \gamma G_5$$
$$G_3 = R_4 + \gamma G_4$$
$$G_2 = R_3 + \gamma G_3$$
$$G_1 = R_2 + \gamma G_2$$

수식 5.26 효율적인 반환값 계산 방법

코드로 표현하면 아래와 같습니다. discounted_rewards가 결국 반환값으로 함수의 출력이 됩니다.

```
for t in reversed(range(0, len(rewards))):
    running_add = running_add * self.discount_factor + rewards[t]
    discounted_rewards[t] = running_add
```

반환값을 계산했으므로 계산한 반환값을 이용해 오류함수를 계산할 수 있습니다. 그 다음 오류함수에 대해 그레이디언트를 구해 정책신경망을 업데이트합니다.

정책신경망을 업데이트하는 코드는 train_model입니다. 에이전트는 에피소드가 끝날 때마다 train_model 함수를 호출하고 discounted_rewards 함수를 통해 반환값을 구합니다. 위에서 계산한 반환값을 통해 오류함수를 구하고 그다음 가중치를 얼마나 업데이트할지 구합니다. 코드를 부분별로 살펴보겠습니다.

```
def train_model(self):
    discounted_rewards = np.float32(self.discount_rewards(self.rewards))
    discounted_rewards -= np.mean(discounted_rewards)
    discounted_rewards /= np.std(discounted_rewards)

    # 크로스 엔트로피 오류함수 계산
    model_params = self.model.trainable_variables
    with tf.GradientTape() as tape:
        tape.watch(model_params)
        policies = self.model(np.array(self.states))
```

```
        actions = np.array(self.actions)
        action_prob = tf.reduce_sum(actions * policies, axis=1)
        cross_entropy = - tf.math.log(action_prob + 1e-5)
        loss = tf.reduce_sum(cross_entropy * discounted_rewards)
        entropy = - policies * tf.math.log(policies)

    # 오류함수를 줄이는 방향으로 모델 업데이트
    grads = tape.gradient(loss, model_params)
    self.optimizer.apply_gradients(zip(grads, model_params))
    self.states, self.actions, self.rewards = [], [], []
    return np.mean(entropy)
```

discount_rewards 함수를 통해 반환값을 구하는 부분입니다. 구한 반환값은 그대로 사용하지 않고 평균과 표준편차를 통해 정규화합니다. 정규화 작업을 하면 정책신경망의 업데이트 성능이 좋아집니다.

```
discounted_rewards = np.float32(self.discount_rewards(self.rewards))
discounted_rewards -= np.mean(discounted_rewards)
discounted_rewards /= np.std(discounted_rewards)
```

다음 코드가 수식 5.27로 표현되는 오류함수를 구하는 부분입니다.

```
model_params = self.model.trainable_variables
with tf.GradientTape() as tape:
    tape.watch(model_params)
    policies = self.model(np.array(self.states))
    actions = np.array(self.actions)
    action_prob = tf.reduce_sum(actions * policies, axis=1)
    cross_entropy = - tf.math.log(action_prob + 1e-5)
    loss = tf.reduce_sum(cross_entropy * discounted_rewards)
    entropy = - policies * tf.math.log(policies)
```

$$\nabla_\theta \log \pi_\theta(a \mid s) G_t$$

수식 5.27 네트워크를 업데이트하기 위한 오류함수

이 코드에서 중요한 점은 세 가지가 있습니다.

첫 번째는 수식 5.27에서 반환값 G_t가 θ의 함수가 아니기 때문에 수식 5.28처럼 그레이디언트 ∇_θ의 괄호 안으로 집어넣을 수 있다는 것입니다. 이렇게 해도 식은 동일합니다.

$$\nabla_\theta [\log \pi_\theta (a \mid s) G_t]$$

수식 5.28 네트워크를 업데이트하기 위한 오류함수

수식 5.28과 같이 변형하면 오류함수가 무엇인지 명확하게 알 수 있습니다. $\log \pi_\theta (a \mid s) G_t$가 정책신경망의 업데이트 목표가 되는 오류함수입니다.

두 번째는 오류함수의 의미입니다. 이 의미를 알려면 크로스 엔트로피 cross entropy 라는 오류함수를 알아야 합니다. 크로스 엔트로피는 MSE와 같이 지도학습에서 많이 사용되는 오류함수입니다. 크로스 엔트로피는 엔트로피의 변형이기 때문에 엔트로피의 정의를 먼저 살펴보겠습니다. 엔트로피의 통계학적 정의는 수식 5.29와 같으며 p_i는 i번째 사건이 일어날 확률입니다.

$$\text{엔트로피} = -\sum_i p_i \log p_i$$

수식 5.29 엔트로피의 정의[11]

크로스 엔트로피는 엔트로피를 약간 변형해서 수식 5.30과 같이 표현할 수 있습니다. 크로스 엔트로피라는 말이 어려울 수도 있지만 결국 이 식이 의미하는 것은 y_i와 p_i의 값이 얼마나 서로 비슷한가입니다. 두 값이 가까워질수록 전체 식의 값은 줄어들어서 y_i와 p_i가 같아지면 식의 값은 최소가 됩니다. 지도학습에서 보통 y_i는 정답을 사용하기 때문에 현재 예측 값이 얼마나 정답과 가까운지를 나타내게 됩니다. 따라서 오류함수로 사용이 가능한 것입니다.

$$\text{크로스 엔트로피} = -\sum_i y_i \log p_i$$

수식 5.30 크로스 엔트로피

이 오류함수의 값이 줄어들수록 p_i가 y_i로 다가가서 결국은 정답을 선택할 확률을 100%로 만드는 것이 목표입니다. 다음 코드를 잘 보면 크로스 엔트로피를 나타낸다는 것을 알 수 있습니다. actions는 크기가 행동의 종류 수만큼이고 실제로 한 행동만 1이 되는 원-핫 벡터 one-hot vector 입니다. 따라서 policies와 actions를 곱하면 에이전트가 실제로 한 행동에 해당하는 확률값을 구할 수 있습니다. 이 연산을 통해 에이전트가 에피소드 동안 한 행동들에 대한 확률값을 구할 수 있습니다.

```
policies = self.model(np.array(self.states))
actions = np.array(self.actions)
action_prob = tf.reduce_sum(actions * policies, axis=1)
cross_entropy = - tf.math.log(action_prob + 1e-5)
```

이 코드가 의미하는 바는 지도학습의 정답 대신 실제로 선택한 행동을 정답으로 두겠다는 것입니다. 실제로 선택한 행동을 정답으로 뒀을 때 크로스 엔트로피는 수식 5.31과 같습니다.

$$\text{크로스 엔트로피} = -\sum_i y_i \log p_i \rightarrow -\log p_{action}$$

수식 5.31 폴리시 그레이디언트의 크로스 엔트로피

따라서 다음 코드와 같이 action_prob에 log를 취하면 수식 5.31로 표현되는 크로스 엔트로피를 구하는 것입니다.

```
cross_entropy = - tf.math.log(action_prob + 1e-5)
```

이 오류함수를 통해 정책신경망을 업데이트하면 무조건 실제로 선택한 행동을 더 선택하는 방향으로 업데이트할 것입니다. 하지만 그것은 우리가 원하는 바가 아닙니다. 실제로 선택한 행동이 부정적 보상을 받게 했다면 그 행동을 선택할 확률을 낮춰야 합니다.

그런 정보를 제공하는 것이 반환값입니다. 즉, 오류 역전파를 통해 크로스 엔트로피를 줄이는 방향의 가중치 업데이트 값이 구해지면 그 업데이트 값이 행동의 좋고 나쁨의 정보를 가지고 있는 반환값과 곱해집니다. 그렇게 구한 새로운 그레이디언트로 정책신경망이 업데이트됩니다. 크로스 엔트로피에 반환값을 곱하는 코드는 다음과 같습니다. 이때 loss가 최종 오류함수가 됩니다.

```
loss = tf.reduce_sum(cross_entropy * discounted_rewards)
```

이를 그림으로 나타내면 그림 5.31과 같습니다.

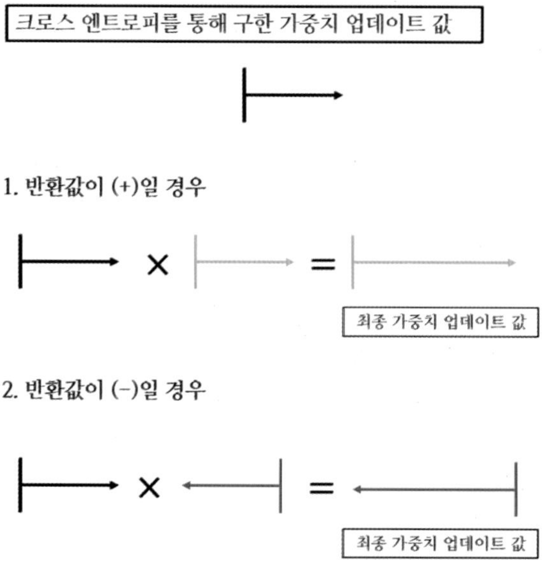

그림 5.31 REINFORCE 알고리즘에서 가중치 업데이트 값을 구하는 과정

세 번째는 REINFORCE 알고리즘이 정책신경망을 업데이트하는 방식은 경사하강법이 아니고 경사상승법이라는 것입니다. 수식 5.32를 보면 $\log \pi_\theta(a \mid s) G_t$의 경사를 계산해서 올라가야 하지만 거꾸로 $-\log \pi_\theta(a \mid s) G_t$의 경사를 계산해서 내려가도 결국 똑같은 방향으로 정책신경망은 업데이트됩니다.

$$\theta_{t+1} \approx \theta_t + \alpha [\nabla_\theta \log \pi_\theta(a \mid s) G_t] = \theta_t - \alpha [\nabla_\theta (-\log \pi_\theta(a \mid s) G_t)]$$

수식 5.32 REINFORCE의 업데이트 식

경사하강법으로는 Adam을 사용하며 loss를 통해 각 가중치를 업데이트하는 코드는 다음과 같습니다.

```
grads = tape.gradient(loss, model_params)
self.optimizer.apply_gradients(zip(grads, model_params))
```

main 루프를 보면 에이전트가 어떻게 학습하는지 더 확실하게 알 수 있습니다. 다음은 train.py 코드의 메인 루프입니다. 지금까지 설명한 대로 에피소드 동안은 에이전트가 정책신경망을 통해 행동을 선택하고 에피소드가 끝날 때마다 학습하는 것을 볼 수 있습니다. train_model에서는 entropy를 반환하는데, 그 정확한 개념은 뒤에서 설명할 것입니다. 이 값은 현재 모델이 얼마나 모험을 하고 있는지 간접적으로 알려줍니다.

```
if __name__ == "__main__":
    # 환경과 에이전트 생성
    env = Env(render_speed=0.01)
    state_size = 15
    action_space = [0, 1, 2, 3, 4]
    action_size = len(action_space)
    agent = REINFORCEAgent(state_size, action_size)

    scores, episodes = [], []

    EPISODES = 200
    for e in range(EPISODES):
        done = False
        score = 0
        # env 초기화
        state = env.reset()
        state = np.reshape(state, [1, state_size])

        while not done:
            # 현재 상태에 대한 행동 선택
            action = agent.get_action(state)

            # 선택한 행동으로 환경에서 한 타임스텝 진행 후 샘플 수집
            next_state, reward, done = env.step(action)
            next_state = np.reshape(next_state, [1, state_size])

            agent.append_sample(state, action, reward)
            score += reward
```

```
            state = next_state

            if done:
                # 에피소드마다 정책신경망 업데이트
                entropy = agent.train_model()
```

REINFORCE의 실행 및 결과

reinforce_agent.py를 실행하면 그림 5.32처럼 에이전트가 탐험을 시작합니다.

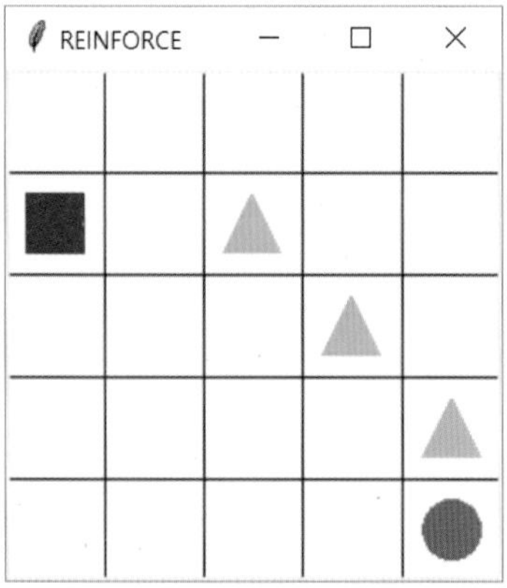

그림 5.32 reinforce_agent.py의 실행 화면

에이전트가 학습을 시작하면 그림 5.33과 같은 로그가 출력됩니다.

```
episode:   0 | score: -10 | entropy: 0.283
episode:   1 | score:  -5 | entropy: 0.281
episode:   2 | score:  -2 | entropy: 0.300
episode:   3 | score: -18 | entropy: 0.276
episode:   4 | score:  -3 | entropy: 0.276
episode:   5 | score:   0 | entropy: 0.290
episode:   6 | score: -10 | entropy: 0.270
episode:   7 | score:  -6 | entropy: 0.270
episode:   8 | score:  -1 | entropy: 0.269
episode:   9 | score:  -2 | entropy: 0.275
episode:  10 | score:   1 | entropy: 0.276
```

그림 5.33 reinforce_agent.py의 로그 출력

REINFORCE는 딥살사 에이전트와는 달리 ε-탐욕 정책을 사용하지 않기 때문에 ε에 대한 정보는 출력하지 않습니다. 대신 ε-탐욕 정책을 사용하지 않기 때문에 지속적인 탐험을 에이전트가 하기 어렵습니다. 초반에 에이전트는 초록색 세모에 많이 부딪히는데, 이때 에이전트는 초록색 세모에 부딪히지 않도록 학습합니다. 따라서 에이전트는 시작점에서 움직이지 않게 되고 목표였던 파란색 동그라미로 갈 방법이 없어집니다.

이러한 문제를 해결하고자 타임스텝마다 (-0.1)의 보상을 에이전트에게 주었습니다. 따라서 에이전트는 가만히 시작점에 머무는 행동이 좋은 행동이 아닌 것임을 알게 되고 에피소드를 끝내줄 파란색 동그라미를 찾아 탐험하게 됩니다.

그림 5.34는 100 에피소드를 진행했을 때의 에피소드-점수의 그래프와 500 에피소드를 진행했을 때의 에피소드-점수 그래프입니다. 딥살사 때와는 다르게 수렴하는 점수의 값이 1이 아닌데 그 이유는 타임스텝마다 (-0.1)의 보상을 받기 때문입니다.

〈100 에피소드〉

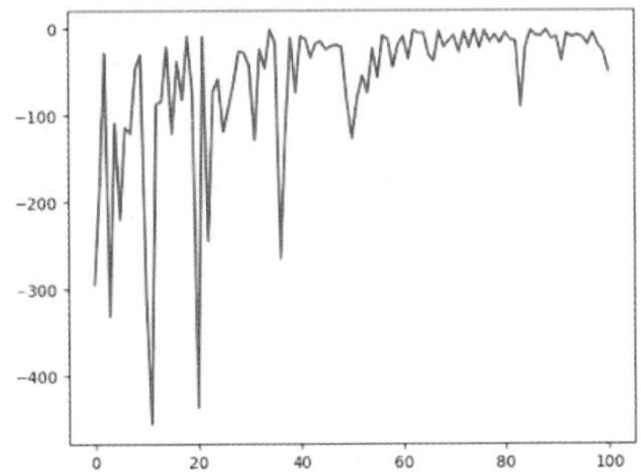

〈500 에피소드〉

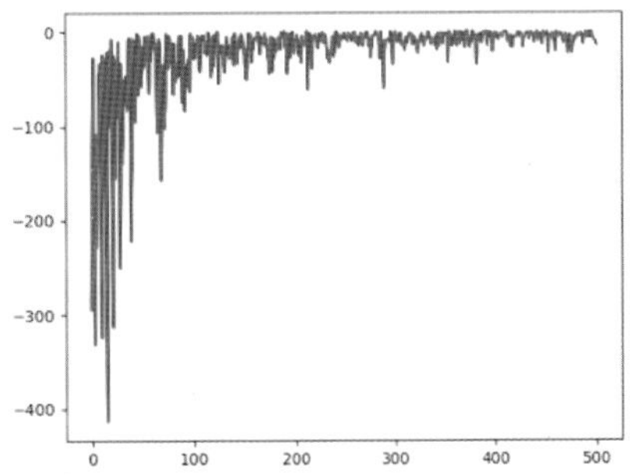

그림 5.34 REINFORCE의 학습 과정을 보여주는 그래프

정리

근사함수

계산 복잡도와 차원의 저주 문제를 해결하려면 큐함수를 테이블로 저장하는 것이 아니고 근사함수로 근사해야 합니다. 근사함수를 사용하면 정확하지 않더라도 훨씬 적은 메모리를 사용하고 큐함수를 비교적 정확하게 표현할 수 있습니다.

인공신경망

근사함수의 한 종류인 인공신경망은 사람의 뇌를 간단하게 모방한 모델입니다. 각 노드는 층을 쌓는 구조로 하나의 모델을 형성하며 인공신경망은 오류 역전파로 학습합니다.

인공신경망 라이브러리: 케라스

케라스는 텐서플로를 백엔드로 사용하는 딥러닝 프레임워크입니다. 케라스를 이용하면 간단하게 레고를 쌓듯이 층을 쌓아서 인공신경망을 생성할 수 있습니다. 또한 optimizer 함수를 통해 인공신경망을 업데이트합니다.

딥살사

인공신경망으로 큐함수를 근사하고 근사한 큐함수를 살사 업데이트 방식으로 업데이트하는 것이 딥살사입니다. 이때 인공신경망의 입력은 상태이며 출력은 큐함수입니다.

폴리시 그레이디언트

인공신경망으로 정책을 근사하고 목표함수의 기울기를 따라 정책신경망을 업데이트하는 것이 폴리시 그레이디언트입니다. 그중에서도 반환값을 업데이트의 기준으로 사용하는 것이 REINFORCE 알고리즘입니다.

6장

강화학습 심화 2: 카트폴

강화학습을 공부하기 위해서 가장 필요한 것 중 하나가 에이전트를 학습시킬 수 있는 환경입니다. 오픈에이아이는 짐이라는 환경을 통해 강화학습을 적용시킬 수 있는 여러 환경을 제공합니다. 그중에서도 가장 기본적인 예제인 카트폴에 여러 가지 강화학습 알고리즘을 적용해보겠습니다. 같은 환경에 여러 가지 다른 알고리즘을 적용하면서 각 알고리즘의 장점과 단점을 알아보겠습니다.

딥마인드 논문에서 소개한 DQN 알고리즘은 딥살사와 달리 큐러닝의 큐함수 업데이트 방법을 사용합니다. DQN 알고리즘에서는 이를 가능하게 하기 위해 경험 리플레이를 사용합니다.

또한 REINFORCE 알고리즘의 발전된 형태인 액터-크리틱은 에피소드마다 학습해야 했던 REINFORCE 알고리즘을 타임스텝마다 학습할 수 있게 해줍니다.

알고리즘 1: DQN

카트폴 예제의 정의

오픈에이아이 짐이 사용하고 있는 카트폴 예제는 AG Barto의 논문[12]에 소개돼 있습니다. RLCode의 깃허브 저장소에서 wiki 폴더에 있는 설치 부분에서 오픈에이아이 짐을 설치할 때는 카트폴Cartpole을 실행만 해봤습니다. 본격적으로 카트폴을 학습시키기 전에 이 예제의 정의에 대해 알아보겠습니다.

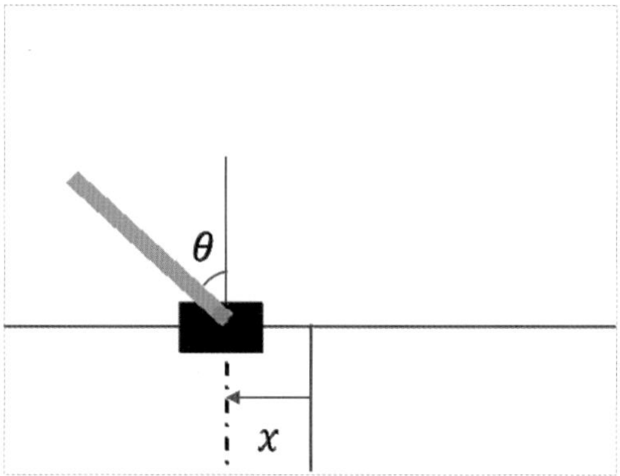

그림 6.1 카트폴 예제의 정의

그림 6.1에서 검은색 사각형이 카트cart이고 황색 막대가 폴pole입니다. 카트는 검은색 수평선을 따라 마찰 없이 자유롭게 왔다 갔다 할 수 있습니다. 폴은 카트에 핀으로 연결돼 있는데 이 핀을 축으로 자유롭게 회전할 수 있습니다. 이 두 개가 연결돼 있기 때문에 카트폴이라고 부릅니다.

에이전트는 이 카트에 왼쪽 혹은 오른쪽으로 일정한 크기의 힘을 가할 수 있습니다. 이 예제에서는 이 힘의 크기가 정해져 있습니다. 에이전트가 해야 할 일은 폴이 쓰러

12 AG Barto, RS Sutton and CW Anderson, "Neuronlike Adaptive Elements That Can Solve Difficult Learning Control Problem", IEEE Transactions on Systems, Man, and Cybernetics, 1983

지지 않도록 카트를 움직이는 것입니다. 사람이 막대를 손가락으로 세우면서 균형을 유지하는 것을 생각하면 에이전트가 무엇을 하려는지 이해할 수 있을 것입니다.

오픈에이아이 짐에서는 카트폴의 폴을 5초 동안 세우고 있는 것이 목표입니다. 중간에 폴이 일정 각도 이상으로 떨어지거나 화면을 벗어나면 에피소드가 끝납니다. 따라서 폴이 일정 각도 이상을 떨어지지 않게 하면서 화면에서 벗어나지 않는 것을 에이전트가 학습해야 합니다.

에이전트가 이 목표를 이루기 위해서 이용할 수 있는 정보는 네 가지입니다. 그림 6.1에 표시돼 있듯이 카트의 수평선 상의 위치 x와 속도 $\dot{x}$, 그리고 폴의 수직선으로부터 기운 각도 θ와 각속도 $\dot{\theta}$입니다. 이 네 가지 정보가 수식 6.1과 같이 현재 에이전트의 상태가 되는 것입니다.

$$\text{에이전트의 상태} = \begin{bmatrix} x \\ \dot{x} \\ \theta \\ \dot{\theta} \end{bmatrix}$$

수식 6.1 에이전트 상태의 정의

상태의 네 가지 성분은 모두 float 자료형입니다. 따라서 실질적으로 에이전트의 상태를 테이블의 형태로 만들어서 학습할 수 없습니다. 만약 가치 기반 강화학습으로 에이전트를 학습시키려는 경우에는 큐함수를 근사하는 함수를 사용해야 합니다. 그리드월드 예제 중 장애물이 움직이는 예제에서와 같이 큐함수를 인공신경망으로 근사할 수 있습니다.

DQN 이론

DQN이라는 알고리즘은 2013년 딥마인드가 "Playing Atari with Deep Reinforcement Learning"[13]이라는 논문에서 소개했습니다. 그리드월드 예제에서 사용했던 딥살사에서는 온폴리시 알고리즘인 살사를 이용해 학습했습니다. 오프폴리시 알고리즘인 큐러닝과 인공신경망도 이와 같이 사용할 수 있을까요? 큐러닝과 인공신경망을 함께 사용하려면 딥살사 때와는 다른 장치가 필요합니다. 이 장치로서 사용하는 것이 경험 리플레이Experience Replay 입니다.

경험 리플레이라는 아이디어는 에이전트가 환경에서 탐험하며 얻는 샘플 (s, a, r, s')을 메모리에 저장한다는 것입니다. 샘플을 저장하는 메모리는 리플레이 메모리Replay Memory 라고 합니다. 에이전트가 학습할 때는 리플레이 메모리에서 여러 개의 샘플을 무작위로 뽑아서 뽑은 샘플에 대해 인공신경망을 업데이트합니다. 이 과정을 매 타임스텝마다 반복합니다. 이 과정은 그림 6.2와 같습니다.

리플레이 메모리는 크기가 정해져 있어서 일단 메모리가 꽉 차면 제일 처음에 들어온 샘플부터 메모리에서 삭제합니다. 에이전트가 학습을 해서 점점 높은 점수를 받게 되면 더 좋은 샘플들이 리플레이 메모리에 저장됩니다.

---

13 Mnih, Volodymyr, Kavukcuoglu, Koray, Silver, David, Graves, Alex, Antonoglou, Ioannis, Wierstra, Daan, and Riedmiller, Martin. "Playing atari with deep reinforcement learning", In NIPS Deep Learning Workshop, 2013

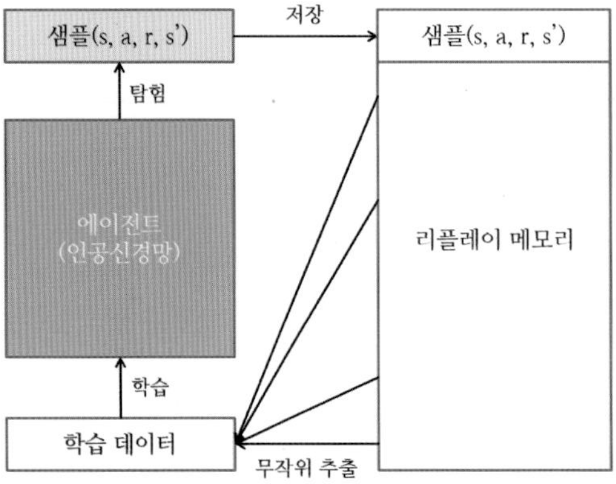

그림 6.2 리플레이 메모리를 이용한 인공신경망의 학습

경험 리플레이를 이용하면 샘플 간의 상관관계를 없앨 수 있습니다. 딥살사와 같은 온폴리시 알고리즘을 사용하면 단점이 있습니다. 살사와 큐러닝의 비교에서 살펴봤듯이 에이전트가 안 좋은 상황에 빠져버리면 그 상황에 맞게 학습된다는 것입니다.

매 타임스텝마다 인공신경망을 업데이트한다면 안 좋은 상황이 지속될 경우 인공신경망이 그 방향으로 계속 업데이트될 것입니다. 이 경우 정작 좋은 상황에 대해 학습을 못 할 수도 있습니다. 하지만 리플레이 메모리를 사용할 경우 학습에 사용하는 샘플들은 서로 시간적인 상관관계가 없으므로 그러한 일이 발생하지 않습니다.

또한 샘플 하나로 인공신경망을 업데이트하는 것이 아니라 리플레이 메모리에서 추출한 여러 개의 샘플을 통해 인공신경망을 업데이트하므로 학습이 안정적입니다. 여러 개의 데이터에서 그레이디언트를 구하면 하나의 데이터에서 그레이디언트를 구할 때보다 그레이디언트 값 자체의 변화가 줄어들어서 인공신경망이 좀 더 안정적으로 업데이트될 수 있습니다.

경험 리플레이 자체가 지금 에이전트가 경험하고 있는 상황 현재 정책으로부터 발생한 상황 이 아닌 다양한 과거의 상황 이전의 정책으로부터 발생한 상황 으로부터 학습하기 때문에 오프폴리시 알고리즘이 적합합니다. 따라서 오프폴리시 알고리즘인 큐러닝 알고리즘을 경험 리플레이 메모리와 함께 사용하는 것입니다.

DQN의 또 한 가지 특징은 타깃신경망target network 을 사용한다는 것입니다. 경험 리플레이를 사용하는 에이전트는 매 타임스텝마다 리플레이 메모리에서 샘플을 배치로 추출해서 학습에 사용합니다. 큐러닝에서 큐함수를 업데이트하는 식은 수식 6.2와 같습니다.

$$Q(S_t, A_t) \leftarrow Q(S_t, A_t) + \alpha\left(R_{t+1} + \gamma \max_{a'} Q(S_{t+1}, a') - Q(S_t, A_t)\right)$$

수식 6.2 큐러닝의 큐함수 업데이트 식

딥살사에서와 같이 DQN에서도 오류함수로 MSE를 사용합니다. DQN 에이전트가 학습에 사용하는 오류함수는 수식 6.3과 같습니다. 이 오류함수를 최소로 하는 방향으로 인공신경망이 업데이트됩니다.

$$\text{MSE} = (\text{정답} - \text{예측})^2 = \left(R_{t+1} + \gamma \max_{a'} Q(s', a', \theta) - Q(s, a, \theta)\right)^2$$

수식 6.3 DQN의 오류함수

부트스트랩의 문제점은 업데이트의 목표가 되는 정답이 계속 변한다는 것입니다. 그런데 정답을 내는 인공신경망 자체도 계속 업데이트되면 부트스트랩의 문제점은 더 심해질 것입니다. 이를 방지하기 위해 정답을 만들어내는 인공신경망을 일정 시간 동안 유지합니다. 타깃신경망을 따로 만들어서 타깃신경망에서 정답에 해당하는 값을 구합니다. 구한 정답을 통해 다른 인공신경망을 계속 학습시키며 타깃신경망은 일정한 시간 간격마다 그 인공신경망으로 업데이트합니다.

오류함수 수식에서는 이를 구분하기 위해 타깃신경망은 θ^-를 매개변수로 갖는 것으로 표현하고 인공신경망은 θ를 매개변수로 갖는 것으로 표현합니다.

$$\text{MSE} = (\text{정답} - \text{예측})^2 = (R_{t+1} + \gamma \max_{a'} Q(S_{t+1}, a', \theta^-) - Q(S_t, A_t, \theta))^2$$

수식 6.4 타깃 네트워크를 이용한 DQN 오류함수의 정의

딥마인드 논문에서 소개된 DQN 알고리즘은 고전 게임인 아타리 게임에 적용된 것으로, 게임 화면으로 학습하는 알고리즘입니다. 화면으로 학습하기 위해서는 화면 또는 이미지가 입력으로 들어와야 하며, 따라서 이미지에 최적화된 CNN Convolutional Neural Network 을 사용합니다. 하지만 카트폴에서는 화면으로 학습하지 않기 때문에 딥살사에서와 같은 간단한 인공신경망을 사용할 것입니다. CNN은 다음 장에서 설명하겠습니다.

DQN 코드 설명

카트폴의 DQN 코드는 RLCode의 깃허브 저장소에서 "2-cart pole/1-dqn"에 들어 있습니다. 이 코드는 딥마인드의 DQN을 카트폴 문제에 맞게 변형한 것입니다. 먼저 학습하는 코드인 train.py의 전체를 보여드리겠습니다.

```
import os
import sys
import gym
import pylab
import random
import numpy as np
from collections import deque
import tensorflow as tf
from tensorflow.keras.layers import Dense
from tensorflow.keras.optimizers import Adam
from tensorflow.keras.initializers import RandomUniform
```

```
# 상태가 입력, 큐함수가 출력인 인공신경망 생성
class DQN(tf.keras.Model):
  def __init__(self, action_size):
      super(DQN, self).__init__()
      self.fc1 = Dense(24, activation='relu')
      self.fc2 = Dense(24, activation='relu')
      self.fc_out = Dense(action_size,
                          kernel_initializer=RandomUniform(-1e-3, 1e-3))

  def call(self, x):
      x = self.fc1(x)
      x = self.fc2(x)
      q = self.fc_out(x)
      return q


# 카트폴 예제에서의 DQN 에이전트
class DQNAgent:
  def __init__(self, state_size, action_size):
      self.render = False

      # 상태와 행동의 크기 정의
      self.state_size = state_size
      self.action_size = action_size

      # DQN 하이퍼파라미터
      self.discount_factor = 0.99
      self.learning_rate = 0.001
      self.epsilon = 1.0
      self.epsilon_decay = 0.999
      self.epsilon_min = 0.01
      self.batch_size = 64
      self.train_start = 1000

      # 리플레이 메모리, 최대 크기 2000
      self.memory = deque(maxlen=2000)

      # 모델과 타깃 모델 생성
      self.model = DQN(action_size)
```

```
        self.target_model = DQN(action_size)
        self.optimizer = Adam(lr=self.learning_rate)

        # 타깃 모델 초기화
        self.update_target_model()

    # 타깃 모델을 모델의 가중치로 업데이트
    def update_target_model(self):
        self.target_model.set_weights(self.model.get_weights())

    # 입실론 탐욕 정책으로 행동 선택
    def get_action(self, state):
        if np.random.rand() <= self.epsilon:
            return random.randrange(self.action_size)
        else:
            q_value = self.model(state)
            return np.argmax(q_value[0])

    # 샘플 <s, a, r, s'>을 리플레이 메모리에 저장
    def append_sample(self, state, action, reward, next_state, done):
        self.memory.append((state, action, reward, next_state, done))

    # 리플레이 메모리에서 무작위로 추출한 배치로 모델 학습
    def train_model(self):
        if self.epsilon > self.epsilon_min:
            self.epsilon *= self.epsilon_decay

        # 메모리에서 배치 크기만큼 무작위로 샘플 추출
        mini_batch = random.sample(self.memory, self.batch_size)

        states = np.array([sample[0][0] for sample in mini_batch])
        actions = np.array([sample[1] for sample in mini_batch])
        rewards = np.array([sample[2] for sample in mini_batch])
        next_states = np.array([sample[3][0] for sample in mini_batch])
        dones = np.array([sample[4] for sample in mini_batch])

        # 학습 파라미터
        model_params = self.model.trainable_variables
        with tf.GradientTape() as tape:
```

```
            # 현재 상태에 대한 모델의 큐함수
            predicts = self.model(states)
            one_hot_action = tf.one_hot(actions, self.action_size)
            predicts = tf.reduce_sum(one_hot_action * predicts, axis=1)

            # 다음 상태에 대한 타깃 모델의 큐함수
            target_predicts = self.target_model(next_states)
            target_predicts = tf.stop_gradient(target_predicts)

            # 벨만 최적 방정식을 이용한 업데이트 타깃
            max_q = np.amax(target_predicts, axis=-1)
            targets = rewards + (1 - dones) * self.discount_factor * max_q
            loss = tf.reduce_mean(tf.square(targets - predicts))

        # 오류함수를 줄이는 방향으로 모델 업데이트
        grads = tape.gradient(loss, model_params)
        self.optimizer.apply_gradients(zip(grads, model_params))


if __name__ == "__main__":
    # CartPole-v1 환경, 최대 타임스텝 수가 500
    env = gym.make('CartPole-v1')
    state_size = env.observation_space.shape[0]
    action_size = env.action_space.n

    # DQN 에이전트 생성
    agent = DQNAgent(state_size, action_size)

    scores, episodes = [], []
    score_avg = 0

    num_episode = 300
    for e in range(num_episode):
        done = False
        score = 0
        # env 초기화
        state = env.reset()
        state = np.reshape(state, [1, state_size])
```

```
        while not done:
            if agent.render:
                env.render()

            # 현재 상태로 행동을 선택
            action = agent.get_action(state)
            # 선택한 행동으로 환경에서 한 타임스텝 진행
            next_state, reward, done, info = env.step(action)
            next_state = np.reshape(next_state, [1, state_size])

            # 타임스텝마다 보상 0.1, 에피소드가 중간에 끝나면 -1 보상
            score += reward
            reward = 0.1 if not done or score == 500 else -1

            # 리플레이 메모리에 샘플 <s, a, r, s'> 저장
            agent.append_sample(state, action, reward, next_state, done)
            # 타임스텝마다 학습
            if len(agent.memory) >= agent.train_start:
                agent.train_model()

            state = next_state

            if done:
                # 각 에피소드마다 타깃 모델을 모델의 가중치로 업데이트
                agent.update_target_model()
                # 에피소드마다 학습 결과 출력
                score_avg = 0.9 * score_avg + 0.1 * score if score_avg != 0 else score
                print("episode: {:3d} | score avg: {:3.2f} | memory length: {:4d} | ep-
silon: {:.4f}".format(
                      e, score_avg, len(agent.memory), agent.epsilon))

                # 에피소드마다 학습 결과 그래프로 저장
                scores.append(score_avg)
                episodes.append(e)
                pylab.plot(episodes, scores, 'b')
                pylab.xlabel("episode")
                pylab.ylabel("average score")
                pylab.savefig("./save_graph/graph.png")
```

```
            # 이동 평균이 400 이상일 때 종료
            if score_avg > 400:
                agent.model.save_weights("./save_model/model", save_format="tf")
                sys.exit()
```

카트폴 DQN의 에이전트 클래스의 이름은 DQNAgent입니다. 에이전트를 생성하고 환경을 불러오는 코드만 보면 다음과 같습니다.

```
import gym

class DQNAgent:
    def __init__(self, state_size, action_size):
        pass

if __name__ == "__main__":
    env = gym.make('CartPole-v1')

    state_size = env.observation_space.shape[0]
    action_size = env.action_space.n

    agent = DQNAgent(state_size, action_size)
```

오픈에이아이 짐을 사용하려면 import gym이라고 코드의 맨 위에서 선언해야 합니다. 에이전트가 학습할 예제가 카트폴이므로 gym.make() 안에 'CartPole-v1'을 넣습니다. v1이라는 것은 버전 1이라는 의미로 500 타임스텝이 최대로 플레이하는 시간인 카트폴 예제라는 것입니다. 참고로 v0는 200 타임스텝이 최대인 예제입니다.

gym.make를 통해 환경을 env 객체로 선언했으면 그 객체로부터 환경의 정보를 가져올 수 있습니다. 에이전트가 인공신경망을 생성하는 데 필요한 상태와 행동의 크기를 다음 코드로 가져옵니다.

```
state_size = env.observation_space.shape[0]
action_size = env.action_space.n
```

상태와 행동의 크기를 환경으로부터 얻었으면 그 정보를 통해 다음 코드에서 에이전트 객체를 생성합니다.

```
agent = DQNAgent(state_size, action_size)
```

이제 DQNAgent 클래스에 어떤 함수가 필요한지 알기 위해 에이전트가 환경과 어떻게 상호작용하는지 먼저 살펴보겠습니다. 에이전트는 다음과 같은 순서로 환경과 상호작용합니다.

1. 상태에 따른 행동 선택
2. 선택한 행동으로 환경에서 한 타임스텝을 진행
3. 환경으로부터 다음 상태와 보상을 받음
4. 샘플(s, a, r, s')을 리플레이 메모리에 저장
5. 리플레이 메모리에서 무작위 추출한 샘플로 학습
6. 에피소드마다 타깃 모델 업데이트

1번에서 상태에 따라 행동을 선택하려면 상태를 입력으로 받아 큐함수를 출력으로 내보낼 모델이 필요합니다. 모델을 정의하는 클래스는 DQN이고 다음 코드와 같습니다.

```
class DQN(tf.keras.Model):
    def __init__(self, action_size):
        super(DQN, self).__init__()
        self.fc1 = Dense(24, activation='relu')
        self.fc2 = Dense(24, activation='relu')
        self.fc_out = Dense(action_size,
                            kernel_initializer=RandomUniform(-1e-3, 1e-3))
```

```
def call(self, x):
    x = self.fc1(x)
    x = self.fc2(x)
    q = self.fc_out(x)
    return q
```

모델을 생성하는 위 코드에서는 세 가지를 살펴봐야 합니다.

1. action_size: 모델의 출력이 큐함수이기 때문에 모델의 마지막 층의 크기는 행동의 개수가 되어야 합니다.
2. kernel_initializer: 딥살사 코드에서 모델을 생성할 때는 따로 모델의 가중치 초기화를 신경 쓰지 않았습니다. 인공신경망의 각 가중치는 학습을 시작하기 전에 초깃값을 가지고 있습니다. 인공신경망 학습에서는 가중치의 초깃값을 어떻게 설정하는지가 중요합니다. 특히 마지막 층의 가중치를 잘 초기화하는 것이 중요합니다. RandomUniform 함수를 통해 특정 범위 안에서 무작위로 수를 뽑아서 가중치를 초기화합니다. 모델의 출력이 큐함수이기 때문에 처음에는 각 행동에 대한 큐함수가 거의 차이 없는 것이 좋습니다. 따라서 작은 범위 내에서 가중치를 초기화합니다. 가중치 초기화에 대해서는 케라스 설명서[14]를 참고하기 바랍니다.

처음 DQNAgent를 초기화할 때 DQN을 통해 모델을 생성합니다. DQN의 특징은 타깃신경망을 사용한다는 것입니다. 이제부터는 타깃 모델이라고 하겠습니다. 따라서 DQN 클래스를 두 번 호출해서 model과 target_model을 생성합니다. 하지만 DQN을 통해 모델을 생성할 때 가중치가 무작위 과정을 통해 초기화되기 때문에 두 모델이 같지 않습니다. 따라서 학습을 시작하기 전의 두 모델의 가중치 값을 통일해야 합니다. 그 역할을 하는 것이 update_target_model 함수입니다.

---

14 https://www.tensorflow.org/api_docs/python/tf/keras/initializers

```
self.model = DQN(action_size)
self.target_model = DQN(action_size)

self.update_target_model()
```

update_target_model은 학습을 진행하는 도중에도 target_model을 model로 업데이트하는 역할을 합니다. update_target_model의 코드는 다음과 같습니다. model로부터 가중치 값을 가져와 target_model의 가중치 값으로 설정하는 방식입니다.

```
def update_target_model(self):
    self.target_model.set_weights(self.model.get_weights())
```

이렇게 생성한 모델을 통해 에이전트는 행동을 선택할 수 있습니다. 행동을 선택할 때는 ε-탐욕 정책을 통해 행동을 선택합니다. 이 역할을 하는 함수는 get_action입니다.

```
def get_action(self, state):
    if np.random.rand() <= self.epsilon:
        return random.randrange(self.action_size)
    else:
        q_value = self.model(state)
        return np.argmax(q_value[0])
```

에이전트가 행동을 선택할 때 사용하는 ε은 처음에는 1의 값을 가집니다. 이때 에이전트는 무조건 무작위로 행동을 선택합니다. 초반에 무작위로 행동을 선택하는 것은 탐험을 하기 위해서인데 학습이 진행됨에 따라 에이전트는 모델의 예측에 따라 행동해야 합니다. 매 타임스텝마다 ε은 train_model 함수의 다음 코드에 의해 감소됩니다. 지속적인 탐험을 위해 ε을 0으로 만들지 않고 하한선인 epsilon_min을 설정했습니다.

```
if self.epsilon > self.epsilon_min:
    self.epsilon *= self.epsilon_decay
```

에이전트가 get_action 함수를 통해 얻은 행동으로 환경에서 한 타임스텝 진행하면 에이전트는 하나의 샘플을 얻을 수 있습니다. DQN은 리플레이 메모리를 사용하기 때문에 에이전트는 샘플을 메모리에 저장해야 합니다. 메모리는 DQNAgent 초기화 단계에서 다음 코드로 설정합니다. deque를 사용하면 간단히 일정한 크기를 가지는 메모리를 생성할 수 있습니다.

```
self.memory = deque(maxlen=2000)
```

append_sample 함수는 append 함수를 통해 샘플을 memory에 저장합니다.

```
def append_sample(self, state, action, reward, next_state, done):
    self.memory.append((state, action, reward, next_state, done))
```

에이전트는 매 타임스텝마다 경험한 것을 샘플로 메모리에 저장합니다. 그리고 이 메모리를 다시 매 타임스텝마다 학습에 사용합니다. DQN에서는 미니배치로 학습합니다. 메모리에서 batch_size만큼의 샘플을 무작위로 뽑아서 학습하는 함수가 train_model 함수입니다.

train_model 함수는 메인 루프에서 다음과 같은 코드로 호출됩니다. "if len(self.memory) >= agent.train_start:"라는 조건을 만족할 때 train_model() 함수를 호출합니다. 이렇게 하는 이유는 샘플링이 무작위가 되려면 메모리의 크기가 어느 정도 이상이 되어야 하기 때문입니다.

```
if len(agent.memory) >= agent.train_start:
    agent.train_model()
```

train_model 함수는 다음과 같습니다.

```
# 리플레이 메모리에서 무작위로 추출한 배치로 모델 학습
def train_model(self):
    if self.epsilon > self.epsilon_min:
        self.epsilon *= self.epsilon_decay

    # 메모리에서 배치 크기만큼 무작위로 샘플 추출
    mini_batch = random.sample(self.memory, self.batch_size)

    states = np.array([sample[0][0] for sample in mini_batch])
    actions = np.array([sample[1] for sample in mini_batch])
    rewards = np.array([sample[2] for sample in mini_batch])
    next_states = np.array([sample[3][0] for sample in mini_batch])
    dones = np.array([sample[4] for sample in mini_batch])

    # 학습 파라미터
    model_params = self.model.trainable_variables
    with tf.GradientTape() as tape:
        # 현재 상태에 대한 모델의 큐함수
        predicts = self.model(states)
        one_hot_action = tf.one_hot(actions, self.action_size)
        predicts = tf.reduce_sum(one_hot_action * predicts, axis=1)

        # 다음 상태에 대한 타깃 모델의 큐함수
        target_predicts = self.target_model(next_states)
        target_predicts = tf.stop_gradient(target_predicts)

        # 벨만 최적 방정식을 이용한 업데이트 타깃
        max_q = np.amax(target_predicts, axis=-1)
        targets = rewards + (1 - dones) * self.discount_factor * max_q
        loss = tf.reduce_mean(tf.square(targets - predicts))

    # 오류함수를 줄이는 방향으로 모델 업데이트
    grads = tape.gradient(loss, model_params)
    self.optimizer.apply_gradients(zip(grads, model_params))
```

우선 학습을 하려면 학습 데이터를 메모리에서 무작위로 추출해야 합니다. 파이썬 내장 모듈인 random의 sample 함수를 사용해서 self.batch_size만큼의 샘플을 추출합니다.

```
mini_batch = random.sample(self.memory, self.batch_size)
```

메모리에 저장할 때 state, action, reward, next_state, done을 리스트로 묶어서 저장했습니다. 학습을 위해 각각을 별도의 numpy array로 만들어줍니다.

```
states = np.array([sample[0][0] for sample in mini_batch])
actions = np.array([sample[1] for sample in mini_batch])
rewards = np.array([sample[2] for sample in mini_batch])
next_states = np.array([sample[3][0] for sample in mini_batch])
dones = np.array([sample[4] for sample in mini_batch])
```

데이터를 추출했다면 학습을 위해 오류함수를 계산해야 합니다. DQN에서 계산해야 하는 오류함수는 수식 6.5와 같습니다. 업데이트 target에 해당하는 $R_{t+1} + \gamma \max_{a'} Q(S_{t+1}, a', \theta^-)$ 부분과 모델의 예측인 $Q(S_t, A_t, \theta)$를 나눠서 구하면 됩니다.

$$MSE = (\text{정답} - \text{예측})^2 = (R_{t+1} + \gamma \max_{a'} Q(S_{t+1}, a', \theta^-) - Q(S_t, A_t, \theta))^2$$

수식 6.5 타깃신경망을 이용한 DQN 오류함수의 정의

우선 모델의 예측을 구해봅니다. states는 numpy array이기 때문에 케라스 모델의 입력으로 바로 넣을 수 있습니다. 모델의 예측 중에서 실제로 에이전트가 한 행동의 큐함수 값만 가져와야 합니다. 따라서 tf.one_hot 함수를 통해 실제로 한 행동이 1이고 나머지가 0인 원-핫 벡터를 만듭니다. 그리고 이 벡터와 모델의 예측을 곱해서 오류함수에 들어갈 예측 부분을 구합니다.

```
model_params = self.model.trainable_variables
with tf.GradientTape() as tape:
    # 현재 상태에 대한 모델의 큐함수
    predicts = self.model(states)
    one_hot_action = tf.one_hot(actions, self.action_size)
    predicts = tf.reduce_sum(one_hot_action * predicts, axis=1)
```

이제 업데이트 target 부분을 구합니다. 이 부분을 구할 때 타깃 모델을 사용하는데, 그 이유는 이전에 설명했듯이 업데이트 target을 안정시키기 위해서입니다. 다음 상태에서는 큐함수를 타깃 모델로 구하는데, 이 값은 업데이트의 목표로 사용됩니다. 따라서 학습 도중 타깃 모델이 학습되는 일이 없게 target_predicts에 tf.stop_gradient 함수를 적용합니다. 이 함수를 사용하면 target_predicts를 예측하려고 사용된 인공신경망은 업데이트되지 않습니다. DQN은 기본적으로 큐러닝의 형태로 학습하기 때문에 다음 상태의 큐함수 중에서 가장 큰 값을 가져와서 max_q로 저장합니다. 지금까지 구한 targets와 predicts를 통해 MSE 오류함수를 구합니다.

```
# 다음 상태에 대한 타깃 모델의 큐함수
target_predicts = self.target_model(next_states)
target_predicts = tf.stop_gradient(target_predicts)

# 벨만 최적 방정식을 이용한 업데이트 타깃
max_q = np.amax(target_predicts, axis=-1)
targets = rewards + (1 - dones) * self.discount_factor * max_q
loss = tf.reduce_mean(tf.square(targets - predicts))
```

오류함수를 구했다면 이전에 했던 것처럼 tape.gradient와 optimizer.apply_gradients를 통해 모델을 업데이트합니다. 이때 업데이트하는 것은 타깃 모델이 아니라 현재 모델입니다.

```
# 오류함수를 줄이는 방향으로 모델 업데이트
grads = tape.gradient(loss, model_params)
self.optimizer.apply_gradients(zip(grads, model_params))
```

이러한 함수가 DQNAgent 안에 있어야 에이전트는 환경과의 상호작용을 통해 학습할 수 있습니다. 에이전트는 환경과 다음과 같이 상호작용하며 이 내용을 바탕으로 메인 루프가 구성돼 있습니다.

1. 상태에 따른 행동 선택
2. 선택한 행동으로 환경에서 한 타임스텝을 진행
3. 환경으로부터 다음 상태와 보상을 받음
4. 샘플(s, a, r, s')을 리플레이 메모리에 저장
5. 리플레이 메모리에서 무작위 추출한 샘플로 학습
6. 에피소드마다 타깃 모델 업데이트

train.py의 메인 루프는 다음과 같습니다.

```
if __name__ == "__main__":
    # CartPole-v1 환경, 최대 타임스텝 수가 500
    env = gym.make('CartPole-v1')
    state_size = env.observation_space.shape[0]
    action_size = env.action_space.n

    # DQN 에이전트 생성
    agent = DQNAgent(state_size, action_size)

    scores, episodes = [], []
    score_avg = 0

    num_episode = 300
    for e in range(num_episode):
        done = False
        score = 0
        # env 초기화
        state = env.reset()
        state = np.reshape(state, [1, state_size])

        while not done:
            if agent.render:
```

```
            env.render()

        # 현재 상태로 행동을 선택
        action = agent.get_action(state)
        # 선택한 행동으로 환경에서 한 타임스텝 진행
        next_state, reward, done, info = env.step(action)
        next_state = np.reshape(next_state, [1, state_size])

        # 타임스텝마다 보상 0.1, 에피소드가 중간에 끝나면 -1 보상
        score += reward
        reward = 0.1 if not done or score == 500 else -1

        # 리플레이 메모리에 샘플 <s, a, r, s'> 저장
        agent.append_sample(state, action, reward, next_state, done)
        # 타임스텝마다 학습
        if len(agent.memory) >= agent.train_start:
            agent.train_model()

        state = next_state

        if done:
            # 각 에피소드마다 타깃 모델을 모델의 가중치로 업데이트
            agent.update_target_model()
            # 에피소드마다 학습 결과 출력
            score_avg = 0.9 * score_avg + 0.1 * score if score_avg != 0 else score
            print("episode: {:3d} | score avg: {:3.2f} | memory length: {:4d} | ep-
silon: {:.4f}".format(
                  e, score_avg, len(agent.memory), agent.epsilon))

            # 에피소드마다 학습 결과 그래프로 저장
            scores.append(score_avg)
            episodes.append(e)
            pylab.plot(episodes, scores, 'b')
            pylab.xlabel("episode")
            pylab.ylabel("average score")
            pylab.savefig("./save_graph/graph.png")

            # 이동 평균이 400 이상일 때 종료
            if score_avg > 400:
```

```
        agent.model.save_weights("./save_model/model", save_format="tf")
        sys.exit()
```

카트폴에서는 보상이 플레이하는 동안에 매 타임스텝마다 (+1)씩 주어집니다. 하지만 이 예제의 핵심은 쓰러지게 하는 행동이 안 좋은 것을 알고 그 행동을 하지 않는 것입니다. 따라서 더 나은 학습을 위해 500 타임스텝을 채우지 못하고 에피소드가 끝나면, 즉 카트에 달린 폴이 넘어지거나 카트가 화면을 벗어나면 (−1)의 보상을 줍니다. 매 타임스텝마다 받는 보상은 (+1)에서 (+0.1)로 크기를 줄였습니다. 이렇게 하면 에이전트가 좀 더 안정적으로 학습합니다.

```
reward = 0.1 if not done or score == 500 else -1
```

강화학습을 통해 학습할 때 언제 학습을 끝내야 할지를 정해놓는 것이 좋습니다. 이 코드에서는 에피소드 점수의 이동평균을 구하고 이동평균이 400점 이상이면 모델 가중치를 저장하고 코드를 종료합니다.

```
score_avg = 0.9 * score_avg + 0.1 * score if score_avg != 0 else score

if score_avg > 400:
    agent.model.save_weights("./save_model/model", save_format="tf")
    sys.exit()
```

train.py는 더 나은 학습 성능을 위해 여러 가지 계수를 테스트해보고 최적화한 코드입니다. 독자분들도 메모리의 크기, learning_rate의 크기, 모델의 구조, 타깃 모델의 업데이트 주기, 보상의 크기 등을 조절해가면서 코드를 테스트해보는 것을 권장합니다.

DQN 실행 및 결과

train.py를 실행하면 학습이 시작됩니다. 그림 6.3처럼 몇 번째 에피소드인지, 점수가 몇 점인지, 메모리는 어디까지 찼는지 그리고 현재 값이 얼마인지를 출력하게 했습니다. 만약 에이전트가 학습하는 과정을 보고 싶다면 DQNAgent 클래스 내의 self.render를 False에서 True로 바꾸면 됩니다.

```
episode:   0 | score avg: 21.00 | memory length:   21 | epsilon: 1.0000
episode:   1 | score avg: 20.90 | memory length:   41 | epsilon: 1.0000
episode:   2 | score avg: 20.81 | memory length:   61 | epsilon: 1.0000
episode:   3 | score avg: 19.93 | memory length:   73 | epsilon: 1.0000
episode:   4 | score avg: 19.44 | memory length:   88 | epsilon: 1.0000
episode:   5 | score avg: 20.69 | memory length:  120 | epsilon: 1.0000
episode:   6 | score avg: 20.32 | memory length:  137 | epsilon: 1.0000
episode:   7 | score avg: 19.59 | memory length:  150 | epsilon: 1.0000
episode:   8 | score avg: 19.53 | memory length:  169 | epsilon: 1.0000
episode:   9 | score avg: 18.98 | memory length:  183 | epsilon: 1.0000
episode:  10 | score avg: 19.68 | memory length:  209 | epsilon: 1.0000
```

그림 6.3 cartpole_dqn.py를 실행했을 때 파이참의 실행 창

학습 과정을 한눈에 볼 수 있도록 그래프로 그려보는 과정은 중요합니다. 카트폴 예제에서는 에피소드마다 에피소드의 지속시간을 그래프로 그립니다. matplotlib 패키지의 pylab을 통해 그래프를 그리고 png 파일로 저장하는 코드는 다음과 같습니다.

```
scores.append(score_avg)
episodes.append(e)
pylab.plot(episodes, scores, 'b')
pylab.xlabel("episode")
pylab.ylabel("average score")
pylab.savefig("./save_graph/graph.png")
```

train.py의 학습 과정을 그린 그래프는 그림 6.4와 같습니다. 가로축은 에피소드이고 세로축은 에피소드가 지속된 시간의 이동평균입니다. 약 260 에피소드 정도가 지난 후에 문제가 풀린 것을 볼 수 있습니다. test.py를 실행하면 학습되어 있는 모델이 어떻게 행동하는지 볼 수 있습니다.

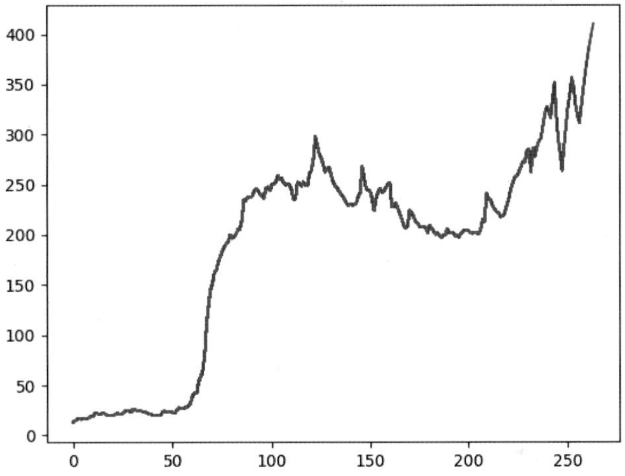

그림 6.4 train.py 코드의 학습 과정

알고리즘 2: 액터-크리틱

액터-크리틱 이론 소개

그리드월드 예제에서 폴리시 그레이디언트의 일종인 REINFORCE 알고리즘을 구현해봤습니다. REINFORCE 알고리즘은 일종의 몬테카를로 폴리시 그레이디언트로서 에피소드마다만 학습할 수 있다는 단점이 있습니다. 또한 에피소드의 길이가 길어지면 길어질수록 특정 상태(s, a)에 대한 반환값의 변화가 커집니다. 또한 반환값은 온전히 에이전트가 환경으로부터 받은 보상만으로 구하기 때문에 반환값은 분산이 큰 경향이 있습니다.

이 단점을 극복하고 매 타임스텝마다 학습할 수 있도록 한 것이 액터-크리틱 Actor-Critic 입니다. 액터-크리틱은 리처드 서튼의 "Reinforcement Learning: Introduction"에 소개돼 있습니다. 이 책에서는 코드 구현을 위한 부분만 간단히 설명할 것이므로 자세한 내용은 서튼의 책을 참고하기 바랍니다.

액터-크리틱은 REINFORCE 알고리즘의 단점을 해결하기 위해 다이내믹 프로그래밍의 정책 이터레이션의 구조를 사용했습니다. 정책 이터레이션은 크게 정책 발전과 정책 평가로 나눌 수 있습니다. 정책 이터레이션에서는 정책이 따로 존재하며 정책을 가치함수를 통해 평가하고 평가를 토대로 정책을 발전시킵니다.

정책 이터레이션과 폴리시 그래디언트를 한 번 비교해봅시다. 정책 이터레이션에서는 가치함수에 대한 탐욕 정책을 통해 정책을 발전시켰지만 폴리시 그레이디언트에서는 정책신경망의 업데이트로 이 과정을 대체합니다. 문제는 정책 평가입니다. 정책 이터레이션에서 정책 평가는 다이내믹 프로그래밍을 통해 정책에 대한 가치함수를 구하는 과정이었습니다.

폴리시 그레이디언트의 정책 신경망 업데이트 식인 수식 6.6을 살펴보겠습니다. 이 식에서 $q_\pi(s,a)$가 정책 평가의 역할을 합니다. 왜냐하면 큐함수가 정책대로 행동했을 때 에이전트가 받으리라 기대하는 가치를 나타내기 때문입니다. 하지만 문제는 테이블 형태로 가치함수 또는 큐함수를 저장하는 것이 아니라서 $q_\pi(s,a)$를 알 수가 없다는 것입니다.

$$\theta_{t+1} = \theta_t + \alpha \nabla_\theta J(\theta) \approx \theta_t + \alpha \left[\nabla_\theta \log \pi_\theta(a \mid s)\, q_\pi(s,a)\right]$$

수식 6.6 폴리시 그레이디언트의 정책신경망 업데이트 식 따라서 $q_\pi(s,a)$를 반환값인 G_t로 치환해서 정책신경망을 업데이트하는 것이 REINFORCE 알고리즘이며, 그 식은 수식 6.7과 같습니다.

$$\theta_{t+1} \approx \theta_t + \alpha[\nabla_\theta \log \pi_\theta(a \mid s) G_t]$$

수식 6.7 REINFORCE 알고리즘의 업데이트 식

하지만 반환값을 사용하지 않고 큐함수를 사용하는 방법이 있습니다. 바로 큐함수 또한 근사하는 방법입니다. 인공신경망을 두 개 만들어서 하나는 정책을 근사하고 다른 하나는 큐함수를 근사하는 것입니다. 이 네트워크를 앞으로 가치신경망이라 하겠습니다. 가치신경망의 역할은 정책을 평가하는 것이기 때문에 크리틱[Critic]이라는 이름이 붙었습니다. 하지만 크리틱이 꼭 인공신경망을 사용해야 하는 것은 아닙니다.

정책 이터레이션과 액터-크리틱의 관계는 그림 6.5와 같습니다. 앞에서 설명했듯이 정책 이터레이션은 정책 평가와 정책 발전으로 이뤄져 있습니다. 액터-크리틱에서는 정책의 발전은 정책신경망의 업데이트로 발전되며 정책의 평가는 크리틱이라는 가치신경망을 사용해서 진행합니다.

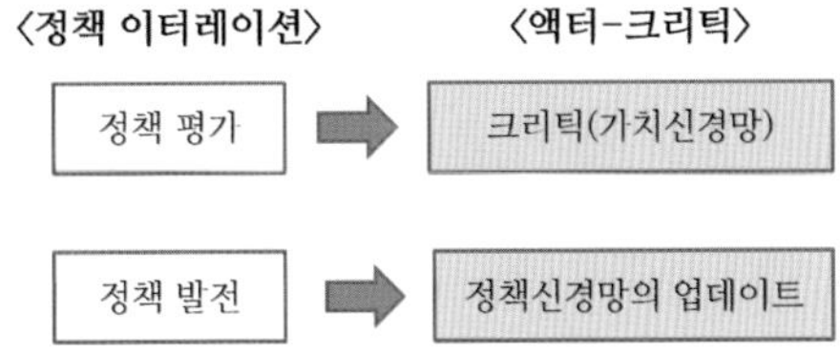

그림 6.5 정책 이터레이션과 액터-크리틱의 관계

가치신경망의 가중치를 w라고 한다면 액터-크리틱의 업데이트 식은 수식 6.8과 같습니다.

$$\theta_{t+1} \approx \theta_t + \alpha[\nabla_\theta \log \pi_\theta(a \mid s) Q_w(s,a)]$$

수식 6.8 액터-크리틱의 업데이트 식

그리드월드 REINFORCE 예제에서 살펴봤듯이 REINFORCE에서 오류함수로 사용하는 것은 정책신경망 출력의 크로스 엔트로피와 반환값의 곱이었습니다. 딥살사나 DQN에서는 MSE 오류함수를 사용하기 때문에 큐함수가 그대로 오류함수로 들어가는 것이 아니라 MSE 식을 통해 정답과 예측의 차이가 오류함수의 값으로 사용됩니다.

하지만 액터-크리틱에서는 오류함수가 수식 6.9와 같습니다. 즉, 큐함수가 그대로 크로스 엔트로피에 곱해집니다. 이 경우 큐함수의 값에 따라 오류함수의 값이 많이 변화하게 됩니다 다른 말로는 분산이 큽니다.

오류함수 = 정책 신경망 출력의 크로스 엔트로피 × 큐함수(가치신경망 출력)

수식 6.9 액터-크리틱의 오류함수

따라서 큐함수의 변화 정도를 줄여주기 위해 베이스라인 Baseline 을 사용합니다. 모든 상태에서 모든 행동의 큐함수의 평균을 구해서 그 값을 베이스라인으로 사용할 수도 있을 것입니다. 하지만 가치함수를 활용한다면 더 좋은 베이스라인이 될 수 있습니다. 가치함수는 상태마다 값이 다르지만 행동마다 다르지는 않기 때문에 효율적으로 큐함수의 분산을 줄일 수 있습니다. 따라서 액터-크리틱에서는 가치함수를 베이스라인으로 사용합니다. 가치함수 또한 근사해야 하는데 새로운 v라는 변수를 사용해서 근사할 수 있습니다. 가치함수를 베이스라인으로 큐함수에서 빼준 것을 어드밴티지 Advantage 함수라고 하고 수식 6.10과 같이 정의합니다.

$$A(S_t, A_t) = Q_w(S_t, A_t) - V_v(S_t)$$

수식 6.10 어드밴티지 함수의 정의

수식 6.10에서는 큐함수와 베이스라인인 가치함수를 따로 근사하기 때문에 비효율적입니다. 따라서 큐함수를 가치함수를 사용해서 표현하면 가치함수만 근사해도 어드밴티지 함수를 정의할 수 있습니다. 가치함수만 근사해서 정의한 어드밴티지 함수는 수식 6.11과 같으며 형태가 시간차 에러와 같으므로 δ_v라고 정의합니다.

$$\delta_v = R_{t+1} + \gamma V_v(S_{t+1}) - V_v(S_t)$$

수식 6.11 어드밴티지 함수의 정의

어드밴티지 함수를 사용한 액터-크리틱의 업데이트 식은 수식 6.12와 같이 변형할 수 있습니다.

$$\theta_{t+1} \approx \theta_t + \alpha [\nabla_\theta \log \pi_\theta (a \mid s) \delta_v]$$

수식 6.12 액터-크리틱의 업데이트 식

가치신경망은 가치함수를 근사하는 인공신경망이므로 이 또한 학습이 필요합니다. 가치신경망의 학습은 시간차 오류를 통해 진행합니다. 수식 6.13과 같이 현재 상태와 다음 상태, 그리고 보상을 통해 MSE 오류함수를 계산해서 이 오류함수를 최소화하는 방향으로 업데이트를 진행하는 것입니다.

$$MSE = (\text{정답} - \text{예측})^2 = (R_{t+1} + \gamma V_v(S_{t+1}) - V_v(S_t))^2$$

수식 6.13 가치신경망의 업데이트를 위한 오류함수

정리하자면 액터-크리틱은 두 개의 신경망을 가지고 있습니다. 정책신경망은 정책을 근사하며 가치신경망은 가치함수를 근사합니다. 카트폴의 입력인 상태는 4개의 원소를 가지며 행동은 두 가지가 있으므로 두 신경망의 구조는 그림 6.6과 같습니다.

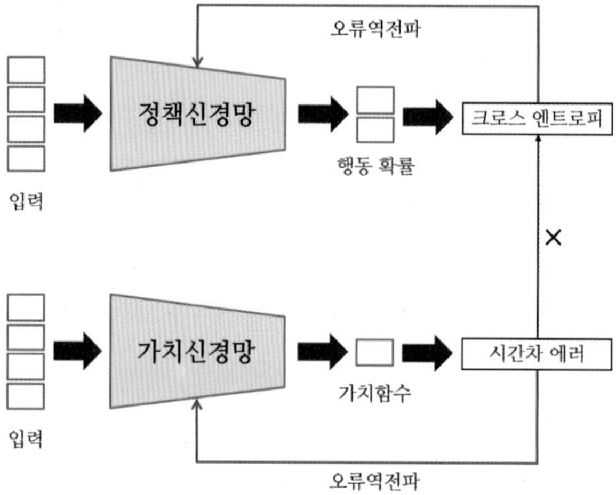

그림 6.6 액터-크리틱의 정책신경망과 가치신경망의 업데이트

정책 신경망의 출력으로부터 크로스 엔트로피 오류함수를 계산할 수 있습니다. 또한 가치신경망의 출력으로부터 시간차 에러를 계산할 수 있습니다. 가치신경망은 이 시간차 에러를 가지고 딥살사에서와 같은 방식으로 신경망을 업데이트합니다. 정책신경망은 크로스 엔트로피 오류함수와 시간차 에러의 곱으로 새로운 오류함수를 정의하고 이 오류함수로 정책신경망을 업데이트합니다. 이렇게 액터-크리틱이 어드밴티지를 사용하기 때문에 다른 이름으로는 A2C Advantage Actor-Critic 이라고도 합니다.

이제 REINFORCE 알고리즘의 한계를 극복하고 에이전트는 매 타임스텝마다 학습을 진행할 수 있습니다. 이제 액터-크리틱을 케라스로 어떻게 구현하는지 살펴보겠습니다.

액터-크리틱 코드 설명

카트폴의 액터-크리틱 코드는 RLCode의 깃허브 저장소에서 "2-cartpole/2-actor-critic"에 들어 있습니다. 학습 코드 train.py는 다음과 같습니다.

```
import sys
import gym
import pylab
import numpy as np
import tensorflow as tf
from tensorflow.keras.layers import Dense
from tensorflow.keras.optimizers import Adam
from tensorflow.keras.initializers import RandomUniform


# 정책신경망과 가치신경망 생성
class A2C(tf.keras.Model):
    def __init__(self, action_size):
        super(A2C, self).__init__()
        self.actor_fc = Dense(24, activation='tanh')
        self.actor_out = Dense(action_size, activation='softmax',
                               kernel_initializer=RandomUniform(-1e-3, 1e-3))
        self.critic_fc1 = Dense(24, activation='tanh')
        self.critic_fc2 = Dense(24, activation='tanh')
        self.critic_out = Dense(1,
                                kernel_initializer=RandomUniform(-1e-3, 1e-3))

    def call(self, x):
        actor_x = self.actor_fc(x)
        policy = self.actor_out(actor_x)

        critic_x = self.critic_fc1(x)
        critic_x = self.critic_fc2(critic_x)
        value = self.critic_out(critic_x)
        return policy, value
```

```
# 카트폴 예제에서의 액터-크리틱(A2C) 에이전트
class A2CAgent:
    def __init__(self, action_size):
        self.render = False

        # 행동의 크기 정의
        self.action_size = action_size

        # 액터-크리틱 하이퍼파라미터
        self.discount_factor = 0.99
        self.learning_rate = 0.001

        # 정책신경망과 가치신경망 생성
        self.model = A2C(self.action_size)
        # 최적화 알고리즘 설정, 미분값이 너무 커지는 현상을 막기 위해 clipnorm 설정
        self.optimizer = Adam(lr=self.learning_rate, clipnorm=5.0)

    # 정책신경망의 출력을 받아 확률적으로 행동을 선택
    def get_action(self, state):
        policy, _ = self.model(state)
        policy = np.array(policy[0])
        return np.random.choice(self.action_size, 1, p=policy)[0]

    # 각 타임스텝마다 정책신경망과 가치신경망을 업데이트
    def train_model(self, state, action, reward, next_state, done):
        model_params = self.model.trainable_variables
        with tf.GradientTape() as tape:
            policy, value = self.model(state)
            _, next_value = self.model(next_state)
            target = reward + (1 - done) * self.discount_factor * next_value[0]

            # 정책신경망 오류함수 구하기
            one_hot_action = tf.one_hot([action], self.action_size)
            action_prob = tf.reduce_sum(one_hot_action * policy, axis=1)
            advantage = tf.stop_gradient(target - value[0])
            actor_loss = tf.math.log(action_prob + 1e-5) * advantage
            actor_loss = -tf.reduce_mean(actor_loss)
```

```
            # 가치신경망 오류함수 구하기
            critic_loss = 0.5 * tf.square(tf.stop_gradient(target) - value[0])
            critic_loss = tf.reduce_mean(critic_loss)

            # 하나의 오류함수로 만들기
            loss = 0.2 * actor_loss + critic_loss

        # 오류함수를 줄이는 방향으로 모델 업데이트
        grads = tape.gradient(loss, model_params)
        self.optimizer.apply_gradients(zip(grads, model_params))
        return np.array(loss)


if __name__ == "__main__":
    # CartPole-v1 환경, 최대 타임스텝 수가 500
    env = gym.make('CartPole-v1')
    # 환경으로부터 상태와 행동의 크기를 받아옴
    state_size = env.observation_space.shape[0]
    action_size = env.action_space.n

    # 액터-크리틱(A2C) 에이전트 생성
    agent = A2CAgent(action_size)

    scores, episodes = [], []
    score_avg = 0

    num_episode = 1000
    for e in range(num_episode):
        done = False
        score = 0
        loss_list = []
        state = env.reset()
        state = np.reshape(state, [1, state_size])

        while not done:
            if agent.render:
                env.render()
```

```
action = agent.get_action(state)
next_state, reward, done, info = env.step(action)
next_state = np.reshape(next_state, [1, state_size])

# 타임스텝마다 보상 0.1, 에피소드가 중간에 끝나면 -1 보상
score += reward
reward = 0.1 if not done or score == 500 else -1

# 타임스텝마다 학습
loss = agent.train_model(state, action, reward, next_state, done)
loss_list.append(loss)
state = next_state

if done:
    # 에피소드마다 학습 결과 출력
    score_avg = 0.9 * score_avg + 0.1 * score if score_avg != 0 else score
    print("episode: {:3d} | score avg: {:3.2f} | loss: {:.3f}".format(
          e, score_avg, np.mean(loss_list)))

    # 에피소드마다 학습 결과 그래프로 저장
    scores.append(score_avg)
    episodes.append(e)
    pylab.plot(episodes, scores, 'b')
    pylab.xlabel("episode")
    pylab.ylabel("average score")
    pylab.savefig("./save_graph/graph.png")

    # 이동 평균이 400 이상일 때 종료
    if score_avg > 400:
        agent.model.save_weights("./save_model/model", save_format="tf")
        sys.exit()
```

A2CAgent 클래스의 세부사항을 빼고 구조만 보자면 아래와 같습니다.

```
import gym


class A2CAgent:
```

```
    def __init__(self, action_size):
        pass


if __name__ == "__main__":
    env = gym.make('CartPole-v1')

    state_size = env.observation_space.shape[0]
    action_size = env.action_space.n

    agent = A2CAgent(action_size)
```

액터-크리틱 에이전트에 필요한 함수와 기능이 무엇인지 알아보기 위해 A2C 에이전트가 환경과 어떻게 상호작용하는지 살펴봐야 합니다.

1. 정책신경망을 통해 확률적으로 행동을 선택
2. 선택한 행동으로 환경에서 한 타임스텝을 진행
3. 환경으로부터 다음 상태와 보상을 받음
4. 샘플(s, a, r, s')을 통해 시간차 에러를 구하고 어드밴티지 함수를 구함
5. 시간차 에러로 가치신경망을, 어드밴티지 함수로 정책신경망을 업데이트

우선 필요한 것은 정책신경망과 가치신경망입니다. 정책신경망과 가치신경망을 정의하는 것이 A2C 클래스입니다. 액터-크리틱에서는 REINFORCE에서와 달리 두 개의 네트워크를 업데이트해야 합니다. 따라서 정책신경망으로 좀 더 간단한 모델을 사용했습니다. 24개의 노드 수를 가지는 하나의 은닉층을 사용했습니다. 마지막 층은 RandomUniform 함수를 통해 가중치를 초기화 했습니다. 액터-크리틱 에이전트에서는 relu가 아닌 tanh 활성함수를 사용합니다. 직접 실험해 본 결과 relu보다 tanh 활성함수를 사용했을 때 모델의 성능이 더 좋습니다.

```
# 정책신경망과 가치신경망 생성
class A2C(tf.keras.Model):
    def __init__(self, action_size):
        super(A2C, self).__init__()
        self.actor_fc = Dense(24, activation='tanh')
        self.actor_out = Dense(action_size, activation='softmax',
                               kernel_initializer=RandomUniform(-1e-3, 1e-3))
        self.critic_fc1 = Dense(24, activation='tanh')
        self.critic_fc2 = Dense(24, activation='tanh')
        self.critic_out = Dense(1,
                                kernel_initializer=RandomUniform(-1e-3, 1e-3))

    def call(self, x):
        actor_x = self.actor_fc(x)
        policy = self.actor_out(actor_x)

        critic_x = self.critic_fc1(x)
        critic_x = self.critic_fc2(critic_x)
        value = self.critic_out(critic_x)
        return policy, value
```

정책신경망은 입력이 상태이고 출력이 각 행동을 할 확률입니다. 가치신경망은 입력이 상태이며 출력이 입력으로 들어오는 상태의 가치함수입니다. 따라서 정책신경망의 출력인 self.actor_out에서는 softmax를 활성함수로 사용합니다. 그리고 가치신경망의 출력인 self.critic_out에서는 선형함수를 활성함수로 사용합니다. A2C 클래스는 A2CAgent 클래스의 __init__에서 다음과 같이 선언합니다.

```
self.model = A2C(self.action_size)
```

actor를 생성하면 특정 상태에 대해 확률적으로 행동을 선택할 수 있습니다. get_action 함수는 REINFORCE와 같으므로 설명을 생략하겠습니다.

```
# 정책신경망의 출력을 받아 확률적으로 행동을 선택
def get_action(self, state):
```

```
    policy, _ = self.model(state)
    policy = np.array(policy[0])
    return np.random.choice(self.action_size, 1, p=policy)[0]
```

get_action 함수를 통해 action을 선택하면 에이전트는 환경에서 action으로 한 스텝 진행합니다. 환경은 에이전트에게 다음 상태와 보상 정보를 알려줍니다. 이 정보를 얻은 에이전트는 action이 좋은 행동인지 아닌지 판단할 수 있습니다. 환경으로부터 얻는 정보로 에이전트는 모델의 가중치를 업데이트합니다.

모델의 가중치를 업데이트하는 함수는 train_model입니다. 액터-크리틱에서는 스텝마다 모델을 업데이트할 수 있으므로 DQN에서처럼 메모리에서 무작위로 샘플을 추출하는 과정은 없습니다. 액터-크리틱에서 학습을 위해 구해야 하는 오류함수 2가지가 있습니다. 정책신경망을 위한 오류함수는 수식 6.14와 같습니다.

$$\theta_{t+1} \approx \theta_t + \alpha [\nabla_\theta \log \pi_\theta (a \mid s) \delta_v]$$

수식 6.14 정책신경망의 업데이트 식

이때 시간차 에러 δ_v는 θ의 함수가 아니기 때문에 수식 6.14를 수식 6.15와 같이 고쳐쓸 수 있습니다. 수식 6.15를 통해 결국 오류함수는 $\log \pi_\theta (a \mid s) \delta_v$인 것을 알 수 있습니다. 즉, 정책신경망 예측 값에 log를 취한 값과 어드밴티지 함수의 크로스 엔트로피가 정책신경망의 오류함수가 되는 것입니다.

$$\theta_{t+1} \approx \theta_t + \alpha \nabla_\theta [\log \pi_\theta (a \mid s) \delta_v]$$

수식 6.15 정책신경망의 업데이트 식 변형

정책신경망의 오류함수를 구하는 코드는 다음과 같습니다. 정책신경망의 오류함수는 크로스 엔트로피와 어드밴티지의 곱입니다. 크로스 엔트로피를 구하는 것은

REINFORCE에서 했던 방법과 동일합니다. REINFORCE와 차이가 있는 것은 반환값 대신에 어드밴티지를 사용한다는 것입니다. 어드밴티지는 target – value[0]로 구할 수 있습니다. tf.stop_gradient를 사용하는 이유는 지금 구하는 것이 정책신경망의 오류함수이기 때문에 이 오류함수를 통해 가치신경망을 업데이트하지 않기 위해서입니다.

```
policy, value = self.model(state)
_, next_value = self.model(next_state)
target = reward + (1 - done) * self.discount_factor * next_value[0]

# 정책 신경망 오류함수 구하기
one_hot_action = tf.one_hot([action], self.action_size)
action_prob = tf.reduce_sum(one_hot_action * policy, axis=1)
advantage = tf.stop_gradient(target - value[0])
actor_loss = tf.math.log(action_prob + 1e-5) * advantage
actor_loss = -tf.reduce_mean(actor_loss)
```

가치신경망의 오류함수는 수식 6.16을 구하는 것입니다. DQN에서와 마찬가지로 수식 6.16에서 업데이트 목표에 해당하는 $R_{t+1} + \gamma V_v(S_{t+1})$을 표현하는 부분에 tf.stop_gradient를 적용합니다.

$$MSE = (\text{정답} - \text{예측})^2 = (R_{t+1} + \gamma V_v(S_{t+1}) - V_v(S_t))^2$$

수식 6.16 가치신경망의 오류함수

```
# 가치 신경망 오류함수 구하기
critic_loss = 0.5 * tf.square(tf.stop_gradient(target) - value[0])
critic_loss = tf.reduce_mean(critic_loss)
```

가치신경망의 오류함수를 구하면 정책신경망의 오류함수와 더해서 하나의 오류함수로 만듭니다. 이때 가치신경망의 오류함수에 더 큰 가중치를 주게 되는데, 이는 정책신경망과 가치신경망이 학습되는 속도를 비슷하게 맞추기 위한 장치입니다. 오류함수를 통해 모델을 업데이트하는 데는 이전과 동일하게 tape.gradient와 optimizer.apply_gradients 함수를 사용합니다.

```
# 하나의 오류함수로 만들기
loss = 0.2 * actor_loss + critic_loss
```

액터-크리틱은 DQN에 비해 학습 안정성이 떨어집니다. 인공신경망을 업데이트할 때 한 번에 업데이트하는 가중치의 크기가 너무 크면 학습이 불안정해집니다. 따라서 액터-크리틱에서는 다음 코드와 같이 optimizer를 정의할 때 clipnorm이라는 조건에 5.0의 값을 넣습니다. clipnorm은 모델을 업데이트할 때 업데이트하는 크기가 평균 5.0을 넘지 않게 설정하는 것입니다.

```
self.optimizer = Adam(lr=self.learning_rate, clipnorm=5.0)
```

액터-크리틱 실행 및 결과

액터-크리틱은 REINFORCE에 비해 매 타임스텝 학습을 진행할 수 있다는 장점이 있습니다. 그 대신 부트스트랩에 또 다른 근사함수인 크리틱을 사용했기 때문에 학습이 편향되기 쉽습니다. 또한 학습이 온폴리시로 진행되는데 이 경우에 현재 에이전트가 경험하고 있는 샘플에 학습의 초점이 계속 맞춰집니다. 이럴 경우에 에이전트의 현재 상황에 따라 에이전트의 업데이트가 계속 달라집니다. 이러한 문제는 액터-크리틱 알고리즘의 학습을 어렵게 만듭니다.

그림 6.7의 오른쪽 그래프는 액터-크리틱의 학습 과정을 보여줍니다. 그래프의 x축은 에피소드이며 y축은 에피소드 동안 받은 점수의 이동 평균입니다. DQN에 비해 액터-크리틱이 좀 더 부드러운 학습 곡선을 그리면서 좀 더 빨리 학습을 완료합니

다. 실제로 학습된 에이전트를 실행해보면 DQN 에이전트가 좀 더 안정적으로 균형을 유지하는 경향이 있습니다.

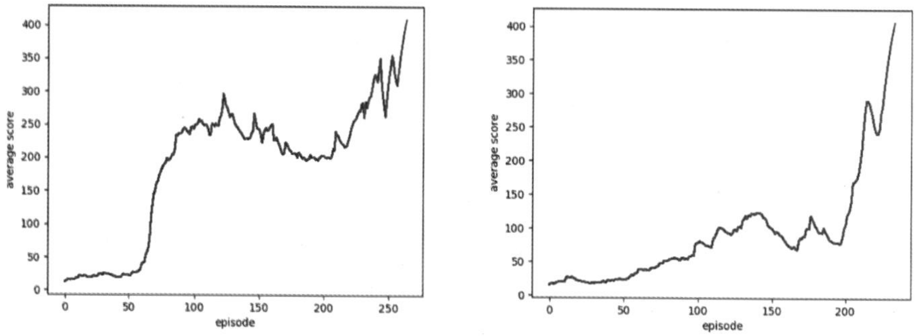

그림 6.7 카트폴 예제에서 DQN과 액터-크리틱 알고리즘의 학습 과정 그래프

카트폴 예제에서 따로 설명하지는 않았지만 그리드월드의 REINFORCE 알고리즘을 적용해볼 수 있습니다.

에피소드마다 반환값을 가지고 학습하는 REINFORCE와 스텝마다 샘플을 가지고 학습하는 액터-크리틱의 학습 그래프를 비교해보겠습니다. 그림 6.8에서 왼쪽 그래프가 액터-크리틱 알고리즘의 학습곡선이고 오른쪽 그래프가 REINFORCE의 학습곡선입니다. REINFORCE의 경우 정책을 평가하는 기준으로 반환값을 사용합니다. REINFORCE는 분산이 큰 반환값을 가지고 에피소드마다 학습하기 때문에 분산을 낮춘 방법인 액터-크리틱보다 느리게 학습합니다. 또한 이동 평균값 또한 REINFORCE에서 더 많이 변하는 것을 볼 수 있습니다.

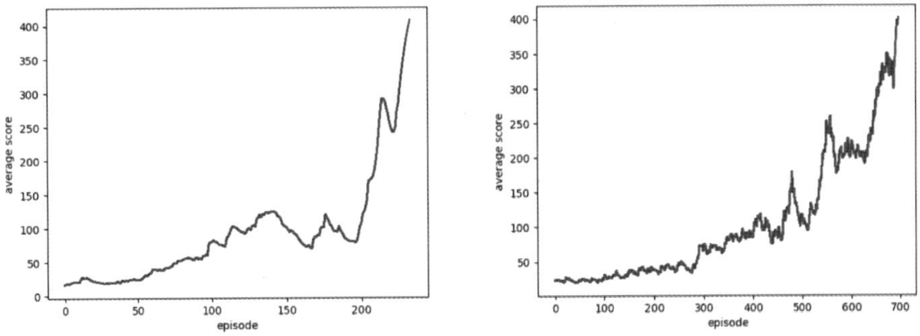

그림 6.8 카트폴 예제에서 액터-크리틱과 REINFORCE 알고리즘의 학습 과정 그래프

연속적 액터-크리틱 이론 소개

지금까지 DQN과 액터-크리틱에 대해 살펴보고 카트폴이라는 환경에 적용해봤습니다. 카트폴에서 에이전트가 할 수 있는 행동은 왼쪽과 오른쪽이라는 2가지입니다. 하지만 운전을 하는 에이전트라면 왼쪽, 오른쪽의 행동만 할 줄 안다면 부자연스러운 행동을 하게 될 것입니다. 사람이 운전할 때는 '왼쪽으로 핸들을 50도 정도 꺾는다'와 같이 행동합니다.

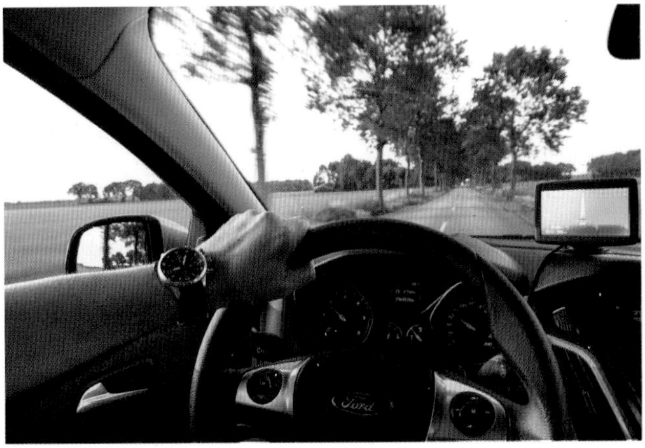

그림 6.9 사람이 자동차를 운전하는 방법

카트폴에서처럼 몇 가지 행동 중에 선택하는 경우에는 행동이 이산적discrete으로 분포돼 있다고 표현하며 사람이 운전할 때와 같이 연속적으로 행동이 분포하는 경우는 연속적continuous이라고 말합니다. 그림 6.10을 보면 이산적인 분포와 연속적인 분포의 차이를 알 수 있습니다.

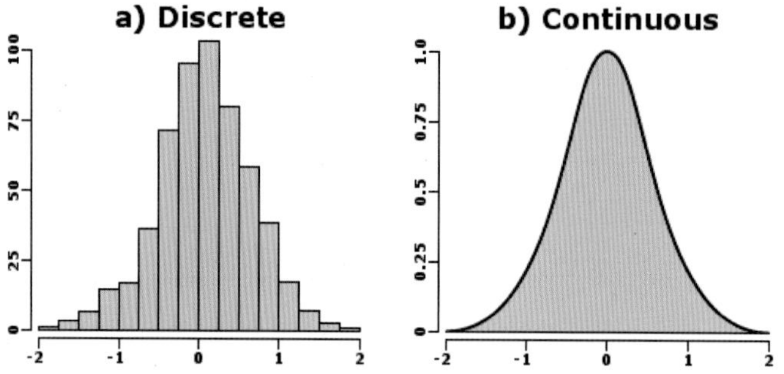

그림 6.10 이산적 vs 연속적[15]

사람과 같이 에이전트가 연속적으로 행동을 선택하려면 어떻게 해야 할까요? 우선 첫 번째로 생각할 수 있는 방법은 이산적인 행동을 여러 개 만드는 것입니다. 예를 들어 카트폴에서 왼쪽과 오른쪽 두 개의 행동이 아니라 '카트를 왼쪽으로 1만큼 민다, 왼쪽으로 0.5만큼 민다, 가만히 있는다, 오른쪽으로 0.5만큼 민다, 오른쪽으로 1만큼 민다'와 같은 식으로 늘릴 수 있을 것입니다. 그림 6.10의 왼쪽에 있는 이산적인 분포의 그림처럼 여러 개의 행동을 만들면 에이전트가 겉으로 보기에 연속적으로 행동하는 것처럼 보입니다.

하지만 이산적인 행동이 많아질수록 학습이 어려워집니다. 에이전트가 계속 수많은 행동 중에 하나를 선택해야 한다면 학습할 때도 어려움이 있을 수 있습니다. 카트를

15 출처: https://medium.com/@dharmanathpatil/types-of-random-variables-1f7e17a4e3c7

왼쪽으로 0.5만큼 미는 것과 0.6만큼 미는 것은 실제로는 큰 차이가 없는데, 모델 입장에서는 서로 완전히 다른 행동으로 생각합니다.

사람과 같이 연속적으로 행동을 선택하는 다른 방법은 정책을 이산적인 분포가 아니라 연속적인 분포로 만드는 것입니다. DQN이나 액터-크리틱에서 정책은 [0.1, 0.9]와 같이 왼쪽으로 가는 행동과 오른쪽으로 가는 행동에 대해 확률이 하나씩 있는 형태입니다. 이런 형태와 같이 이산적인 확률 분포가 아닌 연속적 확률 분포로 정책을 만드는 것입니다. 연속적 확률 분포로 가장 많이 사용하는 것은 정규분포입니다. 정규분포는 평균과 표준편차로 표현 가능합니다. 정규분포에 대한 자세한 내용은 이 책에서 다루지 않습니다.

그림 6.11을 보면 정규분포를 평균 μ와 표준편차 σ로 어떻게 표현하는지 볼 수 있습니다. 평균은 분포의 중심이 어디인지를 결정하고 분산은 분포의 모양을 결정합니다. 가령 카트폴에서 정규분포로 표현되는 정책에 따라 에이전트가 행동을 선택한다고 생각해 봅시다. 평균이 마이너스(-) 값을 가진다면 에이전트는 주로 카트를 왼쪽으로 미는 행동을 할 것입니다. 또한 표준편차가 크다면 평균에서 벗어난 행동을 많이 할 것이고 표준편차가 적다면 평균 근처의 행동을 할 것입니다. 즉, 평균은 왼쪽으로 얼마나 밀어야 하는지를 결정하고 표준편차는 얼마나 탐험할 것인지를 결정합니다.

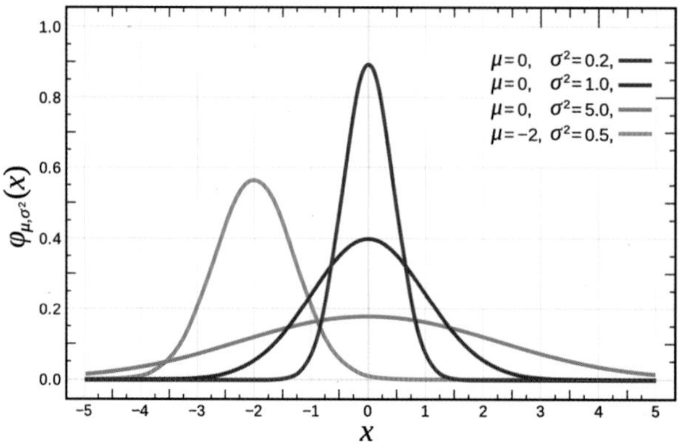

그림 6.11 정규분포의 예시[16]

정규분포 형태의 정책을 표현하려면 정책이 별개로 있어야 합니다. 따라서 DQN이 아닌 액터-크리틱 알고리즘을 쓰는 게 맞습니다. 액터-크리틱에서 정책 신경망의 출력을 변경하면 됩니다. 액터-크리틱이 연속적 행동을 하게 만든 것이 연속적 액터-크리틱입니다. 연속적 정책을 표현하는 정책신경망을 어떻게 업데이트하는지는 다음 코드 설명에서 살펴봅니다.

연속적 액터-크리틱 코드 설명

연속적 액터-크리틱 코드는 RLCode 깃허브 저장소의 "2-cartpole/3-continuous-actor-critic"에 있습니다. 먼저 전체 코드를 보면 다음과 같습니다. 연속적 액터-크리틱에서는 행동을 [−1, 1] 범위의 연속적 값으로 받습니다.

```
import sys
import gym
import pylab
import numpy as np
```

16 출처: https://ko.wikipedia.org/wiki/%EC%A0%95%EA%B7%9C_%EB%B6%84%ED%8F%AC#/media/%ED%8C%8C%EC%9D%BC:Normal_Distribution_PDF.svg

```
import tensorflow as tf
from tensorflow.keras.layers import Dense
from tensorflow.keras.optimizers import Adam
from tensorflow.keras.initializers import RandomUniform
from tensorflow_probability import distributions as tfd


# 정책신경망과 가치신경망 생성
class ContinuousA2C(tf.keras.Model):
    def __init__(self, action_size):
        super(ContinuousA2C, self).__init__()
        self.actor_fc1 = Dense(24, activation='tanh')
        self.actor_mu = Dense(action_size,
                              kernel_initializer=RandomUniform(-1e-3, 1e-3))
        self.actor_sigma = Dense(action_size, activation='sigmoid',
                                 kernel_initializer=RandomUniform(-1e-3, 1e-3))

        self.critic_fc1 = Dense(24, activation='tanh')
        self.critic_fc2 = Dense(24, activation='tanh')
        self.critic_out = Dense(1,
                                kernel_initializer=RandomUniform(-1e-3, 1e-3))

    def call(self, x):
        actor_x = self.actor_fc1(x)
        mu = self.actor_mu(actor_x)
        sigma = self.actor_sigma(actor_x)
        sigma = sigma + 1e-5

        critic_x = self.critic_fc1(x)
        critic_x = self.critic_fc2(critic_x)
        value = self.critic_out(critic_x)
        return mu, sigma, value


# 카트폴 예제에서의 연속적 액터-크리틱(A2C) 에이전트
class ContinuousA2CAgent:
    def __init__(self, action_size, max_action):
        self.render = False
```

```
        # 행동의 크기 정의
        self.action_size = action_size
        self.max_action = max_action

        # 액터-크리틱 하이퍼파라미터
        self.discount_factor = 0.99
        self.learning_rate = 0.001

        # 정책신경망과 가치신경망 생성
        self.model = ContinuousA2C(self.action_size)
        # 최적화 알고리즘 설정, 미분값이 너무 커지는 현상을 막기 위해 clipnorm 설정
        self.optimizer = Adam(lr=self.learning_rate, clipnorm=1.0)

    # 정책신경망의 출력을 받아 확률적으로 행동을 선택
    def get_action(self, state):
        mu, sigma, _ = self.model(state)
        dist = tfd.Normal(loc=mu[0], scale=sigma[0])
        action = dist.sample([1])[0]
        action = np.clip(action, -self.max_action, self.max_action)
        return action

    # 타임스텝마다 정책신경망과 가치신경망을 업데이트
    def train_model(self, state, action, reward, next_state, done):
        model_params = self.model.trainable_variables
        with tf.GradientTape() as tape:
            mu, sigma, value = self.model(state)
            _, _, next_value = self.model(next_state)
            target = reward + (1 - done) * self.discount_factor * next_value[0]

            # 정책신경망 오류함수 구하기
            advantage = tf.stop_gradient(target - value[0])
            dist = tfd.Normal(loc=mu, scale=sigma)
            action_prob = dist.prob([action])[0]
            cross_entropy = - tf.math.log(action_prob + 1e-5)
            actor_loss = tf.reduce_mean(cross_entropy * advantage)

            # 가치신경망 오류함수 구하기
            critic_loss = 0.5 * tf.square(tf.stop_gradient(target) - value[0])
            critic_loss = tf.reduce_mean(critic_loss)
```

```
            # 하나의 오류함수로 만들기
            loss = 0.1 * actor_loss + critic_loss

        # 오류함수를 줄이는 방향으로 모델 업데이트
        grads = tape.gradient(loss, model_params)
        self.optimizer.apply_gradients(zip(grads, model_params))
        return loss, sigma


if __name__ == "__main__":
    # CartPole-v1 환경, 최대 타임스텝 수가 500
    gym.envs.register(
        id='CartPoleContinuous-v0',
        entry_point='env:ContinuousCartPoleEnv',
        max_episode_steps=500,
        reward_threshold=475.0)

    env = gym.make('CartPoleContinuous-v0')
    # 환경으로부터 상태와 행동의 크기를 받아옴
    state_size = env.observation_space.shape[0]
    action_size = env.action_space.shape[0]
    max_action = env.action_space.high[0]

    # 액터-크리틱(A2C) 에이전트 생성
    agent = ContinuousA2CAgent(action_size, max_action)
    scores, episodes = [], []
    score_avg = 0

    num_episode = 1000
    for e in range(num_episode):
        done = False
        score = 0
        loss_list, sigma_list = [], []
        state = env.reset()
        state = np.reshape(state, [1, state_size])

        while not done:
            if agent.render:
                env.render()
```

```
            action = agent.get_action(state)
            next_state, reward, done, info = env.step(action)
            next_state = np.reshape(next_state, [1, state_size])

            # 타임스텝마다 보상 0.1, 에피소드가 중간에 끝나면 -1 보상
            score += reward
            reward = 0.1 if not done or score == 500 else -1

            # 타임스텝마다 학습
            loss, sigma = agent.train_model(state, action, reward, next_state, done)
            loss_list.append(loss)
            sigma_list.append(sigma)
            state = next_state

            if done:
                # 에피소드마다 학습 결과 출력
                score_avg = 0.9 * score_avg + 0.1 * score if score_avg != 0 else score
                print("episode: {:3d} | score avg: {:3.2f} | loss: {:.3f} | sigma: 
{:.3f}".format(
                      e, score_avg, np.mean(loss_list), np.mean(sigma)))

                scores.append(score_avg)
                episodes.append(e)
                pylab.plot(episodes, scores, 'b')
                pylab.xlabel("episode")
                pylab.ylabel("average score")
                pylab.savefig("./save_graph/graph.png")

                # 이동 평균이 400 이상일 때 종료
                if score_avg > 400:
                    agent.model.save_weights("./save_model/model", save_format="tf")
                    sys.exit()
```

액터-크리틱에서 정책 신경망 부분의 코드만 보면 다음과 같습니다. 이산적인 정책을 표현하는 모델이기 때문에 출력층은 행동의 개수만큼의 크기를 가집니다. 그리고 출력층의 각 노드는 행동 하나를 할 확률을 나타내기 때문에 출력층의 모든 값을 합치면 1이 돼야 합니다. 따라서 활성함수로 softmax를 사용합니다.

```
class A2C(tf.keras.Model):
    def __init__(self, action_size):
        super(A2C, self).__init__()
        self.actor_fc = Dense(24, activation='tanh')
        self.actor_out = Dense(action_size, activation='softmax')

    def call(self, x):
        actor_x = self.actor_fc(x)
        policy = self.actor_out(actor_x)
        return policy
```

연속적인 정책을 표현하는 정책 신경망의 코드는 다음과 같습니다. 액터-크리틱과는 다르게 정책신경망이 연속적인 확률 분포의 정책을 표현해야 하기 때문에 평균과 표준편차를 출력해야 합니다. 따라서 self.actor_mu와 self.actor_sigma를 정의합니다. 평균의 경우 큐함수와 마찬가지로 선형함수로 표현할 수 있습니다. [−1, 1]의 범위를 넘어가는 행동이라면 −1 또는 1로 바꿔서 행동하면 됩니다. 표준편차의 경우 0보다 큰 값을 가져야 합니다. 하지만 1이 넘을 경우 너무 표준편차가 커서 오히려 학습에 도움이 되지 않습니다. 따라서 표준편차가 0과 1사이의 값을 가지도록 sigmoid 활성함수를 사용합니다.

```
class ContinuousA2C(tf.keras.Model):
    def __init__(self, action_size):
        super(ContinuousA2C, self).__init__()
        self.actor_fc1 = Dense(24, activation='tanh')
        self.actor_mu = Dense(action_size)
        self.actor_sigma = Dense(action_size, activation='sigmoid')

    def call(self, x):
        actor_x = self.actor_fc1(x)
        mu = self.actor_mu(actor_x)
        sigma = self.actor_sigma(actor_x)
        sigma = sigma + 1e-5
        return mu, sigma
```

정책신경망과 가치신경망 모두를 정의하는 ContinuousA2C 클래스 코드는 다음과 같습니다. 모델의 최종적인 출력은 연속적 정책을 표현하기 위한 평균과 표준편차, 그리고 입력으로 들어온 상태에 대한 가치함수 예측값입니다.

```
class ContinuousA2C(tf.keras.Model):
    def __init__(self, action_size):
        super(ContinuousA2C, self).__init__()
        self.actor_fc1 = Dense(24, activation='tanh')
        self.actor_mu = Dense(action_size,
                              kernel_initializer=RandomUniform(-1e-3, 1e-3))
        self.actor_sigma = Dense(action_size, activation='sigmoid',
                                 kernel_initializer=RandomUniform(-1e-3, 1e-3))

        self.critic_fc1 = Dense(24, activation='tanh')
        self.critic_fc2 = Dense(24, activation='tanh')
        self.critic_out = Dense(1,
                                kernel_initializer=RandomUniform(-1e-3, 1e-3))

    def call(self, x):
        actor_x = self.actor_fc1(x)
        mu = self.actor_mu(actor_x)
        sigma = self.actor_sigma(actor_x)
        sigma = sigma + 1e-5

        critic_x = self.critic_fc1(x)
        critic_x = self.critic_fc2(critic_x)
        value = self.critic_out(critic_x)
        return mu, sigma, value
```

모델을 통해 연속적 정책을 표현할 평균과 표준편차를 구했다면, 이 두 가지를 이용해 실제 연속적 정책은 어떻게 만들까요? 텐서플로에서는 tensorflow_probability라는 확률 분포와 관련된 코드를 제공합니다. distributions라는 클래스 안에는 여러 분포가 있는데, 그중에서 표준분포에 해당하는 Normal을 사용합니다. Normal 함수는 loc에 평균값을 인자로 받고 scale에 표준편차 값을 인자로 받습니다.

Normal 함수를 통해 dist라는 표준분포를 만들면 sample 함수를 통해 행동을 분포에 따라 무작위 추출할 수 있습니다. 1개의 행동만 구하면 되기 때문에 dist.sample([1])이라고 합니다. 그리고 마지막으로 뽑은 행동이 환경에서 허용하는 [−1, 1] 범위에 들어가도록 numpy의 clip 함수를 사용합니다. clip 함수는 −self.max_action보다 작은 수가 action으로 함수에 들어오면 − self.max_action으로 치환하고 self.max_action보다 큰 수가 action으로 들어오면 self.max_action으로 치환합니다.

```
from tensorflow_probability import distributions as tfd

def get_action(self, state):
    mu, sigma, _ = self.model(state)
    dist = tfd.Normal(loc=mu[0], scale=sigma[0])
    action = dist.sample([1])[0]
    action = np.clip(action, -self.max_action, self.max_action)
    return action
```

연속적 액터-크리틱이 학습하는 부분은 다음 코드와 같습니다.

```
def train_model(self, state, action, reward, next_state, done):
    model_params = self.model.trainable_variables
    with tf.GradientTape() as tape:
        mu, sigma, value = self.model(state)
        _, _, next_value = self.model(next_state)
        target = reward + (1 - done) * self.discount_factor * next_value[0]

        # 정책신경망 오류함수 구하기
        advantage = tf.stop_gradient(target - value[0])
        dist = tfd.Normal(loc=mu, scale=sigma)
        action_prob = dist.prob([action])[0]
        cross_entropy = - tf.math.log(action_prob + 1e-5)
        actor_loss = tf.reduce_mean(cross_entropy * advantage)
```

```
        # 가치신경망 오류함수 구하기
        critic_loss = 0.5 * tf.square(tf.stop_gradient(target) - value[0])
        critic_loss = tf.reduce_mean(critic_loss)

        # 하나의 오류함수로 만들기
        loss = 0.1 * actor_loss + critic_loss

    # 오류함수를 줄이는 방향으로 모델 업데이트
    grads = tape.gradient(loss, model_params)
    self.optimizer.apply_gradients(zip(grads, model_params))
    return loss, sigma
```

표준편차를 만들고 그 확률 분포에서 행동을 하나 샘플링했던 것처럼 학습할 때도 표준편차를 만듭니다. 하지만 학습할 때는 실제로 에이전트가 한 행동에 대한 확률값을 알아야 합니다. 정책 신경망을 업데이트하기 위해 구해야 하는 식은 수식 6.17과 같은데, $\pi_\theta(a \mid s)$는 a라는 행동을 할 확률을 의미하기 때문입니다.

$$\theta_{t+1} \approx \theta_t + \alpha \nabla_\theta [\log \pi_\theta (a \mid s) \delta_v]$$

수식 6.17 정책신경망의 업데이트 식

tensorflow_probability는 이 기능도 제공합니다. dist로 확률 분포를 만들었다면 dist.prob를 통해 특정 값에 대한 확률값을 구할 수 있습니다. 실제 에이전트가 한 행동을 dist.prob 함수에 입력으로 넣어주면 출력으로 확률값 action_prob가 나옵니다. 확률값을 구했다면 액터-크리틱에서와 마찬가지로 크로스 엔트로피를 구한 다음에 어드밴티지와 곱해서 오류함수를 만듭니다. 이 이외의 부분은 액터-크리틱과 동일합니다.

```
advantage = tf.stop_gradient(target - value[0])
dist = tfd.Normal(loc=mu, scale=sigma)
action_prob = dist.prob([action])[0]
cross_entropy = - tf.math.log(action_prob + 1e-5)
actor_loss = tf.reduce_mean(cross_entropy * advantage)
```

연속적 액터-크리틱 실행 및 결과

train.py를 실행하면 그림 6.12와 같이 로그가 출력됩니다. 표준편차 sigma를 출력하는데, sigma의 값이 에이전트가 현재 얼마나 탐험을 하는지 알려주기 때문입니다. sigma의 값이 작아질수록 에이전트는 탐험을 잘 안 한다고 볼 수 있습니다.

```
episode:   0 | score avg: 42.00 | loss: 0.031 | sigma: 0.494
episode:   1 | score avg: 40.60 | loss: 0.043 | sigma: 0.500
episode:   2 | score avg: 38.34 | loss: 0.031 | sigma: 0.492
episode:   3 | score avg: 36.31 | loss: 0.072 | sigma: 0.527
episode:   4 | score avg: 36.68 | loss: 0.037 | sigma: 0.553
episode:   5 | score avg: 36.71 | loss: 0.023 | sigma: 0.475
episode:   6 | score avg: 37.04 | loss: 0.046 | sigma: 0.520
episode:   7 | score avg: 42.33 | loss: 0.026 | sigma: 0.500
episode:   8 | score avg: 40.20 | loss: 0.070 | sigma: 0.506
episode:   9 | score avg: 39.38 | loss: 0.102 | sigma: 0.498
episode:  10 | score avg: 43.44 | loss: 0.070 | sigma: 0.501
```

그림 6.12 연속적 액터-크리틱 실행 화면

그림 6.13은 액터-크리틱과 연속적 액터-크리틱의 학습 과정을 보여줍니다. 액터-크리틱에 비해 연속적 액터-크리틱의 학습 과정이 좀 더 불안정한 것을 볼 수 있습니다. 하지만 학습하는 데 걸리는 시간은 비슷합니다. 실제로 에이전트를 실행해 보면 액터-크리틱 에이전트는 화면의 가운데서 막대기를 세우고 균형을 유지합니다. 연속적 액터-크리틱 에이전트의 경우 화면의 가운데서 균형을 잡으며 머무는 것이 아니라 균형을 유지하면서 화면의 한 쪽으로 조금씩 움직입니다. 이렇게 할 수 있는 것은 연속적 액터-크리틱 에이전트가 작은 힘을 카트에 줄 수 있기 때문입니다. 따라서 환경의 제한인 500스텝 동안 넘어지거나 화면을 벗어나지 않습니다.

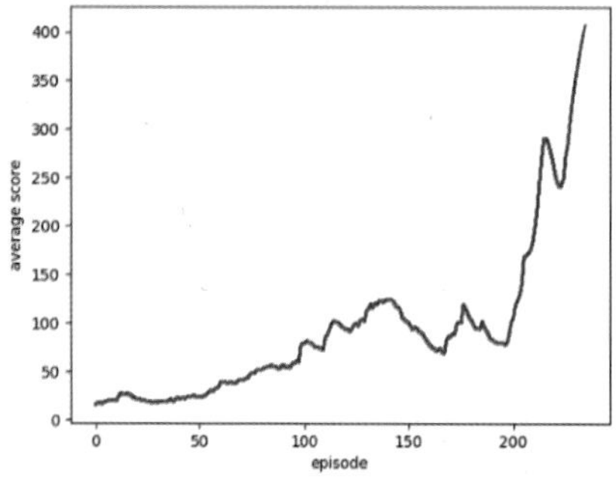

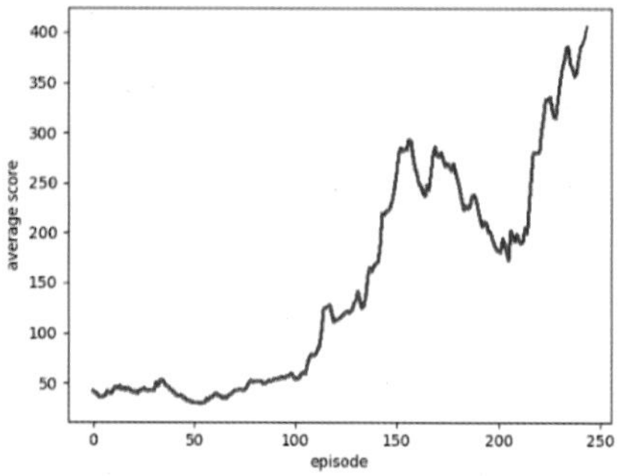

그림 6.13 액터-크리틱과 연속적 액터-크리틱의 학습 과정 비교

액터-크리틱이나 연속적 액터-크리틱은 크리틱을 업데이트하는 데 살사 방식을 사용하기 때문에 리플레이 메모리와 같이 현재 정책이 아닌 다른 정책에 의해 생성된 샘플로 학습할 수 없습니다. 카트폴 같이 간단한 문제에 대해서는 그런대로 잘 학습하지만, 복잡한 문제에서는 충분히 탐험하지 못해서 학습 성능이 떨어집니다. 이러한 액터-크리틱의 단점을 극복한 것이 A3C Asynchronous Advantage Actor-Critic 입니다. 이 알고리즘에 대해서는 뒤에서 설명하겠습니다.

정리

알고리즘 1: DQN

오픈에이아이 짐의 가장 기본적인 예제인 카트폴의 상태는 float 형입니다. 따라서 인공신경망을 사용해 큐함수를 근사하는 방법을 사용하지만 딥살사와는 다른 방법을 사용합니다. 에이전트가 타임스텝마다 환경에서 받는 샘플은 서로 상관관계가 깊기 때문에 온폴리시 방법으로는 잘못된 정책을 학습할 수 있으므로 오프폴리시 방법을 사용하는 것이 좋습니다.

경험 리플레이는 샘플을 리플레이 메모리에 저장하고 학습할 때는 메모리에서 무작위로 배치 크기만큼 샘플을 추출해서 학습하는 방법입니다. 과거의 데이터로 학습하기 때문에 오프폴리시인 큐러닝을 학습 방법으로 사용하며 좀 더 안정적인 학습을 위해 타깃신경망을 사용합니다. 이러한 DQN의 오류함수 식은 다음과 같습니다.

$$\mathrm{MSE} = (R_{t+1} + \gamma \max_{a'} Q(S_{t+1}, a', \theta^{-}) - Q(S_t, A_t, \theta))^2$$

알고리즘 2: 액터-크리틱

REINFORCE 알고리즘은 폴리시 그레이디언트의 일종으로 반환값을 이용해 에피소드마다 학습합니다. 하지만 또 하나의 인공신경망을 사용해 큐함수를 근사하면 반환값을 대체할 수 있으며 매 타임스텝마다 학습할 수 있습니다. 행동을 선택하는 인공신경망이 액터가 되며 큐함수를 근사하며 각 행동이 좋은지에 대한 판단을 하는 인공신경망은 크리틱이 됩니다.

액터의 업데이트 식은 다음과 같습니다.

$$\theta_{t+1} \approx \theta_t + \alpha [\nabla_\theta \log \pi_\theta (a \mid s) \delta_v]$$

크리틱의 업데이트는 딥살사와 동일하며 큐함수를 가치함수로 바꾼 형식이며 다음과 같습니다.

$$\mathrm{MSE} = (\text{정답} - \text{예측})^2 = (R_{t+1} + \gamma V_v(S_{t+1}) - V_v(S_t))^2$$

시간차 에러는 다른 말로 어드밴티지 함수가 됩니다.

7장

강화학습 심화 3: 아타리

지금까지 그리드월드, 그리고 오픈에이아이 짐의 카트폴 예제에 강화학습 알고리즘을 적용해봤습니다. 예제에서는 에이전트의 현재 상황을 나타내주는 상태를 정의하고 이 상태를 인공신경망의 입력으로 사용했습니다. 하지만 에이전트가 학습하기에 적당한 상태를 정의하려면 문제에 대한 전문 지식이 필요한 경우가 많습니다.

딥러닝의 성공은 여기에 초점이 맞춰져 있습니다. 환경에서 나오는 정보를 그대로 인공신경망의 입력으로 집어넣었을 때 알아서 그 정보에서 필요한 내용들을 추리는 것을 학습하는 것입니다. 강화학습 또한 딥러닝의 이런 장점을 살린다면 게임 화면으로부터 학습할 수 있습니다. 그것이 딥마인드에서 발표한 DQN이라는 알고리즘입니다.

이번 장에서는 게임 화면을 통해 아타리 사의 브레이크아웃이라는 게임을 학습해볼 것입니다. DQN과 A3C 알고리즘을 브레이크아웃에 적용해보면서 강화학습과 딥러닝이 어떻게 잘 합쳐져서 학습을 가능하게 하는지를 보게 될 것입니다.

브레이크아웃 DQN

아타리: 브레이크아웃

아타리는 미국의 게임 회사입니다. 1972년에 설립한 뒤에 첫 번째 비디오 게임 퐁 Pong 을 개발해 성공했습니다. 그 후에 여러 가지 게임을 개발했는데 '양쪽으로 주고 받는 퐁을 살짝 변형해서 무엇인가를 부수면 어떨까'라는 아이디어로 1976년에 브레이크아웃 Breakout 게임을 개발해 출시했습니다[17].

그림 7.1 아타리의 로고

1900년대 후반 아타리의 고전 게임인 브레이크아웃은 2013년에 다시 빛을 보게 됩니다. 지금은 알파고를 만든 회사로 전 세계 사람들에게 알려져 있는 딥마인드에서 강화학습을 통해 아타리 게임을 학습시켰기 때문입니다.

2015년에 딥마인드의 DQN 알고리즘이 네이처에 소개되고 딥마인드에서 브레이크아웃을 강화학습으로 학습시키는 동영상을 유튜브에 공개했습니다. 이 동영상을 보면 에이전트가 단순히 벽돌만 깨는 것이 아니고 한 쪽을 터널로 뚫어서 여러 개의 벽돌을 한꺼번에 깨는 것을 볼 수 있는데 이 장면은 많은 사람들을 놀라게 했습니다.

그 후 2016년에 설립된 비영리회사인 오픈에이아이에서 강화학습 학습 환경인 짐을 공개했습니다. 오픈에이아이 짐에는 브레이크아웃이 포함돼 있으며, 이번 장에서는

17 https://namu.wiki/w/아타리

오픈에이아이 짐의 브레이크아웃에 강화학습을 적용해볼 것입니다. 우선 브레이크아웃의 MDP를 살펴보겠습니다.

오픈에이아이 짐에는 여러 버전의 브레이크아웃이 있습니다. 이 책에서는 그중에서 "BreakoutDeterministic-v4"를 사용합니다. 오픈에이아이 짐 브레이크아웃의 게임 화면은 그림 7.2와 같습니다. 브레이크아웃에서 상태는 게임 화면입니다. 이때 에이전트가 상황을 파악할 수 있도록 그림 7.2와 같은 화면 4개를 연속으로 입력으로 받습니다. 4개의 연속된 게임화면이 하나의 상태로 에이전트에게 주어집니다. 이때 게임화면은 2차원 RGB Red-Greed-Blue 픽셀 데이터입니다.

브레이크아웃에서 에이전트는 세 개의 행동을 할 것입니다. 원래 아타리 게임에서 행동은 6가지지만 현재 오픈에이아이 짐에서는 행동이 제자리, 왼쪽, 오른쪽 세 가지입니다. 벽돌이 하나씩 깨질 때마다 에이전트는 (+) 보상을 받게 되는데 좀 더 뒤의 벽돌을 깰수록 높은 보상을 받습니다. 아무것도 깨지 못한 평소에는 보상 0을 받으며 공을 놓쳐서 목숨을 잃었을 때는 (−1)의 보상을 받습니다.

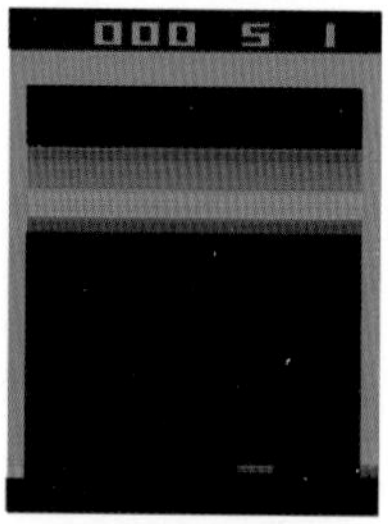

그림 7.2 오픈에이아이 짐의 브레이크아웃 게임화면

한 에피소드는 총 5개의 목숨으로 이뤄져 있으며 5개의 목숨을 모두 잃으면 게임 오버가 됩니다. 점수와 목숨, 그리고 에피소드의 진행 여부는 게임화면의 위쪽에 표시

됩니다. 왼쪽 상단의 점수는 누적되는 보상을 의미하며 에이전트는 이 보상을 최대화하는 것을 목표로 합니다.

강화학습을 통해 학습되는 것은 그림 7.3과 같은 심층 신경망 Deep Neural Net work 인데, 그중에서도 컨볼루션 신경망 Convolutional Neural Network 입니다. 컨볼루션 신경망이 무엇인지 살펴보겠습니다.

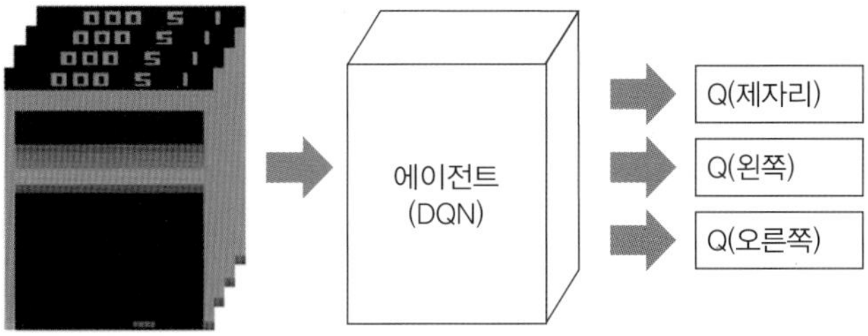

그림 7.3 브레이크아웃 게임의 심층 신경망

컨볼루션 신경망(CNN)이란?

이전 장에서 살펴본 카트폴 예제에서는 카트의 위치, 속도, 폴의 각도와 각속도가 신경망의 입력이 됐습니다. 입력으로 들어가는 상태의 크기가 4밖에 되지 않았기 때문에 인공신경망의 크기가 작아도 학습이 가능했습니다. 하지만 사람이 학습을 할 때는 위치와 속도 같은 정보를 이용하는 경우는 흔치 않습니다. 대부분의 경우에 사람은 감각으로 들어오는 정보에 집중합니다.

사람이 처음 컴퓨터 게임을 배울 때 여러 감각 정보 중에서 시각정보를 가장 많이 활용합니다. 사람과 같이 게임화면을 통해 학습하려면 어떻게 해야 할까요? 게임화면이 인공신경망의 입력이 된다면 입력벡터의 크기가 카트폴 예제와는 비교가 안 되게 커집니다. 게임화면은 (가로 픽셀 수)×(세로 픽셀 수)×3(RGB)만큼의 크기를 가지기 때문입니다. 게임화면으로 학습하기 위해 인공신경망의 입력의 크기가 커지는데,

이때 단순히 인공신경망을 사용하는 것보다는 현재 영상인식 분야에서 많이 사용되는 컨볼루션 신경망[18]을 사용하는 것이 좋습니다.

2012년 ImageNet이라는 이미지 분류 대회에서 컨볼루션 신경망이 압도적인 성능을 보여준 이후로 컨볼루션 신경망은 컴퓨터 비전 분야에 혁신을 가져왔습니다. 딥마인드에서는 컨볼루션 신경망을 강화학습 문제에 적용했으며 결과적으로 대성공을 거뒀습니다. 어떻게 딥마인드가 컨볼루션 신경망을 강화학습 문제에 적용했는지 알아보기 전에 컨볼루션 신경망이 무엇인지 알아야 합니다.

컨볼루션 신경망에 대해 이야기하기 전에 사람이 어떻게 물체를 시각을 통해 인지하는지 생각해보겠습니다. 사람이 브레이크아웃의 게임화면을 관찰한다고 생각해봅시다. 그림 7.4의 왼쪽과 같은 게임 화면을 보면 사람은 화면이 무엇을 나타내고 어떤 상황인지 바로 알아차립니다. 사람이 느끼기에는 여기에는 그다지 지능이라 불릴 만한 요소가 들어 있지 않은 것 같습니다. 하지만 우리가 그다지 지능이라고 느끼지 못하는 이 기능을 오랫동안 인공지능은 하지 못했습니다.

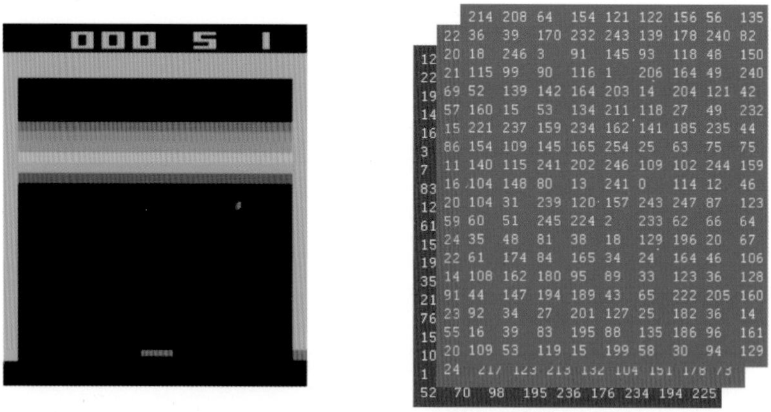

그림 7.4 브레이크아웃의 화면과 컴퓨터가 받아들이는 정보

18 http://yann.lecun.com/exdb/publis/pdf/lecun-01a.pdf

그림 7.4의 이미지가 컴퓨터에 입력으로 들어갈 때는 오른쪽처럼 2차원 숫자의 배열로 들어갑니다. 브레이크아웃 화면의 이미지가 색상을 가지고 있기 때문에 컴퓨터는 2차원 숫자의 배열이 3차원으로 겹쳐진 형태로 받아들입니다. 이 숫자의 배열을 1차원 특징벡터로 나열해서 이 특징벡터를 입력으로 받는 인공신경망을 구성하면 인공신경망의 노드와 가중치의 수가 너무 많아집니다. 브레이크아웃의 이미지의 크기는 $210 \times 160 \times 3 = 100{,}800$입니다. 이 경우 은닉층에 있는 하나의 노드에 대해 100,800개의 가중치값이 필요합니다.

지금까지 다룬 인공신경망에서는 은닉층에 있는 노드들은 입력층의 노드와 모두 연결돼 있으며, 다른 은닉층 혹은 출력층의 노드와도 연결돼 있습니다. 따라서 인공신경망의 크기가 엄청 커지게 됩니다. 학습해야 할 가중치 값의 개수가 너무 많을 경우 학습이 오래 걸린다는 단점이 있습니다. 만약 학습이 된다 해도 이런 방식의 성능은 한계가 있습니다. 따라서 이미지 처리 분야에 인공신경망을 적용하는 데는 어려움이 많았습니다.

이러한 문제를 해결하기 위해 실제로 사람이 어떻게 시각정보를 처리하는지에 대한 연구를 통해 인공신경망의 구조를 개선해나가기 시작했습니다. 사람이 어떻게 시각을 처리하는지를 이해하려면 두 가지 개념을 알아야 합니다. 수용영역 Receptive Field 과 추상화 Abstraction 입니다. 사람의 시신경은 수용영역을 가지고 있는데 각 시신경은 전체 시각입력 중에서 일부 입력에만 반응하는 것을 의미합니다.

입력 이미지를 일렬로 배열하고 이 입력층에 대해 은닉층의 노드가 모두 연결된다면 은닉층의 노드는 모든 시각입력에 대해 반응한다는 것입니다. 사람의 감각은 모두 수용영역 Receptive Field 을 가지고 있습니다. 가장 쉬운 예로 촉각의 경우 오른손에 사과를 쥐면 오른손은 촉각을 느끼겠지만 왼손은 아무것도 느끼지 못할 것입니다. 각 뉴런은 수용할 수 있는 감각의 범위가 있고 이를 수용영역이라 합니다.

사람의 시신경 또한 수용영역을 가지고 있어서 각 시신경은 특정 입력에 대해서만 반응합니다. 대뇌피질에서 시각과 관련된 부분이 시각중추 Visual Cortex 인데, 이 시각중추는 전체 화면을 쪼개서 여러 가지의 조각으로 인식합니다. 예를 들어, 눈을 움직이지 않는다고 가정했을 때 하나의 이미지가 주어지면 시각중추의 한 작은 부분의 뉴런들은 이미지의 왼쪽 위에만 반응하는 식입니다.

이러한 사람의 시신경 구조를 모방해서 은닉층의 노드들이 인공신경망의 입력층의 일부 노드에 대해서만 반응하도록 구조를 새로 구성할 수 있습니다. 이를 구현한 것이 컨볼루션 필터 Filter 입니다. 이미지에 적용하는 필터란 이미지의 노이즈를 없애거나 어떤 특징을 강조할 때 사용하는 것입니다. 필터에도 여러 형태가 있겠지만 가장 많이 사용하는 것은 박스 형태의 필터입니다.

이미지에 간단한 형태의 박스 필터를 적용해보겠습니다. 그림 7.5의 박스 필터는 3×3의 크기를 가지며 각 원소는 동일하게 1/9의 값을 가집니다. 이 필터는 그림 7.5의 흰색 박스와 같고 이 필터는 왼쪽 그림의 각 픽셀에 대해 합성됩니다. 즉, 왼쪽 위부터 사각형의 필터가 오른쪽 아래까지 쭉 훑어갑니다. 이처럼 이미지의 각 픽셀 값이 주변 픽셀값과 필터를 통해 연산되는 것을 컨볼루션 Convolution 연산이라고 합니다. 필터는 다른 말로 커널 Kernel 이라고도 합니다.

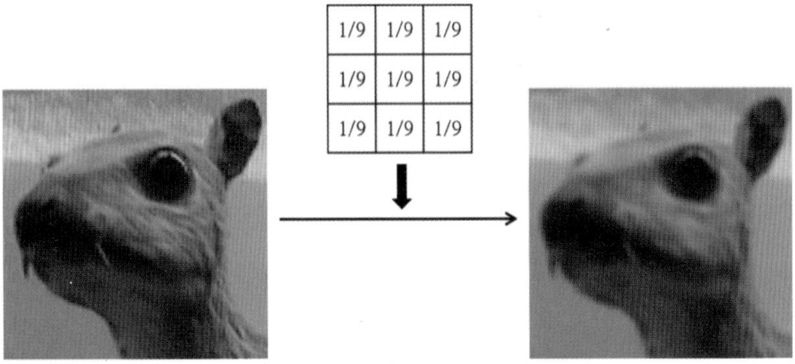

그림 7.5 박스필터의 예시[19]

그림 7.5의 필터의 경우 각 픽셀에 대해 주변 3x3셀들과 평균을 취하기 때문에 오른쪽 그림처럼 선명도를 떨어뜨리는 효과를 줍니다. 필터가 어떤 효과를 주는지는 필터가 어떤 값을 가지고 있는지에 따라 달라집니다. 다른 박스 필터를 동일한 이미지에 적용해 보겠습니다. 이 필터를 사용하면 왼쪽 이미지에서 모서리에 해당하는 부분만 남길 수 있습니다.

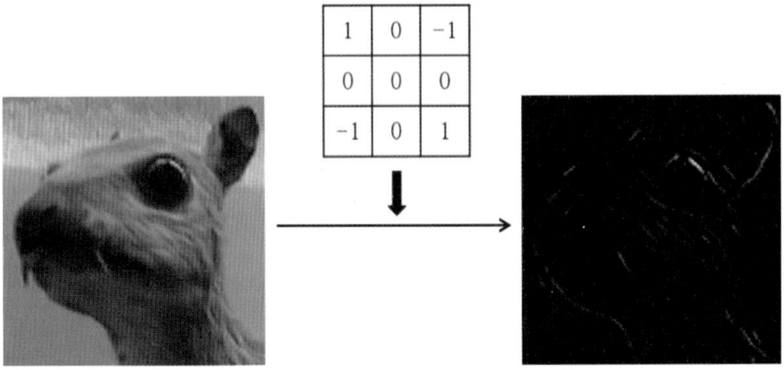

그림 7.6 박스필터의 다른 예시: 모서리 검출[20]

19 · 이미지 출처: https://en.wikipedia.org/wiki/Kernel_(image_processing)
· 라이선스: CC BY-SA 3.0(https://creativecommons.org/licenses/by-sa/3.0/)

20 · 이미지 출처: https://en.wikipedia.org/wiki/Kernel_(image_processing)
· 라이선스: CC BY-SA 3.0(https://creativecommons.org/licenses/by-sa/3.0/)

이 두 가지 필터를 통해 이미지에 어떤 필터를 사용하느냐에 따라 전혀 다른 정보를 전달할 수 있다는 것을 알 수 있습니다. 따라서 에이전트가 이미지에서 특정 정보를 얻어내려면 그에 맞는 필터를 사용해야 합니다. 하지만 이것은 생각보다 쉬운 일이 아닙니다. 필터의 종류는 정말 많으며, 각 문제에 따라 어떤 필터를 쓸지 정하는 데는 많은 시간이 들기 때문입니다.

이 과정을 자동으로 만들어준 것이 바로 컨볼루션 신경망입니다. '특징 추출'은 여러 머신러닝 기법에서 중요한 과정이며 전문성을 필요로 하는 부분입니다. 하지만 컨볼루션 신경망을 이용하면 그림 7.7과 같이 이러한 특징 추출 단계를 사람이 하지 않아도 됩니다. 입력에서 출력으로 곧바로 연결한다고 해서 이러한 학습 방법을 End-to-End 학습이라고도 합니다.

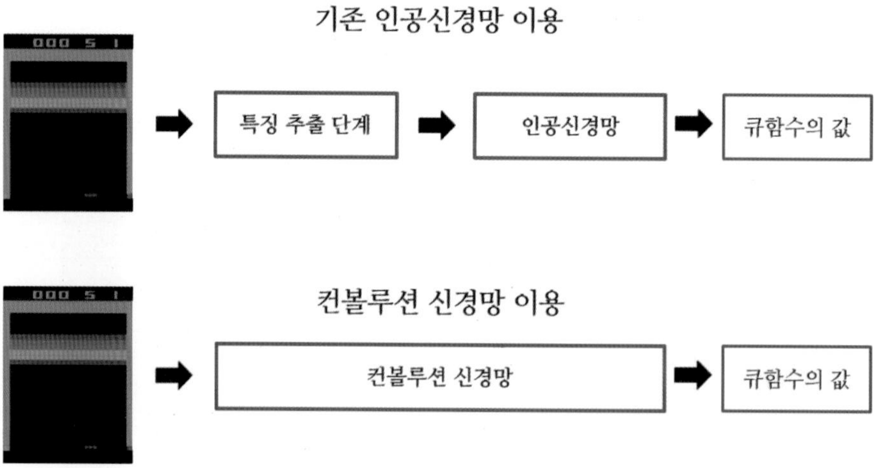

그림 7.7 기존 인공신경망과 컨볼루션 신경망의 비교

그림 7.8은 브레이크아웃의 게임화면으로 학습한 컨볼루션 신경망의 필터입니다. 컨볼루션 신경망 중에서 첫 번째 층에 해당하는 필터들로서 종류는 32개입니다. 32개

의 필터는 각각 게임화면으로부터 다른 특징을 추출합니다. 그래서 사람이 하는 것보다 이미지에서 필요한 정보를 얻어내는 것을 잘하는 것입니다.

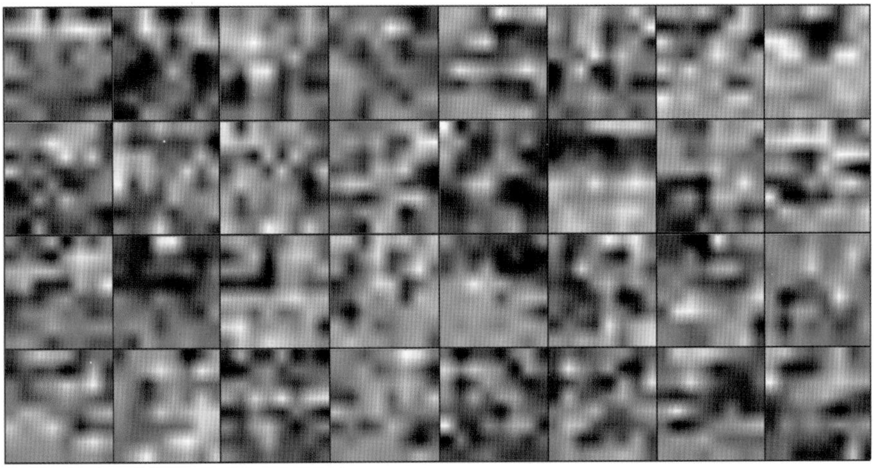

그림 7.8 브레이크아웃 DQN의 컨볼루션 신경망 내부의 학습된 컨볼루션 필터

브레이크아웃에 적용한 DQN 알고리즘의 컨볼루션 신경망 구조는 그림 7.9와 같습니다. 브레이크아웃의 게임 화면이 입력으로 들어오면 게임 화면 위의 하얀 네모 상자처럼 필터가 이미지를 쭉 훑습니다. 그와 같은 방식으로 여러 개의 필터를 사용해 이미지와 컨볼루션 연산을 하면 여러 개의 새로운 이미지가 생성됩니다.

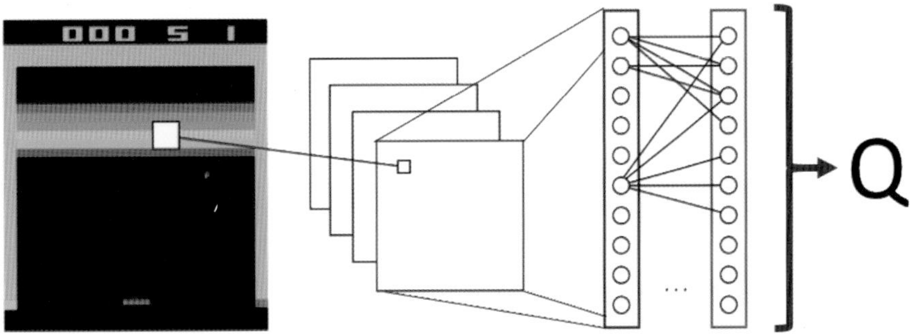

그림 7.9 브레이크아웃에 적용한 컨볼루션 신경망의 구조

그림 7.9의 가운데에 겹쳐져 있는 여러 개의 흰색 네모처럼 여러 개의 이미지가 새롭게 생성됩니다. 그림 7.10은 그림 7.8의 필터 중 하나가 게임 화면과 컨볼루션 연산을 한 예시를 보여줍니다. 왼쪽 그림과 오른쪽 그림이 다른 것을 볼 수 있습니다.

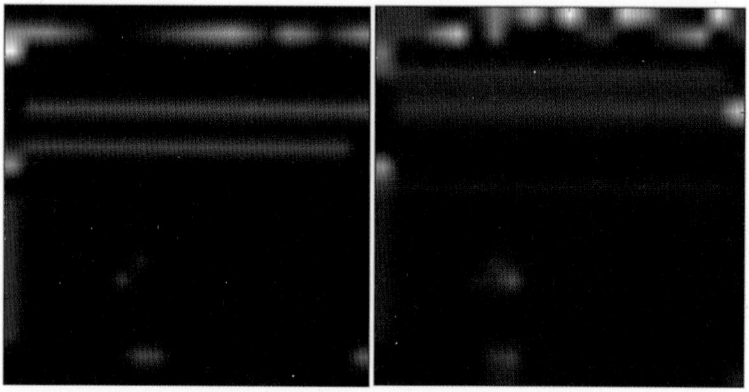

그림 7.10 컨볼루션 필터를 통과한 브레이크아웃 게임화면의 예시

이런 이미지는 각각 저마다의 특징을 가지고 있습니다. 필터를 통과한 그림 7.10과 같은 이미지의 각 픽셀 값은 다른 인공신경망에서와 마찬가지로 활성함수를 통과합니다. 이렇게 특징을 추출하고 활성함수를 통과한 이미지는 다시 다음 층의 컨볼루션 필터와 컨볼루션 연산을 수행합니다.

컨볼루션 신경망은 보통 여러 층의 컨볼루션 층을 가지고 있습니다. 마지막 컨볼루션 층을 통과하면 노드들은 일렬로 펴지며, 이 과정을 플랫 Flat 이라고 합니다. 이렇게 일렬로 펼쳐진 노드들은 마지막에 행동의 개수대로 큐함수의 값을 출력합니다. 컨볼루션 신경망을 이용해 큐함수를 근사하는 이 네트워크를 딥-큐네트워크 Deep Q-Network 라고 하며, 줄여서 DQN이라 합니다.

브레이크아웃의 컨볼루션 신경망

브레이크아웃에 사용되는 컨볼루션 신경망을 생성하는 코드는 다음과 같습니다. 코드를 보면서 컨볼루션 신경망의 세부사항에 대해 살펴보겠습니다.

```
# 상태가 입력, 큐함수가 출력인 인공신경망 생성
class DQN(tf.keras.Model):
    def __init__(self, action_size, state_size):
        super(DQN, self).__init__()
        self.conv1 = Conv2D(32, (8, 8), strides=(4, 4), activation='relu',
                            input_shape=state_size)
        self.conv2 = Conv2D(64, (4, 4), strides=(2, 2), activation='relu')
        self.conv3 = Conv2D(64, (3, 3), strides=(1, 1), activation='relu')
        self.flatten = Flatten()
        self.fc = Dense(512, activation='relu')
        self.fc_out = Dense(action_size)

    def call(self, x):
        x = self.conv1(x)
        x = self.conv2(x)
        x = self.conv3(x)
        x = self.flatten(x)
        x = self.fc(x)
        q = self.fc_out(x)
        return q
```

브레이크아웃의 모델은 총 3개의 컨볼루션 층을 가지고 있습니다. 컨볼루션 층을 생성하려면 다음 네 가지를 설정해야 합니다.

1. 필터의 개수
2. 필터의 크기
3. 컨볼루션 연산 시 필터가 이동하는 폭: strides
4. 활성함수

위 코드에서 두 번째 컨볼루션 층을 예로 들어보겠습니다. 두 번째 레이어를 생성하는 코드는 다음과 같습니다.

```
self.conv2 = Conv2D(64, (4, 4), strides=(2, 2), activation='relu')
```

이 코드에서 컨볼루션 필터의 개수는 64이며 필터의 크기는 (4, 4)입니다. 이 필터는 층으로 들어오는 이미지와 컨볼루션 연산을 할 때 (2, 2)씩 움직이며 연산을 수행합니다. 이미지와 필터의 컨볼루션 연산이 끝나면 각 픽셀 값은 ReLU 함수를 통과합니다.

이 같은 방식으로 총 세 개의 컨볼루션 층을 쌓습니다. 이 층들의 설정값은 딥마인드의 논문인 "Human-Level Control Through Deep Reinforcement Learning"[21]의 설정값을 그대로 사용합니다.

```
self.conv1 = Conv2D(32, (8, 8), strides=(4, 4), activation='relu',
                    input_shape=state_size)
self.conv2 = Conv2D(64, (4, 4), strides=(2, 2), activation='relu')
self.conv3 = Conv2D(64, (3, 3), strides=(1, 1), activation='relu')
```

세 개의 컨볼루션 층이 끝나면 일렬로 펴주는 과정을 거칩니다. 다음 코드에 추가된 Flatten()이라는 함수가 이와 같은 일렬로 펴주는 기능을 수행합니다. 이렇게 일렬로 펴면 $7 \times 7 \times 64 = 3,136$개의 노드를 가지는 층이 형성됩니다. 이 층의 활성함수도 마찬가지로 ReLU 함수입니다.

```
self.flatten = Flatten()
self.fc = Dense(512, activation='relu')
```

---

21 Mnih, Volodymyr, Kavukcuoglu, Koray, Silver, David, Rusu, Andrei A., Veness, Joel, Bellemare, Marc G., Graves, Alex, Riedmiller, Martin, Fidjeland, Andreas K., Ostrovski, Georg, Petersen, Stig, Beattie, Charles, Sadik, Amir, Antonoglou, Ioannis, King, Helen, Kumaran, Dharshan, Wierstra, Daan, Legg, Shane, and Hassabis, Demis, "Human-level control through deep reinforcement learning", Nature, 518(7540):529-533, 02 2015

이 모델은 DQN으로서 큐함수를 근사하는 컨볼루션 신경망입니다. 따라서 출력층은 행동의 개수만큼의 노드를 가져야 하므로 다음과 같이 action_size로 행동의 개수만큼 노드를 생성합니다.

```
self.fc_out = Dense(action_size)
```

정리하자면 브레이크아웃에 사용되는 컨볼루션 신경망은 (84, 84, 4) 크기의 이미지를 입력으로 받아서 (3,) 크기의 값을 출력합니다. 출력값은 (3,)의 크기를 가지고 있으며 각각 (좌, 우, 정지)에 해당하는 큐함수의 값을 의미합니다. 이 모델은 기존에 다룬 모델들에 비해 학습해야 할 가중치가 많습니다. 또한 브레이크아웃 환경 자체도 기존의 환경보다 훨씬 복잡하고 어렵기 때문에 학습을 위해 많은 시간이 필요합니다.

DQN 학습 전 준비 사항

앞에서 카트폴 예제에 DQN 알고리즘을 적용해봤습니다. 하지만 원래 DQN 알고리즘은 아타리 게임을 학습시키는 용도로 발표됐습니다. 아타리 게임에서의 DQN에서는 카트폴 예제와 달리 몇 가지 추가로 알아야 할 점들이 있습니다.

브레이크아웃의 화면은 색상을 포함하기 때문에 게임 화면 이미지는 210 × 160 × 3의 크기를 가집니다. 하지만 에이전트가 브레이크아웃을 학습할 때는 게임 화면의 색상을 알 필요는 없습니다. 또한 그림 7.12의 제일 왼쪽 화면에서 점수와 같은 불필요한 부분들을 잘라내면 이미지의 크기가 작아지기 때문에 계산량이 줄어듭니다. 따라서 그림 7.12의 제일 오른쪽 그림처럼 이미지의 크기를 줄이고 흑백으로 바꿉니다. 최종 이미지는 84 × 84 × 1의 크기를 가집니다.

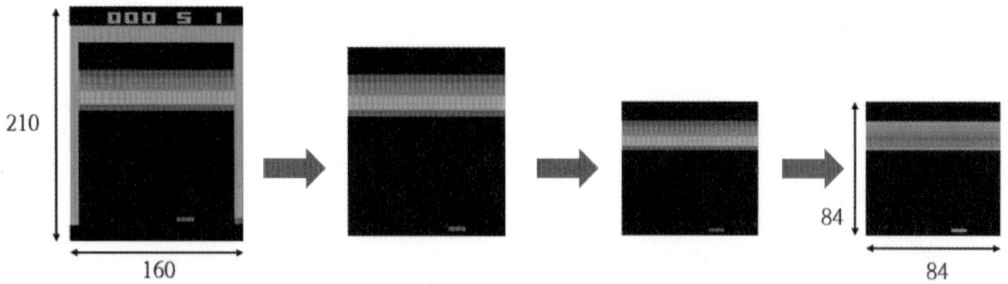

그림 7.11 브레이크아웃 화면의 전처리 과정

그림 7.11로 표현되는 과정을 전처리 Preprocessing 라고 합니다. 이 책의 예제들이 아닌 새로운 예제에 강화학습을 적용할 때 들어오는 입력에 대해 전처리를 해야 할 가능성이 매우 높습니다. 이 과정은 학습을 위한 중요한 준비과정입니다.

이렇게 전처리를 한 이미지를 바로 모델의 입력으로 넣으면 에이전트는 학습을 제대로 할 수 없습니다. 왜냐하면 에이전트가 만약 현재의 이미지 하나만 입력으로 받는다면 게임 화면이 어떤 상황인지 알 수가 없기 때문입니다. 즉, 공이 어느 방향으로 움직이는지에 대한 정보가 필요합니다. 따라서 하나의 이미지가 아닌 4개의 연속된 이미지를 입력으로 받아들입니다.

하지만 게임이 플레이되는 대로 4개의 연속된 이미지를 받아도 공의 움직임은 큰차이가 없습니다. 따라서 프레임 스킵 Frame skip 이 필요합니다. 그림 7.12는 브레이크아웃의 연속된 30개의 게임화면을 보여줍니다. 연속된 4개의 화면 중에서 3개의 화면은 프레임 스킵을 통해 건너뛰고 나머지 하나의 화면만을 실제로 사용합니다.

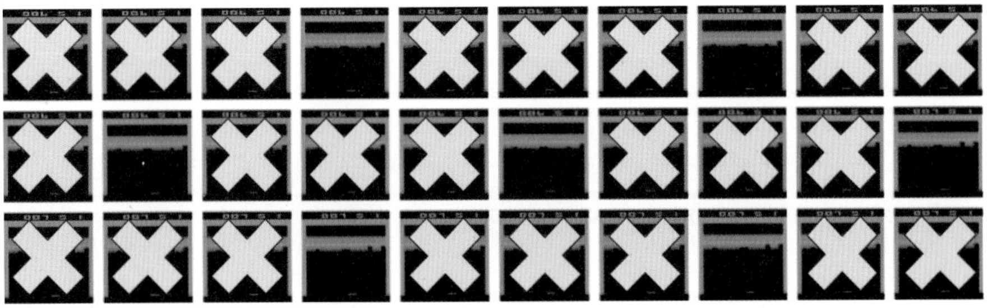

그림 7.12 브레이크아웃 게임화면의 프레임스킵

위에서 언급했듯이 프레임 스킵을 통해 게임화면을 건너뛴 상황에서 4개의 연속된 화면을 모아서 모델에 입력으로 넣어야 합니다. 따라서 그림 7.13에 빨간색으로 쓰여진 숫자와 같이 [1, 2, 3, 4]가 하나의 입력이 되어서 모델에 들어갑니다. 그리고 다음 입력은 [2, 3, 4, 5]가 됩니다. 이 책에서는 "BreakoutDeterministic-v4" 환경을 사용하는데 이 환경에서는 프레임 스킵을 자동으로 해줍니다.

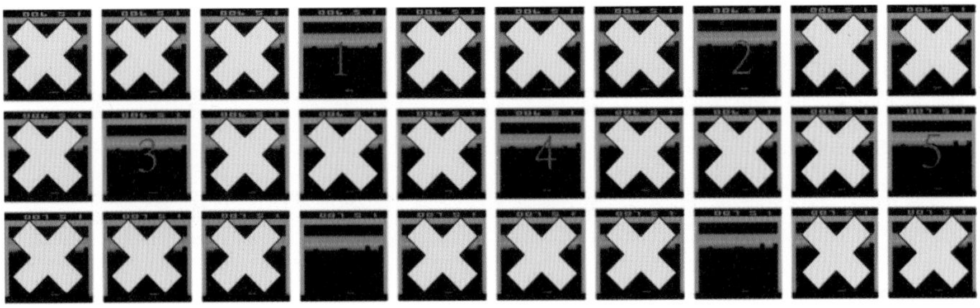

그림 7.13 4개의 연속된 화면의 입력

그림 7.14는 오픈에이아이 짐의 브레이크아웃의 화면입니다. 4개의 연속된 화면을 히스토리 history 라고 합니다. 연속된 다섯 개 화면 중에서 처음 네 개가 히스토리 1이 되고 그다음 네 개가 히스토리 2가 됩니다. 편의상 전처리를 하지 않은 화면을 보여줬습니다. 히스토리는 [84, 84, 4]의 크기를 가집니다.

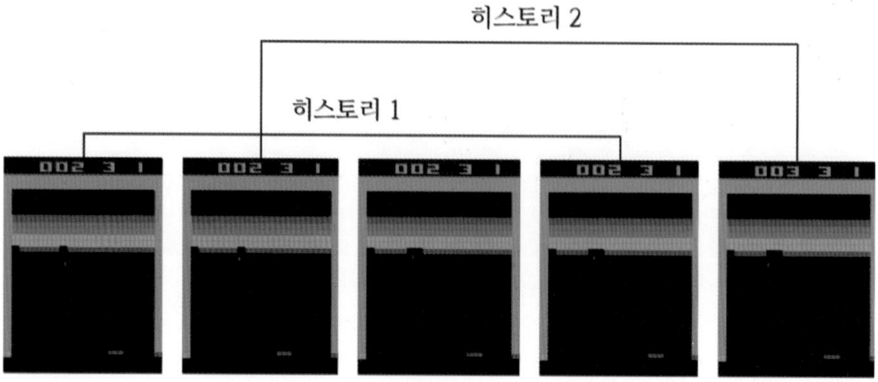

그림 7.14 4개의 연속된 화면이 입력이 된다

그 밖에는 카트폴에서의 DQN 알고리즘과 같습니다. 샘플(s, a, r, s') 사이의 관계성을 깨버리기 위해 리플레이 메모리를 사용해 미니 배치로 모델을 업데이트합니다. 또한 타깃 모델을 형성해서 업데이트의 타깃에 해당하는 값은 타깃 모델의 출력을 이용합니다. 이 타깃 모델을 일정 시간마다 업데이트함으로써 학습의 안정성을 높였습니다. 브레이크아웃에 사용되는 변수는 표 7.1과 같습니다.

표 7.1 브레이크아웃의 변수

변수	값
미니 배치 크기	32
리플레이 메모리 크기	100,000
히스토리 길이	4 프레임
타깃 모델 업데이트 주기	10,000스텝에 한 번
할인율	0.99
프레임 스킵	4개 화면 중 1개 사용
학습 속도(경사하강법)	0.0001
ε 관련	1 부터 0.02까지 1,000,000스텝 동안 감소
학습 시작	50,000스텝 후부터

DQN 코드 설명

브레이크아웃의 DQN 코드는 RLCode의 깃허브 저장소 "3-atari/1-breakout-dqn"에 있습니다. 파일은 훈련을 위한 train.py와 테스트를 위한 test.py로 나뉘어 있습니다. train.py의 전체 코드는 다음과 같습니다.

```
import os
import gym
import random
import numpy as np
import tensorflow as tf
from collections import deque

from skimage.color import rgb2gray
from skimage.transform import resize

from tensorflow.keras.optimizers import Adam
from tensorflow.keras.layers import Conv2D, Dense, Flatten


# 상태가 입력, 큐함수가 출력인 인공신경망 생성
class DQN(tf.keras.Model):
    def __init__(self, action_size, state_size):
        super(DQN, self).__init__()
        self.conv1 = Conv2D(32, (8, 8), strides=(4, 4), activation='relu',
                            input_shape=state_size)
        self.conv2 = Conv2D(64, (4, 4), strides=(2, 2), activation='relu')
        self.conv3 = Conv2D(64, (3, 3), strides=(1, 1), activation='relu')
        self.flatten = Flatten()
        self.fc = Dense(512, activation='relu')
        self.fc_out = Dense(action_size)

    def call(self, x):
        x = self.conv1(x)
        x = self.conv2(x)
        x = self.conv3(x)
        x = self.flatten(x)
        x = self.fc(x)
```

```
        q = self.fc_out(x)
        return q


# 브레이크아웃 예제에서의 DQN 에이전트
class DQNAgent:
    def __init__(self, action_size, state_size=(84, 84, 4)):
        self.render = False

        # 상태와 행동의 크기 정의
        self.state_size = state_size
        self.action_size = action_size

        # DQN 하이퍼파라미터
        self.discount_factor = 0.99
        self.learning_rate = 1e-4
        self.epsilon = 1.
        self.epsilon_start, self.epsilon_end = 1.0, 0.02
        self.exploration_steps = 1000000.
        self.epsilon_decay_step = self.epsilon_start - self.epsilon_end
        self.epsilon_decay_step /= self.exploration_steps
        self.batch_size = 32
        self.train_start = 50000
        self.update_target_rate = 10000

        # 리플레이 메모리, 최대 크기 100,000
        self.memory = deque(maxlen=100000)
        # 게임 시작 후 랜덤하게 움직이지 않는 것에 대한 옵션
        self.no_op_steps = 30

        # 모델과 타깃 모델 생성
        self.model = DQN(action_size, state_size)
        self.target_model = DQN(action_size, state_size)
        self.optimizer = Adam(self.learning_rate, clipnorm=10.)
        # 타깃 모델 초기화
        self.update_target_model()

        self.avg_q_max, self.avg_loss = 0, 0
```

```
    self.writer = tf.summary.create_file_writer('summary/breakout_dqn')
    self.model_path = os.path.join(os.getcwd(), 'save_model', 'model')

# 타깃 모델을 모델의 가중치로 업데이트
def update_target_model(self):
    self.target_model.set_weights(self.model.get_weights())

# 입실론 탐욕 정책으로 행동 선택
def get_action(self, history):
    history = np.float32(history / 255.0)
    if np.random.rand() <= self.epsilon:
        return random.randrange(self.action_size)
    else:
        q_value = self.model(history)
        return np.argmax(q_value[0])

# 샘플 <s, a, r, s'>을 리플레이 메모리에 저장
def append_sample(self, history, action, reward, next_history, dead):
    self.memory.append((history, action, reward, next_history, dead))

# 텐서보드에 학습 정보를 기록
def draw_tensorboard(self, score, step, episode):
    with self.writer.as_default():
        tf.summary.scalar('Total Reward/Episode', score, step=episode)
        tf.summary.scalar('Average Max Q/Episode',
                          self.avg_q_max / float(step), step=episode)
        tf.summary.scalar('Duration/Episode', step, step=episode)
        tf.summary.scalar('Average Loss/Episode',
                          self.avg_loss / float(step), step=episode)

# 리플레이 메모리에서 무작위로 추출한 배치로 모델 학습
def train_model(self):
    if self.epsilon > self.epsilon_end:
        self.epsilon -= self.epsilon_decay_step

    # 메모리에서 배치 크기만큼 무작위로 샘플 추출
    batch = random.sample(self.memory, self.batch_size)

    history = np.array([sample[0][0] / 255. for sample in batch],
                       dtype=np.float32)
```

```
        actions = np.array([sample[1] for sample in batch])
        rewards = np.array([sample[2] for sample in batch])
        next_history = np.array([sample[3][0] / 255. for sample in batch],
                                dtype=np.float32)
        dones = np.array([sample[4] for sample in batch])

        # 학습 파라미터
        model_params = self.model.trainable_variables
        with tf.GradientTape() as tape:
            # 현재 상태에 대한 모델의 큐함수
            predicts = self.model(history)
            one_hot_action = tf.one_hot(actions, self.action_size)
            predicts = tf.reduce_sum(one_hot_action * predicts, axis=1)

            # 다음 상태에 대한 타깃 모델의 큐함수
            target_predicts = self.target_model(next_history)

            # 벨만 최적 방정식을 구성하기 위한 타깃과 큐함수의 최댓값 계산
            max_q = np.amax(target_predicts, axis=1)
            targets = rewards + (1 - dones) * self.discount_factor * max_q

            # 후버로스 계산
            error = tf.abs(targets - predicts)
            quadratic_part = tf.clip_by_value(error, 0.0, 1.0)
            linear_part = error - quadratic_part
            loss = tf.reduce_mean(0.5 * tf.square(quadratic_part) + linear_part)

            self.avg_loss += loss.numpy()

        # 오류함수를 줄이는 방향으로 모델 업데이트
        grads = tape.gradient(loss, model_params)
        self.optimizer.apply_gradients(zip(grads, model_params))


# 학습속도를 높이기 위해 흑백화면으로 전처리
def pre_processing(observe):
    processed_observe = np.uint8(
        resize(rgb2gray(observe), (84, 84), mode='constant') * 255)
    return processed_observe
```

```
if __name__ == "__main__":
    # 환경과 DQN 에이전트 생성
    env = gym.make('BreakoutDeterministic-v4')
    agent = DQNAgent(action_size=3)

    global_step = 0
    score_avg = 0
    score_max = 0

    # 불필요한 행동을 없애기 위한 딕셔너리 선언
    action_dict = {0:1, 1:2, 2:3, 3:3}

    num_episode = 50000
    for e in range(num_episode):
        done = False
        dead = False

        step, score, start_life = 0, 0, 5
        # env 초기화
        observe = env.reset()

        # 랜덤으로 뽑힌 값만큼의 프레임 동안 움직이지 않음
        for _ in range(random.randint(1, agent.no_op_steps)):
            observe, _, _, _ = env.step(1)

        # 프레임을 전처리한 후 4개의 상태를 쌓아서 입력값으로 사용
        state = pre_processing(observe)
        history = np.stack((state, state, state, state), axis=2)
        history = np.reshape([history], (1, 84, 84, 4))

        while not done:
            if agent.render:
                env.render()
            global_step += 1
            step += 1

            # 바로 전 history를 입력으로 받아 행동을 선택
            action = agent.get_action(history)
            # 1: 정지, 2: 왼쪽, 3: 오른쪽
```

```
                real_action = action_dict[action]

                # 죽었을 때 시작하기 위해 발사 행동을 함
                if dead:
                    action, real_action, dead = 0, 1, False

                # 선택한 행동으로 환경에서 한 타임스텝 진행
                observe, reward, done, info = env.step(real_action)
                # 각 타임스텝마다 상태 전처리
                next_state = pre_processing(observe)
                next_state = np.reshape([next_state], (1, 84, 84, 1))
                next_history = np.append(next_state, history[:, :, :, :3], axis=3)

                agent.avg_q_max += np.amax(agent.model(np.float32(history / 255.))[0])

                if start_life > info['ale.lives']:
                    dead = True
                    start_life = info['ale.lives']

                score += reward
                reward = np.clip(reward, -1., 1.)
                # 샘플 <s, a, r, s'>을 리플레이 메모리에 저장 후 학습
                agent.append_sample(history, action, reward, next_history, dead)

        # 리플레이 메모리 크기가 정한 수치에 도달한 시점부터 모델 학습 시작
        if len(agent.memory) >= agent.train_start:
            agent.train_model()
            # 일정 시간마다 타깃 모델을 모델의 가중치로 업데이트
            if global_step % agent.update_target_rate == 0:
                agent.update_target_model()

                if dead:
                    history = np.stack((next_state, next_state,
                                        next_state, next_state), axis=2)
                    history = np.reshape([history], (1, 84, 84, 4))
                else:
                    history = next_history

                if done:
```

```
            # 에피소드당 학습 정보를 기록
            if global_step > agent.train_start:
                agent.draw_tensorboard(score, step, e)

            score_avg = 0.9*score_avg + 0.1*score if score_avg != 0 else score
            score_max = score if score > score_max else score_max

            log = "episode: {:5d} | ".format(e)
            log += "score: {:4.1f} | ".format(score)
            log += "score max : {:4.1f} | ".format(score_max)
            log += "score avg: {:4.1f} | ".format(score_avg)
            log += "memory length: {:5d} | ".format(len(agent.memory))
            log += "epsilon: {:.3f} | ".format(agent.epsilon)
            log += "q avg : {:3.2f} | ".format(agent.avg_q_max / float(step))
            log += "avg loss : {:3.2f}".format(agent.avg_loss / float(step))
            print(log)

            agent.avg_q_max, agent.avg_loss = 0, 0

    # 1000에피소드마다 모델 저장
    if e % 1000 == 0:
        agent.model.save_weights("./save_model/model", save_format="tf")
```

지금까지와 마찬가지로 DQNAgent에 어떤 함수가 필요한지를 알기 위해서는 에이전트가 환경과 어떻게 상호작용하는지 알아야 합니다.

1. 상태에 따른 행동 선택
2. 선택한 행동으로 환경에서 한 타임스텝을 진행
3. 환경으로부터 다음 상태와 보상을 받음
4. 샘플(s, a, r, s')을 리플레이 메모리에 저장
5. 리플레이 메모리에서 무작위로 추출한 32개의 샘플로 학습
6. 10,000 타임스텝마다 타깃네트워크 업데이트

상태에 따른 행동을 선택하려면 히스토리를 입력받아서 큐함수를 출력하는 모델이 있어야 합니다. 하지만 그 전에 게임 화면을 전처리할 함수가 필요합니다. 전처리하는 함수는 pre_processing이며 인수로 observe, 즉 하나의 화면을 받습니다. 전처리를 하기 전 이미지는 [210, 160, 3]이지만 전처리를 거치면 이미지는 [84, 84, 1]이 됩니다. 전처리를 거친 이미지를 state라고 하겠습니다.

```
def pre_processing(observe):
    processed_observe = np.uint8(
        resize(rgb2gray(observe), (84, 84), mode='constant') * 255)
    return processed_observe
```

모델에 입력으로 들어가는 것은 연속된 네 개의 화면, 즉 히스토리 history 입니다. 메인 루프 안에서 히스토리를 생성하는 코드를 살펴보겠습니다. 다음 코드는 에피소드의 처음 시작 히스토리를 만드는 부분입니다. 첫 상태에서는 4개의 화면을 모을 수 없기 때문에 첫 상태를 똑같이 4개를 복사해서 하나의 히스토리로 만듭니다. np.stack 함수에서 axis는 어떤 축에 대해 state를 쌓을 것인가에 대한 변수입니다. state가 [84, 84, 1]의 형태를 가지기 때문에 1에 해당하는 축에 대해 state를 쌓아줘야 합니다. 따라서 axis=2라고 설정합니다.

```
state = pre_processing(observe)
history = np.stack((state, state, state, state), axis=2)
history = np.reshape([history], (1, 84, 84, 4))
```

메인 루프 안에서 한 스텝을 진행할 때마다 환경은 에이전트에게 새로운 observe를 줍니다. 이 observe를 히스토리에 포함해야 하는데 히스토리에서 오래된 state는 버리고 전처리를 거친 새로운 state를 채워야 합니다. 이때는 np.append 함수를 이용해 이 과정을 진행합니다.

```
next_state = pre_processing(observe)
next_state = np.reshape([next_state], (1, 84, 84, 1))
next_history = np.append(next_state, history[:, :, :, :3], axis=3)
```

이제 모델에 입력으로 들어갈 히스토리를 생성했습니다. 히스토리를 입력으로 받아 큐함수를 출력할 모델을 생성하는 코드는 컨볼루션 신경망을 설명할 때 설명했기 때문에 생략하겠습니다.

DQN에서 유의해야 할 점은 타깃 모델도 같은 형태로 생성해야 한다는 것입니다. 모델과 타깃 모델을 생성하고 두 모델의 가중치를 통일하는 코드는 DQNAgent의 __init__ 함수에 있으며 다음과 같습니다.

```
# 모델과 타깃 모델 생성
self.model = DQN(action_size, state_size)
self.target_model = DQN(action_size, state_size)
self.optimizer = Adam(self.learning_rate, clipnorm=10.)
```

모델을 생성했으면 이제 에이전트는 모델을 통해 행동을 선택할 수 있습니다. 행동의 선택은 케라스의 model() 함수를 이용해 출력한 큐함수를 통해 선택합니다. 큐함수에 대해 에이전트는 ε-탐욕정책을 통해 행동을 선택합니다. 이때 모델에 들어가는 입력은 원래 픽셀 값인 0~255 사이의 값이 아니라 0~1 사이의 값이 되도록 합니다.

```
def get_action(self, history):
    history = np.float32(history / 255.0)
    if np.random.rand() <= self.epsilon:
        return random.randrange(self.action_size)
    else:
        q_value = self.model.predict(history)
        return np.argmax(q_value[0])
```

get_action 함수를 통해 행동을 선택하면 에이전트는 환경에서 그 행동으로 한 스텝 진행합니다. 환경은 에이전트에게 다음 observe와 보상, 에피소드가 끝났는지에 대한 정보, 목숨이 몇 개 남았는지에 대한 정보를 줍니다.

```
observe, reward, done, info = env.step(action)
```

브레이크아웃은 1개의 에피소드가 5개의 목숨으로 이뤄져 있습니다. 에이전트는 공을 떨어뜨릴 때마다 하나의 목숨을 잃게 되고 5개의 목숨을 다 잃으면 에피소드가 끝납니다. Info 정보 안에 포함된 남은 목숨을 통해 현재 에이전트가 목숨을 잃었는지를 다음과 같은 코드로 판별할 수 있습니다. 이 목숨의 정보를 어떻게 활용하는지는 뒤에서 설명하겠습니다.

```
if start_life > info['ale.lives']:
    dead = True
    start_life = info['ale.lives']
```

더 나아가기 전에 한 가지 더 짚고 넘어가야 할 점은 다음 코드로 표현되는 보상의 클립입니다. 보상 reward는 1을 넘을 수 있는데 1을 넘는 보상은 전부 1로 만들어주는 함수입니다. 이 기능은 여러 개의 다른 아타리 게임에 DQN을 적용하기 위해 게임마다 점수를 주는 기준이 다르기 때문에 있는 것이기 때문에 이 부분을 생략해도 학습이 됩니다.

```
reward = np.clip(reward, -1., 1.)
```

에이전트가 환경에서 한 스텝을 진행하고 환경으로부터 정보를 얻으면 샘플로서 리플레이 메모리에 저장합니다. 리플레이 메모리에는 현재 히스토리와 행동, 보상, 다음 히스토리, 목숨을 잃었는지의 정보를 넣습니다.

```
def append_sample(self, history, action, reward, next_history, dead):
    self.memory.append((history, action, reward, next_history, dead))
```

이렇게 리플레이 메모리에 샘플을 추가하고 에이전트는 리플레이 메모리를 이용해 학습을 진행합니다. 학습은 첫 50000스텝이 지난 후부터 진행하므로 메모리의 사이즈가 50000 이하일 때는 학습하지 않습니다. 학습을 시작하면 ε을 타임스텝마다 감소시킵니다.

```
# 리플레이 메모리에서 무작위로 추출한 배치로 모델 학습
def train_model(self):
    if self.epsilon > self.epsilon_end:
        self.epsilon -= self.epsilon_decay_step

    # 메모리에서 배치 크기만큼 무작위로 샘플 추출
    batch = random.sample(self.memory, self.batch_size)

    history = np.array([sample[0][0] / 255. for sample in batch],
                       dtype=np.float32)
    actions = np.array([sample[1] for sample in batch])
    rewards = np.array([sample[2] for sample in batch])
    next_history = np.array([sample[3][0] / 255. for sample in batch],
                            dtype=np.float32)
    dones = np.array([sample[4] for sample in batch])

    # 학습 파라미터
    model_params = self.model.trainable_variables
    with tf.GradientTape() as tape:
        # 현재 상태에 대한 모델의 큐함수
        predicts = self.model(history)
        one_hot_action = tf.one_hot(actions, self.action_size)
        predicts = tf.reduce_sum(one_hot_action * predicts, axis=1)

        # 다음 상태에 대한 타깃 모델의 큐함수
        target_predicts = self.target_model(next_history)

        # 벨만 최적 방정식을 구성하기 위한 타깃과 큐함수의 최댓값 계산
        max_q = np.amax(target_predicts, axis=1)
        targets = rewards + (1 - dones) * self.discount_factor * max_q
```

```
        # 후버로스 계산
        error = tf.abs(targets - predicts)
        quadratic_part = tf.clip_by_value(error, 0.0, 1.0)
        linear_part = error - quadratic_part
        loss = tf.reduce_mean(0.5 * tf.square(quadratic_part) + linear_part)

        self.avg_loss += loss.numpy()

    # 오류함수를 줄이는 방향으로 모델 업데이트
    grads = tape.gradient(loss, model_params)
    self.optimizer.apply_gradients(zip(grads, model_params))
```

이 코드에서 유의해서 봐야 할 점은 미니배치로 학습한다는 것입니다. 따라서 다음과 같이 리플레이 메모리에 저장돼 있는 샘플 중에서 미니배치 크기만큼의 샘플을 무작위로 추출합니다.

```
# 메모리에서 배치 크기만큼 무작위로 샘플 추출
batch = random.sample(self.memory, self.batch_size)
```

추출한 샘플들을 학습에 필요한 형태로 처리해주기 위해 다음과 같은 코드를 작성합니다. 리플레이 메모리에 넣어주었던 순서대로 history, actions, rewards, next_history 그리고 dones를 각각 추출해서 numpy array 형태로 변환해줍니다.

```
history = np.array([sample[0][0] / 255. for sample in batch],
                   dtype=np.float32)
actions = np.array([sample[1] for sample in batch])
rewards = np.array([sample[2] for sample in batch])
next_history = np.array([sample[3][0] / 255. for sample in batch],
                        dtype=np.float32)
dones = np.array([sample[4] for sample in batch])
```

모델을 업데이트하는 부분의 코드는 카트폴 DQN 코드와 두 가지를 제외한 모든 부분이 동일합니다. 하나는 MSE 오류함수 대신에 후버로스 Huber loss 라는 오류함수를 사용한다는 것이고, 다른 하나는 액터-크리틱에서처럼 옵티마이저에 그레이디언트 클리핑 Gradient clipping 을 사용한다는 점입니다.

먼저 후버로스에 대해 살펴보겠습니다. 후버로스는 그림 7.15의 초록색 그래프와 같습니다. 그래프의 x 축은 정답과 예측 사이의 에러입니다. y 축은 후버로스 함수를 통과했을 때의 오류함수 값입니다. 후버로스는 −1에서 1 사이의 구간에서는 2차함수이며 그 밖의 구간에서는 1차함수인 오류함수입니다. MSE 오류함수의 경우 모든 구간에서 2차 함수이기 때문에 큰 값의 오류에 대해서 민감하게 학습될 수밖에 없습니다. 따라서 후버로스는 절댓값이 1을 넘어가는 구간에 대해서 1차함수를 적용해 학습을 안정화하는 것입니다.

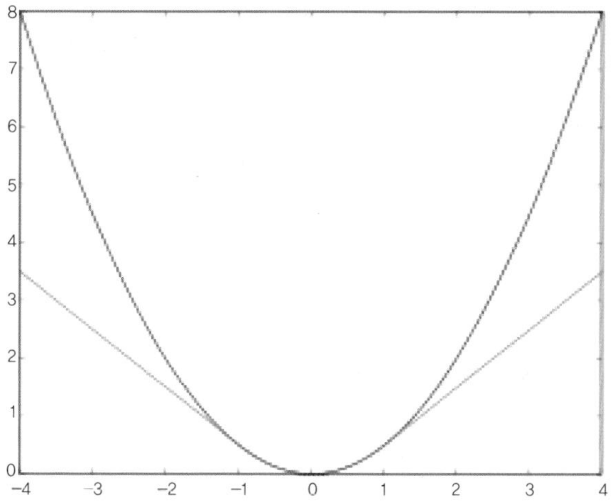

그림 7.15 후버로스의 그래프

이 후버로스를 구현한 코드는 다음 부분입니다.

```
# 벨만 최적 방정식을 구성하기 위한 타깃과 큐함수의 최댓값 계산
max_q = np.amax(target_predicts, axis=1)
targets = rewards + (1 - dones) * self.discount_factor * max_q
```

```
# 후버로스 계산
error = tf.abs(targets - predicts)
quadratic_part = tf.clip_by_value(error, 0.0, 1.0)
linear_part = error - quadratic_part
loss = tf.reduce_mean(0.5 * tf.square(quadratic_part) + linear_part)
```

이와 같이 오류함수를 계산한 후에는 그 오류를 최소화하는 방향으로 모델을 업데이트해주는 옵티마이저를 사용해 훈련합니다. 옵티마이저를 선언하는 부분은 다음과 같습니다.

```
self.optimizer = Adam(self.learning_rate, clipnorm=10.)
```

'clipnorm=10.' 인자가 추가된 것을 확인할 수 있습니다. 이는 그레이디언트 클리핑을 위한 인자입니다. 그레이디언트 클리핑은 그레이디언트의 크기가 특정 값을 넘어가지 못하게 하는 것을 의미합니다. 그레이디언트의 크기가 너무 크면 모델의 가중치가 너무 급격하게 변화하면서 학습에 악영향을 미칠 수 있기 때문에 이를 방지하기 위함입니다. 후버로스 또한 비슷한 역할을 수행합니다. 오류함수의 값이 커지면 그레이디언트 크기 또한 커질 수 있는데, 후버로스가 이를 방지합니다. 후버로스와 그레이디언트 클리핑은 이와 같은 원리로 더욱더 강건한Robust 훈련을 가능하게 해줍니다.

모델은 미리 정해놓은 train_start의 값보다 리플레이 메모리의 길이가 더 커졌을 때부터 훈련을 시작합니다. 또한 타깃 모델은 설정해주었던 update_target_rate마다 한 번씩 업데이트합니다.

```
# 리플레이 메모리 크기가 정한 수치에 도달한 시점부터 모델 학습 시작
if len(agent.memory) >= agent.train_start:
    agent.train_model()
```

```
# 일정 시간마다 타깃 모델을 모델의 가중치로 업데이트
if global_step % agent.update_target_rate == 0:
    agent.update_target_model()
```

마지막으로 짚고 넘어가야 할 점은 no_op_steps라는 것입니다. 브레이크아웃을 플레이해보면 알게 되는 점은 공이 날아올 때 일정한 방향으로만 날아온다는 것입니다. 왼쪽 아니면 오른쪽 구석으로 보통 처음에 날아옵니다. 따라서 에이전트가 가장 처음에 빠지는 오류는 구석에 붙는 것입니다.

이를 방지하기 위해 에이전트가 초반에 일정 기간 동안 아무것도 하지 않는 구간을 무작위로 설정합니다. 이때 무작위로 설정하는 것의 상한선이 있는데 그것이 no_op_steps이며 30으로 설정합니다. 다음 코드가 이를 구현한 코드입니다. 1이라는 행동은 아무것도 하지 않는 행동을 의미합니다.

```
for _ in range(random.randint(1, agent.no_op_steps)):
            observe, _, _, _ = env.step(1)
```

지금까지 train.py 의 코드에서 카트폴 DQN 파트에서 살펴보았던 코드와 달라진 부분을 중점으로 알아보았습니다. 이전의 예제와 마찬가지로 test.py의 코드를 통해서 학습된 모델이 플레이하는 모습을 확인해 볼 수 있습니다.

텐서보드 사용법

이제 에이전트는 매 스텝마다 학습을 하며 일정 기간마다 타깃 모델을 업데이트합니다. 이 과정을 그래프로 보면 좋은데, 이때 텐서보드 Tensorboard 라는 텐서플로의 기능을 이용하면 좋습니다. 여기서는 간단하게 텐서 보드의 사용법을 살펴보겠습니다. 처음에 DQNAgent를 생성할 때 텐서보드와 관련된 다음과 같은 코드가 있습니다.

```
self.writer = tf.summary.create_file_writer('summary/breakout_dqn')
```

tf.summary.create_file_writer 함수는 텐서보드를 기록하기 위한 writer 변수를 생성하면서 동시에 텐서보드에 기록할 로그들이 어디에 저장될지를 정해주는 역할을 합니다.

텐서보드를 통해 그래프로 그리고자 하는 변수들은 학습 상황을 보여줄 수 있는 변수들입니다. 에피소드마다 받는 보상, 에피소드마다 각 스텝에서의 최고 큐함수 값의 평균, 에피소드의 길이, 에피소드의 오류함수의 평균값입니다.

텐서보드를 통해 그래프를 그리기 위해서는 다음과 같은 함수를 작성해야 합니다. draw_tensorboard 함수는 DQNAgent 클래스에 속해 있는 함수입니다. 변수들을 기록하기 위해서는 위의 코드와 같이 self.writer를 사용해서 with 문을 열어준 후에 tf.summary.scalar 함수를 사용해야 합니다. 저장할 그래프의 이름과 저장하고자 하는 변수의 값, 그리고 x 축에 해당하는 값을 함께 위의 코드와 같이 인자로 넣어주면 텐서보드가 그래프를 그려줍니다.

```
# 텐서보드에 학습 정보를 기록
def draw_tensorboard(self, score, step, episode):
    with self.writer.as_default():
        tf.summary.scalar('Total Reward/Episode', score, step=episode)
        tf.summary.scalar('Average Max Q/Episode',
                          self.avg_q_max / float(step), step=episode)
        tf.summary.scalar('Duration/Episode', step, step=episode)
        tf.summary.scalar('Average Loss/Episode',
                          self.avg_loss / float(step), step=episode)
```

저장된 텐서보드의 로그는 지정해준 위치인 'summary/breakout_dqn'에 저장됩니다. 이를 확인하는 방법은 간단합니다. 텐서보드는 서버를 통해 그래프를 그리게 돼 있어서 서버에 접속해야 합니다. 먼저 텐서보드가 저장된 파일을 이용해 서버를 열어 그래프를 그리도록 텐서보드를 실행해야 합니다. 터미널 또는 명령줄에서 텐서보드를 다음과 같이 실행하면 됩니다.

```
~$ tensorboard --logdir=파일 경로
```

--logdir은 파일 경로를 설정하는 옵션입니다. 코드 파일이 있는 위치에서 터미널 또는 명령줄을 열었다면 --logdir=summary/breakout_dqn이라고 옵션을 지정하면 서버가 열릴 것입니다. 그림 7.16은 서버가 열린 상태입니다.

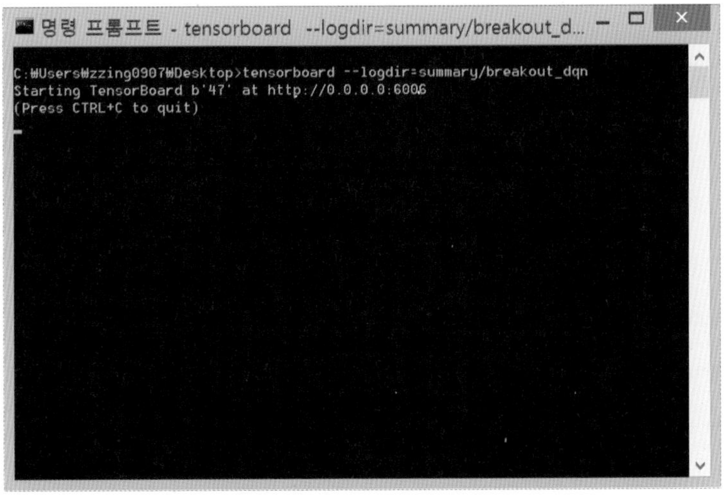

그림 7.16 커맨드 창에서 텐서보드를 실행한 화면

브라우저를 열어서 그림 7.16에 나온 http://0.0.0.0:6006 또는 localhost:6006에 접속합니다. 그러고 나면 그림 7.17과 같은 화면이 나옵니다. 텐서보드는 이처럼 서버에서 그래프를 보여줍니다. 텐서보드가 제공하는 여러 창 중에서 아래에 나오는 창은 SCALARS입니다. SCALARS는 코드에서 직접 저장해준 값들을 보여주는 창입니다. 위에서 저장한 Average_Loss, Average_Max_Q, Duration, Total_reward의 그래프를 각각 볼 수 있습니다.

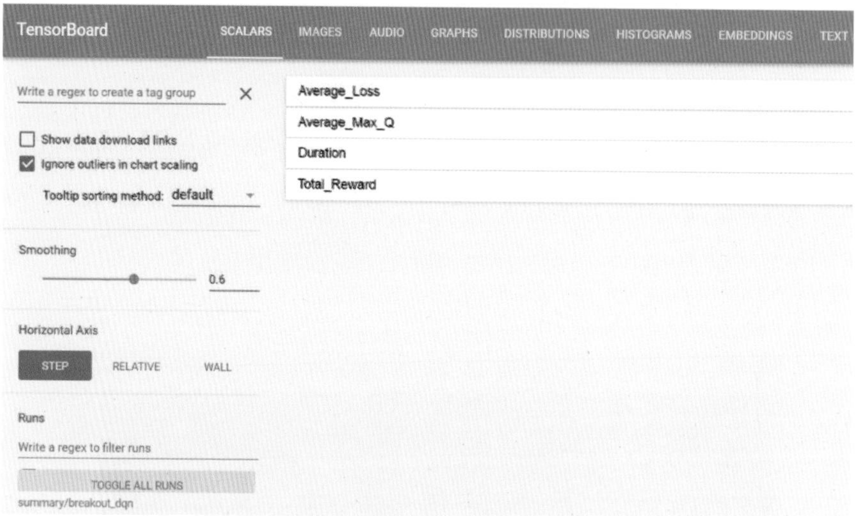

그림 7.17 텐서보드가 구동되는 화면

브레이크아웃 DQN 실행 및 결과

브레이크아웃을 DQN으로 학습시킨 결과를 살펴보겠습니다. RLCode 깃허브 저장소에서 "3-atari/1-breakout-dqn/save_model"에 저장돼 있는 모델은 5000에피소드 정도 학습한 결과입니다. 학습에 사용한 그래픽카드는 GTX 1060, CPU는 i5-4690이며, 대략 40시간이 걸렸습니다. 먼저 에피소드에 따른 오류함수의 변화를 확인해보겠습니다. Average_Loss는 각 에피소드마다 오류함수의 평균을 구한 값입니다.

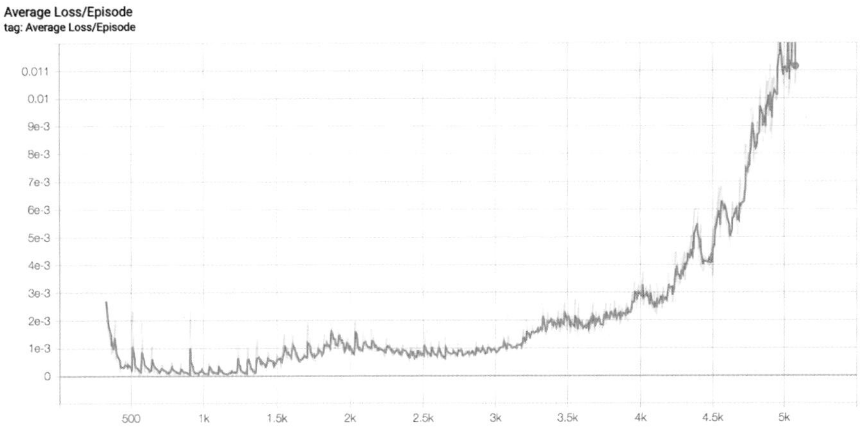

그림 7.18 브레이크아웃 DQN의 오류함수 그래프

오류함수는 초반 500에피소드 동안에 급격히 감소하다가 그 이후에는 증가하는 양상을 보입니다. 지도학습의 경우는 정답이 정해져 있기 때문에 학습이 정상적으로 이뤄진다면 정답에 맞게 학습되기 때문에 오류함수는 감소합니다. 하지만 강화학습에서는 학습의 목표인 타깃이 정해져 있지 않습니다. 따라서 지도학습에서와 같이 시간에 따라 단조롭게 감소하는 양상을 보이지는 않습니다.

이 같은 이유로 지도학습에서는 오류함수로 모델이 어떻게 학습하고 있는지 확인할 수 있지만 강화학습에서는 오류함수만으로는 모델이 잘 학습하고 있는지 확인할 수 없습니다. 강화학습에서 에이전트의 목표는 결국 보상의 최대화입니다. 따라서 에피소드 동안 에이전트가 선택했던 상태들의 큐함수의 최댓값을 평균 낸 Average_Max_Q가 현재 에이전트가 잘 학습되고 있는지를 알려줄 수 있습니다. 실제로 많은 논문에서 이 값으로 학습의 상황을 판단합니다.

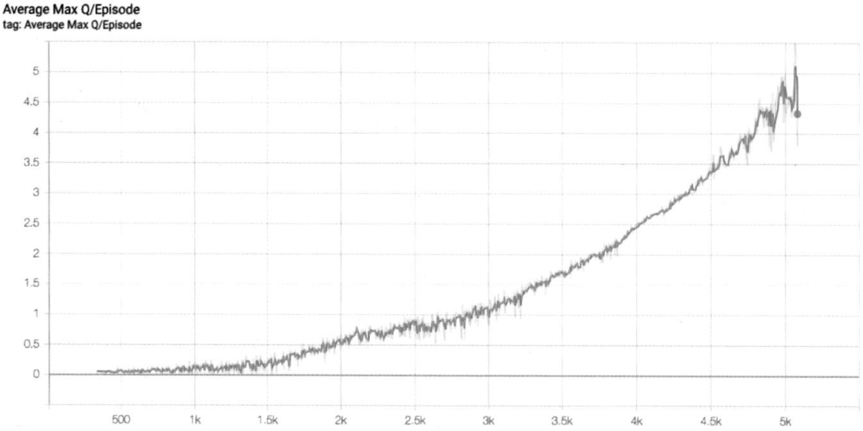

그림 7.19 브레이크아웃 DQN의 에피소드 평균 큐함수 값의 평균

그림 7.19는 5000에피소드 동안 브레이크아웃의 학습 과정을 보여줍니다. Average_Q_Max의 값은 에피소드 동안 에이전트가 지나온 상태에 대해 모델이 예측하는 큐함수 중의 최댓값을 평균 취한 값입니다. Average_Q_Max의 그래프는 그림 7.18로 나타나는 오류함수의 그래프와 많이 다른 것을 알 수 있습니다. 결국 학습의 대상이 오류함수의 최소화가 아닌 보상의 최대화이기 때문에 Average_Q_Max는 학습 과정을 확인할 수 있는 좋은 지표가 됩니다.

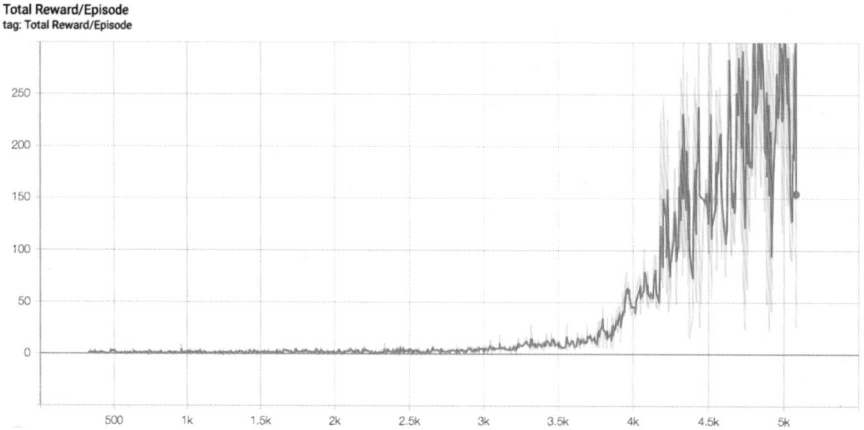

그림 7.20 브레이크아웃 DQN의 에피소드당 점수 그래프

Total_Reward는 해당 에피소드에서 받은 점수입니다. 5000에피소드를 학습한 DQN 에이전트는 평균 200점 이상의 점수를 받습니다. 그래프에서 보다시피 후반부 에피소드로 가면서 점수의 위아래 폭이 넓어지고 최대 점수는 410점 정도입니다.

그림 7.21은 DQN 에이전트가 학습한 전략을 보여줍니다. 가운데 터널을 뚫어서 한 번에 여러 벽돌을 깨버리는 것입니다. 각 화면의 상단 점수를 보면 한 번에 많은 점수를 얻은 것을 볼 수 있습니다.

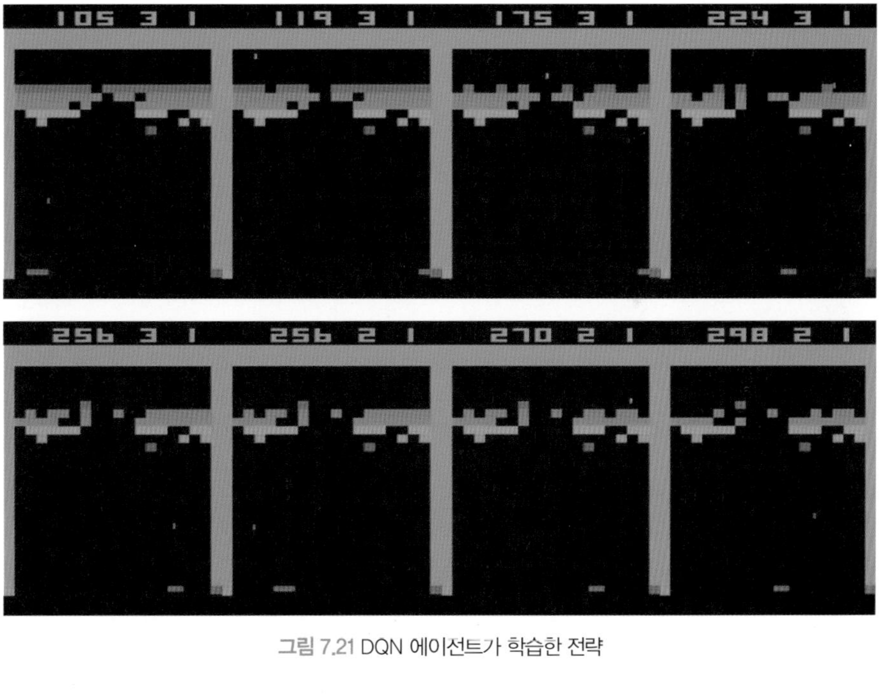

그림 7.21 DQN 에이전트가 학습한 전략

브레이크아웃 A3C

DQN의 한계

DQN의 가장 핵심적인 아이디어는 큐러닝을 인공신경망과 사용하기 위해 경험 리플레이를 사용한다는 것입니다. 에이전트가 환경과 상호작용하면서 샘플(s, a, r, s')을 생성하는데 이 샘플은 에이전트가 처한 상황에 따라 많이 변화합니다. 또한 그때그때의 샘플로 에이전트가 학습한다면 각 샘플끼리의 연관성 때문에 학습이 이상한 방향으로 흘러갈 수 있습니다. 예를 들면, 브레이크아웃에서 왼쪽 벽에 에이전트가 붙어버린다면 에이전트는 벽에 붙어버린 상황에 대해서만 학습할 것입니다. 이것은 에이전트에게 기대하는 바가 아닙니다.

이러한 문제를 해결하기 위해 샘플을 많이 모으는 것입니다. 에이전트는 환경으로부터 얻은 샘플을 리플레이 메모리에 저장합니다. 인공신경망을 학습할 때는 메모리에 저장돼 있는 샘플을 임의로 배치 크기만큼 추출해서 학습에 사용합니다. 이 아이디어는 결과적으로 아타리 게임이라는 환경에서 에이전트가 성공적으로 학습할 수 있게 했습니다.

하지만 딥마인드의 DQN에서는 리플레이 메모리로 100,000 크기의 메모리를 사용합니다. 따라서 컴퓨터의 메모리를 많이 차지하며 느린 학습 속도의 원인이 됩니다. 또한 리플레이 메모리를 통해 학습한다는 것은 지금 정책이 아닌 이전 정책을 통해 모은 샘플로 학습한다는 것입니다. 따라서 리플레이 메모리를 사용할 때는 오프폴리시 강화학습을 사용해야만 한다는 단점이 있습니다. DQN은 그중에서 큐러닝을 사용한 것입니다.

A3C란?

DQN과 다르게 이 문제에 다르게 접근한 방법이 있습니다. 2016년 딥마인드의 논문인 "Asynchronous Methods for Deep Reinforcement Learning"에 소개된 A3C Asynchronous Advantage Actor-Critic [22] 알고리즘입니다. A3C의 아이디어는 간단합니다. DQN과 같이 메모리에 많은 샘플을 쌓아서 샘플 사이의 연관성을 깨는 것이 아니라 아예 에이전트를 여러 개 사용하는 것입니다.

샘플을 모으는 각 에이전트는 액터러너 Actor-Learner 라고도 합니다. 각 액터러너는 각기 다른 환경에서 학습을 합니다. 따라서 액터러너가 모으는 샘플은 서로 연관성이 현저히 떨어집니다. 예를 들어, 한 액터러너가 왼쪽 벽에 붙어있더라도 다른 액터러너가 각기 다른 상태에 있다면 왼쪽 벽에 붙는 형태로 학습하지 않을 것입니다.

액터러너가 일정 타임스텝 동안 모은 샘플을 통해 글로벌신경망을 업데이트하고 자신을 글로벌신경망으로 업데이트합니다. 여러 개의 액터러너가 이 과정을 비동기적 Asynchronous 으로 진행하므로 A3C라는 이름이 붙은 것입니다. 그림 7.22는 A3C의 개념도입니다.

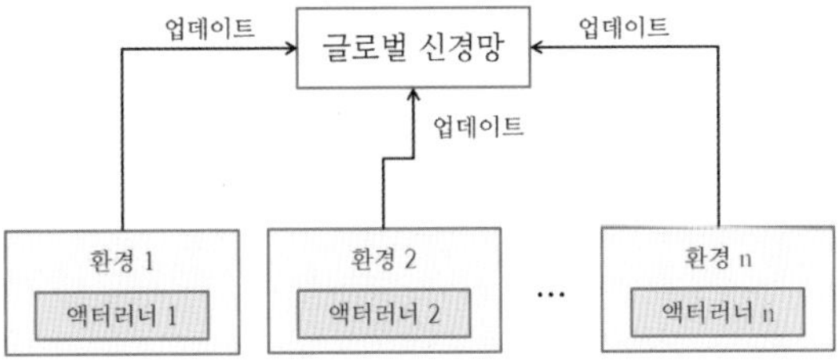

그림 7.22 A3C의 비동기 업데이트

22 V. Mnih, A. Puigdomenech Badia, M. Mirza, A. Graves, T. P. Lillicrap, T. Harley, D. Silver, and K. Kavukcuoglu, "Asynchronous Methods for Deep Reinforcement Learning", ArXiv preprint arXiv:1602.01783, 2016.

A3C를 통해 에이전트가 학습하는 과정은 다음과 같습니다.

1. 글로벌신경망의 생성과 여러 개의 (환경 + 액터러너) 생성
2. 각 액터러너는 일정 타임스텝 동안 환경에서 자신의 모델로 샘플을 모음
3. 일정 타임스텝이 끝나면 각 액터러너는 글로벌 네트워크를 모은 샘플로 업데이트
4. 글로벌신경망을 업데이트한 액터러너는 다시 글로벌신경망으로 자신을 업데이트

A3C에서 어떻게 여러 개의 액터러너를 각 환경에서 플레이할 수 있을까요? 여기서 멀티스레딩 Multi-threading 의 개념이 나옵니다.

멀티스레딩 소개

스레드 Thread 는 프로세스 Process 내에서 실행되는 실행 단위입니다. 프로그램 Program 을 실행하면 먼저 프로세스가 실행됩니다. 그리고 프로세스 내에서 스레드가 실행됩니다. 프로그래머가 직접적으로 정의하지 않는 이상 파이썬에서는 하나의 프로세스가 하나의 스레드를 생성합니다.

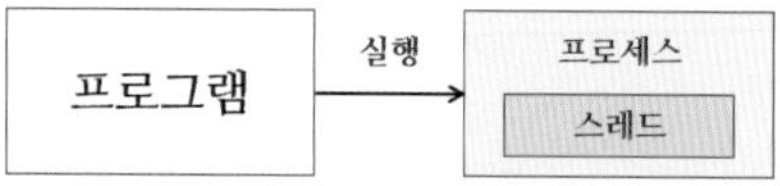

그림 7.23 프로그램과 프로세스, 스레드

그림 7.23과 같이 하나의 프로그램이 실행되면 하나의 프로세스, 그리고 그 안에 하나의 스레드가 생성됩니다. 하지만 하나의 프로그램이 꼭 하나의 프로세스만을 실행하거나, 하나의 프로세스가 꼭 하나의 스레드를 실행해야 하는 것은 아닙니다. 하나의 프로그램에서 여러 개의 프로세스를 생성할 수 있는데 이러한 방법을 멀티프로세싱 Multi-processing 이라고 합니다. 하나의 프로세스에서 여러 개의 스레드를 생성하는 경우는 멀티스레딩 Multi-threading 이라고 하며 그림 7.24와 같습니다.

그림 7.24 멀티스레딩의 개념도

파이썬의 경우 언어의 구조상 멀티스레딩이 효율적이지 않습니다. 동시성이나 병렬성을 가진 프로그램은 멀티스레딩을 사용할 때 여러 가지 문제를 일으킬 수 있는데, 파이썬은 편의를 위해 GIL Global Interpreter Lock 이라는 장치를 갖고 있습니다.

여러 개의 스레드가 메모리에서 같은 정보를 동시에 쓰고 지우고 하다 보면 아주 복잡하고 디버깅하기 어려운 문제가 생길 수 있습니다. GIL은 여러 개의 스레드가 동시에 실행되는 것을 막고 한 번씩 돌아가면서 처리하게 해주는 장치입니다.

그럼 파이썬에서 어떻게 멀티스레딩을 사용하는지 살펴보겠습니다. 우선 아래 코드처럼 theading.Thread를 상속받아서 에이전트 클래스를 만듭니다.

```
import threading

class Agent(threading.Thread):
    def __init__(self):
        threading.Thread.__init__(self)
        pass

    def run(self):
        for i in range(100):
            print(i)
```

Agent 클래스를 생성할 때 threading.Thread를 상속받고 run이라는 함수를 만들면 run 함수가 여러 개의 스레드에서 실행됩니다. threading.Thread.__init__(self)는 상속받은 threading.Thread 클래스를 초기화하는 코드입니다. 다음과 같이 8개의 클래스를 생성한 후에 start()를 실행하면 각 클래스 내의 run 함수가 각각 8개의 스레드로 나눠서 실행됩니다.

```
agents = [Agent() for i in range(8)]

for agent in agents:
    agent.start()
```

이 코드에서 run 함수가 하는 일은 0부터 99까지 print하는 것입니다. 코드를 실행하고 실행 창을 보면 그림 7.25와 같습니다. 0부터 99까지 print하는 작업이 서로 다른 스레드에서 실행되기 때문에 순서대로 숫자가 print되는 것이 아니라 섞여서 print되는 것을 볼 수 있습니다.

그림 7.25 파이썬의 멀티스레딩

A3C에서도 이 같이 여러 액터러너가 각각의 환경에서 탐험하며 학습에 필요한 샘플을 모으는 작업을 여러 스레드에서 진행할 것입니다.

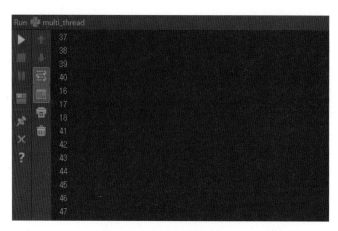

브레이크아웃 A3C 코드 설명

브레이크아웃의 A3C 코드는 RLCode의 깃허브 저장소에서 "3-atari/2-breakout-a3c"에 있습니다. 파일은 훈련을 위한 train.py, 그리고 테스트를 위한 test.py로 나뉘어 있습니다. train.py의 전체 코드는 다음과 같습니다.

```
import os
import gym
import time
import threading
import random
import numpy as np
import tensorflow as tf

from skimage.color import rgb2gray
from skimage.transform import resize

from tensorflow.compat.v1.train import AdamOptimizer
from tensorflow.keras.layers import Conv2D, Flatten, Dense

# 멀티스레딩을 위한 글로벌 변수
global episode, score_avg, score_max
episode, score_avg, score_max = 0, 0, 0
num_episode = 8000000


# ActorCritic 인공신경망
class ActorCritic(tf.keras.Model):
    def __init__(self, action_size, state_size):
        super(ActorCritic, self).__init__()

        self.conv1 = Conv2D(32, (8, 8), strides=(4, 4), activation='relu',
                            input_shape=state_size)
        self.conv2 = Conv2D(64, (4, 4), strides=(2, 2), activation='relu')
        self.conv3 = Conv2D(64, (3, 3), strides=(1, 1), activation='relu')
        self.flatten = Flatten()
        self.shared_fc = Dense(512, activation='relu')
```

```
        self.policy = Dense(action_size, activation='linear')
        self.value = Dense(1, activation='linear')

    def call(self, x):
        x = self.conv1(x)
        x = self.conv2(x)
        x = self.flatten(x)
        x = self.shared_fc(x)

        policy = self.policy(x)
        value = self.value(x)
        return policy, value


# 브레이크아웃에서의 A3CAgent 클래스 (글로벌신경망)
class A3CAgent():
    def __init__(self, action_size, env_name):
        self.env_name = env_name
        # 상태와 행동의 크기 정의
        self.state_size = (84, 84, 4)
        self.action_size = action_size
        # A3C 하이퍼파라미터
        self.discount_factor = 0.99
        self.no_op_steps = 30
        self.lr = 1e-4
        # 스레드의 개수
        self.threads = 16

        # 글로벌 인공신경망 생성
        self.global_model = ActorCritic(self.action_size, self.state_size)
        # 글로벌 인공신경망의 가중치 초기화
        self.global_model.build(tf.TensorShape((None, *self.state_size)))

        # 인공신경망을 업데이트하는 옵티마이저 함수 생성
        self.optimizer = AdamOptimizer(self.lr, use_locking=True)

        # 텐서보드 설정
        self.writer = tf.summary.create_file_writer('summary/breakout_a3c')
        # 학습된 글로벌신경망 모델을 저장할 경로 설정
        self.model_path = os.path.join(os.getcwd(), 'save_model', 'model')
```

```
    # 스레드를 만들어 학습을 하는 함수
    def train(self):
        # 스레드 수만큼 Runner 클래스 생성
        runners = [Runner(self.action_size, self.state_size,
                          self.global_model, self.optimizer,
                          self.discount_factor, self.env_name,
                          self.writer) for i in range(self.threads)]

        # 각 스레드 시작
        for i, runner in enumerate(runners):
            print("Start worker #{:d}".format(i))
            runner.start()

        # 10분(600초)에 한 번씩 모델을 저장
        while True:
            self.global_model.save_weights(self.model_path, save_format="tf")
            time.sleep(60 * 10)


# 액터러너 클래스 (스레드)
class Runner(threading.Thread):
    global_episode = 0

    def __init__(self, action_size, state_size, global_model,
                 optimizer, discount_factor, env_name, writer):
        threading.Thread.__init__(self)

        # A3CAgent 클래스에서 넘겨준 하이퍼파라미터 설정
        self.action_size = action_size
        self.state_size = state_size
        self.global_model = global_model
        self.optimizer = optimizer
        self.discount_factor = discount_factor

        self.states, self.actions, self.rewards = [], [], []

        # 환경, 로컬신경망, 텐서보드 생성
        self.local_model = ActorCritic(action_size, state_size)
        self.env = gym.make(env_name)
```

```
        self.writer = writer

        # 학습 정보를 기록할 변수
        self.avg_p_max = 0
        self.avg_loss = 0
        # k-타임스텝 값 설정
        self.t_max = 20
        self.t = 0
        # 불필요한 행동을 줄여주기 위한 dictionary
        self.action_dict = {0:1, 1:2, 2:3, 3:3}

    # 텐서보드에 학습 정보를 기록
    def draw_tensorboard(self, score, step, e):
        avg_p_max = self.avg_p_max / float(step)
        with self.writer.as_default():
            tf.summary.scalar('Total Reward/Episode', score, step=e)
            tf.summary.scalar('Average Max Prob/Episode', avg_p_max, step=e)
            tf.summary.scalar('Duration/Episode', step, step=e)

    # 정책신경망의 출력을 받아 확률적으로 행동을 선택
    def get_action(self, history):
        history = np.float32(history / 255.)
        policy = self.local_model(history)[0][0]
        policy = tf.nn.softmax(policy)
        action_index = np.random.choice(self.action_size, 1, p=policy.numpy())[0]
        return action_index, policy

    # 샘플을 저장
    def append_sample(self, history, action, reward):
        self.states.append(history)
        act = np.zeros(self.action_size)
        act[action] = 1
        self.actions.append(act)
        self.rewards.append(reward)

    # k-타임스텝의 prediction 계산
    def discounted_prediction(self, rewards, done):
        discounted_prediction = np.zeros_like(rewards)
        running_add = 0
```

```
        if not done:
            # 가치함수
            last_state = np.float32(self.states[-1] / 255.)
            running_add = self.local_model(last_state)[-1][0].numpy()

        for t in reversed(range(0, len(rewards))):
            running_add = running_add * self.discount_factor + rewards[t]
            discounted_prediction[t] = running_add
        return discounted_prediction

    # 저장된 샘플들로 A3C의 오류함수를 계산
    def compute_loss(self, done):

        discounted_prediction = self.discounted_prediction(self.rewards, done)
        discounted_prediction = tf.convert_to_tensor(discounted_prediction[:, None],
                                                     dtype=tf.float32)

        states = np.zeros((len(self.states), 84, 84, 4))

        for i in range(len(self.states)):
            states[i] = self.states[i]
        states = np.float32(states / 255.)

        policy, values = self.local_model(states)

        # 가치 신경망 업데이트
        advantages = discounted_prediction - values
        critic_loss = 0.5 * tf.reduce_sum(tf.square(advantages))

        # 정책 신경망 업데이트
        action = tf.convert_to_tensor(self.actions, dtype=tf.float32)
        policy_prob = tf.nn.softmax(policy)
        action_prob = tf.reduce_sum(action * policy_prob, axis=1, keepdims=True)
        cross_entropy = - tf.math.log(action_prob + 1e-10)
        actor_loss = tf.reduce_sum(cross_entropy * tf.stop_gradient(advantages))

        entropy = tf.reduce_sum(policy_prob*tf.math.log(policy_prob+1e-10), axis=1)
        entropy = tf.reduce_sum(entropy)
        actor_loss += 0.01 * entropy
```

```
        total_loss = 0.5 * critic_loss + actor_loss

        return total_loss

    # 로컬신경망을 통해 그레이디언트를 계산하고, 글로벌 신경망을 계산된 그레이디언트로
업데이트
    def train_model(self, done):

        global_params = self.global_model.trainable_variables
        local_params = self.local_model.trainable_variables

        with tf.GradientTape() as tape:
            total_loss = self.compute_loss(done)

        # 로컬신경망의 그레이디언트 계산
        grads = tape.gradient(total_loss, local_params)
        # 안정적인 학습을 위한 그레이디언트 클리핑
        grads, _ = tf.clip_by_global_norm(grads, 40.0)
        # 로컬신경망의 오류함수를 줄이는 방향으로 글로벌신경망을 업데이트
        self.optimizer.apply_gradients(zip(grads, global_params))
        # 로컬신경망의 가중치를 글로벌신경망의 가중치로 업데이트
        self.local_model.set_weights(self.global_model.get_weights())
        # 업데이트 후 저장된 샘플 초기화
        self.states, self.actions, self.rewards = [], [], []

    def run(self):
        # 액터러너끼리 공유해야 하는 글로벌 변수
        global episode, score_avg, score_max

        step = 0
        while episode < num_episode:
            done = False
            dead = False

            score, start_life = 0, 5
            observe = self.env.reset()

            # 랜덤으로 뽑힌 값만큼의 프레임 동안 움직이지 않음
            for _ in range(random.randint(1, 30)):
                observe, _, _, _ = self.env.step(1)
```

```
# 프레임을 전처리한 후 4개의 상태를 쌓아서 입력값으로 사용
state = pre_processing(observe)
history = np.stack([state, state, state, state], axis=2)
history = np.reshape([history], (1, 84, 84, 4))

while not done:
    step += 1
    self.t += 1

    # 정책 확률에 따라 행동을 선택
    action, policy = self.get_action(history)
    # 1: 정지, 2: 왼쪽, 3: 오른쪽
    real_action = self.action_dict[action]
    # 죽었을 때 시작하기 위해 발사 행동을 함
    if dead:
        action, real_action, dead = 0, 1, False

    # 선택한 행동으로 환경에서 한 타임스텝 진행
    observe, reward, done, info = self.env.step(real_action)

    # 각 타임스텝마다 상태 전처리
    next_state = pre_processing(observe)
    next_state = np.reshape([next_state], (1, 84, 84, 1))
    next_history = np.append(next_state, history[:, :, :, :3], axis=3)

    # 정책확률의 최댓값
    self.avg_p_max += np.amax(policy.numpy())

    if start_life > info['ale.lives']:
        dead = True
        start_life = info['ale.lives']

    score += reward
    reward = np.clip(reward, -1., 1.)

    # 샘플을 저장
    self.append_sample(history, action, reward)

    if dead:
```

```
                history = np.stack((next_state, next_state,
                                    next_state, next_state), axis=2)
                history = np.reshape([history], (1, 84, 84, 4))
            else:
                history = next_history

            # 에피소드가 끝나거나 최대 타임스텝 수에 도달하면 학습을 진행
            if self.t >= self.t_max or done:
                self.train_model(done)
                self.t = 0

            if done:
                # 에피소드당 학습 정보를 기록
                episode += 1
                score_max = score if score > score_max else score_max
                score_avg = 0.9*score_avg + 0.1*score if score_avg!=0 else score

                log = "episode: {:5d}| score : {:4.1f}| ".format(episode, score)
                log += "score max : {:4.1f} | ".format(score_max)
                log += "score avg : {:.3f}".format(score_avg)
                print(log)

                self.draw_tensorboard(score, step, episode)

                self.avg_p_max = 0
                step = 0


# 학습속도를 높이기 위해 흑백화면으로 전처리
def pre_processing(observe):
    processed_observe = np.uint8(
        resize(rgb2gray(observe), (84, 84), mode='constant') * 255)
    return processed_observe


if __name__ == "__main__":
    global_agent = A3CAgent(action_size=3, env_name="BreakoutDeterministic-v4")
    global_agent.train()
```

A3C의 핵심 개념은 액터러너입니다. 이를 구현하기 위해 A3C 에이전트는 글로벌신경망에 관한 클래스 하나와 액터러너에 관한 클래스 하나를 가집니다. 그림 7.26을 머릿속에 넣고 코드를 이해하는 것이 좋습니다.

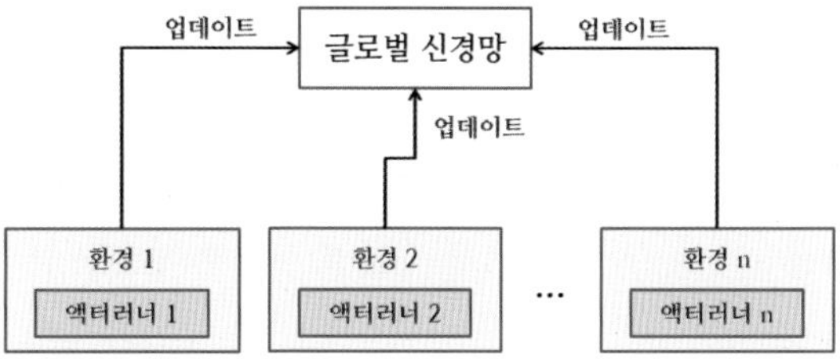

그림 7.26 A3C는 글로벌신경망과 액터러너에 관해 각각 클래스를 가진다

A3C 에이전트가 어떻게 비동기로 글로벌신경망을 업데이트하는지, 멀티스레딩은 어떻게 이뤄져 있는지 다음 코드를 살펴보면 알 수 있습니다.

```
# 멀티스레딩을 위한 글로벌 변수
global episode, score_avg, score_max
episode, score_avg, score_max = 0, 0, 0
num_episode = 8000000

# ActorCritic 인공신경망
class ActorCritic(tf.keras.Model):
    def __init__(self, action_size, state_size):
        super(ActorCritic, self).__init__()
        pass

    def call(self, x):
        pass

# 브레이크아웃에서의 A3CAgent 클래스 (글로벌신경망)
class A3CAgent():
    def __init__(self, action_size):
        # 스레드의 개수
        self.threads = 16
```

```
        # 글로벌 인공신경망 생성
        self.global_model = ActorCritic(self.action_size, self.state_size)
        pass

    # 스레드를 만들어 학습을 하는 함수
    def train(self):
        # 스레드 수만큼 Runner 클래스 생성
        runners = [Runner() for i in range(self.threads)]

        # 각 스레드 시작
        for i, runner in enumerate(runners):
            print("Start worker #{:d}".format(i))
            runner.start()

class Runner(threading.Thread):
    global_episode = 0

    def __init__(self, action_size, state_size, global_model,
                 optimizer, discount_factor, env_name, writer):
        threading.Thread.__init__(self)

        self.local_model = ActorCritic(action_size, state_size)
        self.env = gym.make(env_name)
        pass

    def train_model(self, done):
        pass

    def run(self):
        global episode, score_avg, score_max
        step = 0

        while episode < num_episode:
            step += 1
            self.t += 1

            # 에피소드가 끝나거나 최대 타임스텝 수에 도달하면 학습을 진행
            if self.t >= self.t_max or done:
                self.train_model(done)
```

```
            self.t = 0

if __name__ == "__main__":
    global_agent = A3CAgent(action_size=3)
    global_agent.train()
```

위 코드를 보면 메인 루프에서 (1) A3CAgent 클래스를 생성하고 (2) A3CAgent 클래스 내의 train 함수를 실행합니다. (3) 그러면 train 함수는 정해진 thread의 수만큼 액터러너 클래스 Runner를 생성합니다. A3C 알고리즘은 앞에서 살펴본 바와 같이 글로벌신경망과 로컬신경망을 가지고 있으며 로컬 신경망에서 학습한 그레이디언트를 통해 글로벌 신경망을 업데이트하는 방식으로 훈련합니다. 따라서 글로벌 신경망은 A3CAgent 클래스에 선언하며 로컬신경망은 액터-러너에 해당하는 Runner 클래스에 선언합니다. 글로벌신경망과 로컬신경망은 동일한 모델 구조를 가지고 있으며 이 모델은 ActorCritic 클래스에 정의되어있습니다. 이 모델은 액터-크리틱 예제와 비슷하게 정책신경망과 가치신경망이 모델을 공유하는 형태를 가집니다. 모델 코드는 다음과 같습니다.

```
# ActorCritic 인공신경망
class ActorCritic(tf.keras.Model):
    def __init__(self, action_size, state_size):
        super(ActorCritic, self).__init__()

        self.conv1 = Conv2D(32, (8, 8), strides=(4, 4), activation='relu',
                            input_shape=state_size)
        self.conv2 = Conv2D(64, (4, 4), strides=(2, 2), activation='relu')
        self.conv3 = Conv2D(64, (3, 3), strides=(1, 1), activation='relu')
        self.flatten = Flatten()
        self.shared_fc = Dense(512, activation='relu')

        self.policy = Dense(action_size, activation='linear')
        self.value = Dense(1, activation='linear')
```

```
    def call(self, x):
        x = self.conv1(x)
        x = self.conv2(x)
        x = self.flatten(x)
        x = self.shared_fc(x)

        policy = self.policy(x)
        value = self.value(x)
        return policy, value
```

A3CAgent 내의 train 함수는 다음과 같습니다. 멀티스레딩 설명에서 말했듯이 runner.start()는 각 Runner 클래스 안의 run() 함수를 실행시킵니다.

```
# 스레드를 만들어 학습을 하는 함수
def train(self):
    # 스레드 수만큼 Runner 클래스 생성
    runners = [Runner(self.action_size, self.state_size,
                      self.global_model, self.optimizer,
                      self.discount_factor, self.env_name,
                      self.writer) for i in range(self.threads)]

    # 각 스레드 시작
    for i, runner in enumerate(runners):
        print("Start worker #{:d}".format(i))
        runner.start()

    # 10분(600초)에 한 번씩 모델을 저장
    while True:
        self.global_model.save_weights(self.model_path, save_format="tf")
        time.sleep(60 * 10)
```

Runner 클래스 안에 정의된 run() 함수는 다음과 같습니다. 이전 코드에서 살펴본 메인 루프, 즉 환경과 상호작용하는 부분이 모두 run() 함수 안에 들어있습니다. 각 액터러너는 하나의 카트폴 예제로 살펴본 액터-크리틱 알고리즘과 같이 환경과 상호작용하며 학습합니다. 다른 점은 그레이디언트 계산만 로컬신경망을 사용하고 업데이트 시에는 글로벌신경망을 업데이트한다는 것입니다.

```
def run(self):
    # 액터러너끼리 공유해야 하는 글로벌 변수
    global episode, score_avg, score_max

    step = 0
    while episode < num_episode:
        done = False
        dead = False

        score, start_life = 0, 5
        observe = self.env.reset()

        # 랜덤으로 뽑힌 값만큼의 프레임 동안 움직이지 않음
        for _ in range(random.randint(1, 30)):
            observe, _, _, _ = self.env.step(1)

        # 프레임을 전처리한 후 4개의 상태를 쌓아서 입력값으로 사용
        state = pre_processing(observe)
        history = np.stack([state, state, state, state], axis=2)
        history = np.reshape([history], (1, 84, 84, 4))

        while not done:
            step += 1
            self.t += 1

            # 정책 확률에 따라 행동을 선택
            action, policy = self.get_action(history)
            # 1: 정지, 2: 왼쪽, 3: 오른쪽
            real_action = self.action_dict[action]
            # 죽었을 때 시작하기 위해 발사 행동을 함
            if dead:
                action, real_action, dead = 0, 1, False

            # 선택한 행동으로 환경에서 한 타임스텝 진행
            observe, reward, done, info = self.env.step(real_action)
```

```
# 각 타임스텝마다 상태 전처리
next_state = pre_processing(observe)
next_state = np.reshape([next_state], (1, 84, 84, 1))
next_history = np.append(next_state, history[:, :, :, :3], axis=3)

# 정책확률의 최댓값
self.avg_p_max += np.amax(policy.numpy())

if start_life > info['ale.lives']:
    dead = True
    start_life = info['ale.lives']

score += reward
reward = np.clip(reward, -1., 1.)

# 샘플을 저장
self.append_sample(history, action, reward)

if dead:
    history = np.stack((next_state, next_state,
                        next_state, next_state), axis=2)
    history = np.reshape([history], (1, 84, 84, 4))
else:
    history = next_history

# 에피소드가 끝나거나 최대 타임스텝 수에 도달하면 학습을 진행
if self.t >= self.t_max or done:
    self.train_model(done)
    self.t = 0

if done:
    # 각 에피소드당 학습 정보를 기록
    episode += 1
    score_max = score if score > score_max else score_max
    score_avg = 0.9*score_avg + 0.1*score if score_avg != 0 else score

    log = "episode: {:5d} | score : {:4.1f} | ".format(episode, score)
    log += "score max : {:4.1f} | ".format(score_max)
    log += "score avg : {:.3f}".format(score_avg)
    print(log)
```

```
                self.draw_tensorboard(score, step, episode)

                self.avg_p_max = 0
                step = 0
```

액터러너의 run 함수의 순서는 다음과 같습니다.

1. 액터러너의 로컬신경망에 따라 행동을 선택
2. 환경으로부터 다음 상태와 보상을 받음
3. 샘플을 저장
4. 에이전트가 목숨을 잃거나 t_max 타임스텝 동안 반복
5. 저장된 샘플로부터 오류함수와 그레이디언트를 로컬신경망을 기준으로 계산
6. 계산된 그레이디언트로 글로벌신경망을 업데이트
7. 로컬신경망의 가중치를 업데이트된 글로벌신경망의 가중치로 대체

run 함수 안에서 자세히 살펴볼 부분은 모델을 훈련하는 train_model 함수와 오류 함수를 계산하는 compute_loss 함수입니다. 먼저 train_model 함수부터 살펴보겠습니다.

```
# 로컬신경망을 통해 그레이디언트를 계산하고, 글로벌 신경망을 계산된 그레이디언트로 업데이트
def train_model(self, done):

    global_params = self.global_model.trainable_variables
    local_params = self.local_model.trainable_variables

    with tf.GradientTape() as tape:
        total_loss = self.compute_loss(done)

    # 로컬신경망의 그레이디언트 계산
    grads = tape.gradient(total_loss, local_params)
    # 안정적인 학습을 위한 그레이디언트 클리핑
    grads, _ = tf.clip_by_global_norm(grads, 40.0)
```

```
# 로컬신경망의 오류함수를 줄이는 방향으로 글로벌신경망을 업데이트
self.optimizer.apply_gradients(zip(grads, global_params))
# 로컬신경망의 가중치를 글로벌신경망의 가중치로 업데이트
self.local_model.set_weights(self.global_model.get_weights())
# 업데이트 후 저장된 샘플 초기화
self.states, self.actions, self.rewards = [], [], []
```

앞에서 반복해서 설명했던 것과 같이 오류함수와 그레이디언트는 로컬신경망을 기준으로 저장해놓은 샘플들을 사용해 계산해야 합니다. 위 코드에서도 오류함수를 compute_loss 함수를 통해 먼저 계산한 후 그레이디언트를 로컬신경망의 가중치를 기준으로 계산하는 코드를 확인할 수 있습니다. 또한, tf.clip_by_global_norm 함수를 통해 DQN 예제와 마찬가지로 그레이디언트의 크기에 제약을 줘서 좀더 안정적으로 모델을 훈련시킬 수 있게 도와줍니다.

```
# 인공신경망 업데이트하는 옵티마이저 함수 생성
self.optimizer = AdamOptimizer(self.lr, use_locking=True)
```

DQN 예제에서는 옵티마이저에 clipnorm 인자를 함께 넘겨주고 그레이디언트 클리핑을 구현했지만, A3C에서는 use_locking 인자를 사용하기 위해 이전 버전의 옵티마이저를 import해서 사용하기 때문에 clipnorm 인자를 사용할 수 없어서 tf.clip_by_global_norm을 대신 사용해 구현하는 것입니다. use_locking 인자는 여러 액터러너가 동시에 글로벌신경망을 업데이트할 때 생길 수 있는 문제를 방지해줍니다.

```
# 로컬신경망의 오류함수를 줄이는 방향으로 글로벌신경망을 업데이트
self.optimizer.apply_gradients(zip(grads, global_params))
# 로컬신경망의 가중치를 글로벌신경망의 가중치로 업데이트
self.local_model.set_weights(self.global_model.get_weights())
```

또한 위의 코드에서 보는 것처럼 계산해놓은 그레이디언트를 사용해 글로벌 신경망을 업데이트한 후에는 글로벌신경망의 가중치를 복사해서 로컬신경망에 적용해줍니다.

이제 오류함수를 계산하는 compute_loss 함수를 살펴보겠습니다.

```
# 저장된 샘플들로 A3C의 오류함수를 계산
def compute_loss(self, done):

    discounted_prediction = self.discounted_prediction(self.rewards, done)
    discounted_prediction = tf.convert_to_tensor(discounted_prediction[:, None],
                                                 dtype=tf.float32)

    states = np.zeros((len(self.states), 84, 84, 4))

    for i in range(len(self.states)):
        states[i] = self.states[i]
    states = np.float32(states / 255.)

    policy, values = self.local_model(states)

    # 가치신경망 업데이트
    advantages = discounted_prediction - values
    critic_loss = 0.5 * tf.reduce_sum(tf.square(advantages))

    # 정책신경망 업데이트
    action = tf.convert_to_tensor(self.actions, dtype=tf.float32)
    policy_prob = tf.nn.softmax(policy)
    action_prob = tf.reduce_sum(action * policy_prob, axis=1, keepdims=True)
    cross_entropy = - tf.math.log(action_prob + 1e-10)
    actor_loss = tf.reduce_sum(cross_entropy * tf.stop_gradient(advantages))

    entropy = tf.reduce_sum(policy_prob * tf.math.log(policy_prob + 1e-10), axis=1)
    entropy = tf.reduce_sum(entropy)
    actor_loss += 0.01 * entropy

    total_loss = 0.5 * critic_loss + actor_loss

    return total_loss
```

A3C에서 사용하는 오류함수는 다음과 같이 두 가지로 구성돼 있습니다.

1. 가치신경망을 업데이트하기 위해 사용되는 critic_loss
2. 정책신경망을 업데이트하기 위해 사용되는 actor_loss

가치신경망을 업데이트하기 위해 사용되는 오류함수는 다음과 같습니다.

$$\delta_v = R_{t+1} + \gamma R_{t+2} + \cdots + \gamma^k V_v(S_{t+k}) - V_v(S_t)$$

수식 7.1 k-타임스텝 어드밴티지 함수

$$\text{오류함수} = (\delta_v)^2$$

수식 7.2 가치신경망의 오류함수

위의 식에서 δ_v는 어드밴티지 함수를 의미합니다. 카트폴 액터-크리틱 예제에서 살펴본 가치신경망을 업데이트하는 오류함수와 거의 비슷하지만, 액터-크리틱 예제에서처럼 한 번의 타임스텝을 진행한 후에 계산하는 것이 아니라 k번의 타임스텝을 진행한 후에 계산한다는 점에서 다릅니다. 액터-크리틱에서 사용했던 어드밴티지 함수와 비교해보면 바로 알 수 있습니다.

$$\delta_v = R_{t+1} + \gamma V_v(S_{t+1}) - V_v(S_t)$$

수식 7.3 액터-크리틱에서의 어드밴티지 함수

$R_{t+1} + \gamma R_{t+2} + \cdots + \gamma^k V_v(S_{t+k})$에 해당하는 값을 구하기 위한 함수가 discounted_prediction 함수입니다. 저장해놓은 보상을 for 문을 통해 역순으로 순회하며 계산하는 것을 확인할 수 있습니다.

```
# k-타임스텝의 prediction 계산
def discounted_prediction(self, rewards, done):
    discounted_prediction = np.zeros_like(rewards)
    running_add = 0

    if not done:
        # 가치함수
        last_state = np.float32(self.states[-1] / 255.)
        running_add = self.local_model(last_state)[-1][0].numpy()

    for t in reversed(range(0, len(rewards))):
        running_add = running_add * self.discount_factor + rewards[t]
        discounted_prediction[t] = running_add
    return discounted_prediction
```

discounted_prediction 함수를 통해 계산한 결과를 사용해 가치신경망의 오류함수를 최종적으로 다음과 같이 계산합니다.

```
# 가치신경망 업데이트를 위한 오류함수
advantages = discounted_prediction - values
critic_loss = 0.5 * tf.reduce_sum(tf.square(advantages))
```

주의할 점은 위에서의 values와 discounted_prediction은 하나의 상태에 대해서 계산된 것이 아니라 저장해놓은 모든 상태에 대해 계산된 것이라는 점입니다. 예를 들어 k-타임스텝에서 k가 20이라고 한다면 저장해놓은 상태들은 다음과 같을 것입니다.

$$[S_t, S_{t+1}, S_{t+2}, \cdots, S_{t+18}, S_{t+19}]$$

```
states = np.zeros((len(self.states), 84, 84, 4))

for i in range(len(self.states)):
    states[i] = self.states[i]
```

```
states = np.float32(states / 255.)

policy, values = self.local_model(states)
```

위와 같이 states를 배치로 묶은 후 로컬신경망을 통해 정책과 가치함수의 값을 구하는 것이기 때문에 values 변수에 담긴 값은 다음과 같습니다.

$$[V_v(S_t), V_v(S_{t+1}), V_v(S_{t+2}), \cdots, V_v(S_{t+18}), V_v(S_{t+19})]$$

따라서 critic_loss의 값은 저장돼 있는 모든 상태에 대해 위에서 설명한 오류함수를 구하고 더한 값입니다. 이해를 돕기 위해서 k가 20일 때를 예로 수식으로 풀어 써보면 다음과 같습니다.

여기서 k의 값은 코드에서는 self.t_max로 정의돼 있습니다.

$$\begin{aligned}
\text{최종 오류함수} = & R_{t+1} + \gamma R_{t+2} + \cdots + \gamma^{19}(S_{t+19}) - V_v(S_t) \\
& + R_{t+2} + \gamma R_{t+3} + \cdots + \gamma^{18}(S_{t+18}) - V_v(S_{t+1}) \\
& + R_{t+3} + \gamma R_{t+4} + \cdots + \gamma^{17}(S_{t+17}) - V_v(S_{t+2}) \\
& + \cdots + \\
& + R_{t+19} + \gamma R_{t+20} - V_v(S_{t+18}) \\
& + R_{t+20} - V_v(S_{t+19})
\end{aligned}$$

수식 7.4 최종 가치신경망의 오류함수 (k=20인 경우)

이제 정책신경망의 오류함수를 살펴볼 차례입니다. 정책신경망의 오류함수는 두 가지로 구성돼 있습니다. 첫 번째는 자신이 했던 행동에 대해 받은 보상을 기반으로 정책신경망을 업데이트하는 오류함수입니다. 이 오류함수는 가치신경망의 오류함수와 마찬가지로 액터 크리틱 예제에서 살펴본 오류함수와 기본적으로 같지만, 한 스텝에 대해서만 계산했던 어드밴티지 함수를 k-타임스텝 어드밴티지 함수로 바꿔 계산하고 아울러 저장한 모든 상태에 대해 계산해야 합니다. 코드는 다음과 같습니다.

```
# 정책신경망 업데이트를 위한 오류함수
action = tf.convert_to_tensor(self.actions, dtype=tf.float32)
policy_prob = tf.nn.softmax(policy)
action_prob = tf.reduce_sum(action * policy_prob, axis=1, keepdims=True)
cross_entropy = - tf.math.log(action_prob + 1e-10)
actor_loss = tf.reduce_sum(cross_entropy * tf.stop_gradient(advantages))
```

여기서 변수 advantages는 위의 가치신경망의 오류함수를 계산할 때 사용한 advantages와 같은 변수입니다. 여기서 계산하는 오류함수는 정책신경망을 업데이트하는 것이기 때문에 가치신경망까지 그레이디언트가 흐르지 않게 tf.stop_gradient 함수를 사용해야 합니다.

두 번째는 정책에 대한 엔트로피가 오류함수에 추가됩니다. 엔트로피의 정의는 수식 7.5와 같습니다.

$$\text{엔트로피} = -\sum_i p_i \log p_i$$

수식 7.5 엔트로피의 정의

엔트로피는 확률변수가 균등한 분포를 가질수록 높은 값을 나타내는 성질을 가지고 있습니다. 정확히는 이산 확률 변수인 경우에는 모든 경우에 대해서 같은 확률값을 가지는 균등 분포 Uniform distribution 일 때 최댓값을 갖습니다. 엔트로피의 이러한 성질을 이용하면 DQN처럼 탐험을 위해 탐욕 정책을 사용하지 않아도 모델이 탐험을 하게 유도하는 오류함수를 고안해낼 수 있습니다. 엔트로피의 부호를 반대로 하는 오류함수를 추가하고 이를 최소화한다면 정책 또한 균등한 분포를 가지려고 할 것입니다. A3C 알고리즘에서는 행동을 선택할 때 확률값에 따라서 행동을 선택하기 때문에 정책이 균등한 분포를 가지려 할수록 에이전트는 더 탐험을 하게 됩니다.

정책의 엔트로피를 구하는 코드는 다음과 같습니다.

```
entropy = tf.reduce_sum(policy_prob * tf.math.log(policy_prob + 1e-10), axis=1)
entropy = tf.reduce_sum(entropy)
```

하지만 정책신경망이 무조건 엔트로피를 최대화하는 방향으로 학습된다면 에이전트는 좋은 성능을 갖기 힘들게 됩니다. 따라서 정책 신경망을 업데이트하는 최종 오류함수에서는 정책 엔트로피에 해당하는 오류함수 앞에 0.01이라는 계수를 곱해서 성능을 높이기 위해 사용되는 크로스 엔트로피 오류함수에 비해 중요도를 낮게 설정해줍니다. 정책신경망의 최종 오류함수에 대한 코드는 다음과 같습니다.

```
actor_loss += 0.01 * entropy
total_loss = 0.5 * critic_loss + actor_loss
```

A3C 알고리즘은 스레딩을 이용해 위와 같은 방식으로 글로벌신경망을 비동기적으로 업데이트하는 다수의 액터러너를 사용합니다. 예제 코드에서는 16개의 액터러너가 이 작업을 비동기로 진행합니다. DQN 알고리즘에서는 샘플들 사이의 상관관계를 깨기 위해서 리플레이 메모리를 사용했지만, A3C는 각자 다른 환경에서 모은 샘플들로 계산한 그레이디언트로 글로벌 신경망을 비동기로 업데이트하기 때문에 샘플들 사이의 상관관계를 어느 정도 깰 수 있습니다.

브레이크아웃 A3C 실행 결과

A3C의 결과를 보겠습니다. A3C의 결과는 DQN과 같이 summary/breakout_a3c 파일에 저장됩니다. DQN에서와 같이 텐서보드를 이용해 브라우저에서 결과 그래프

를 볼 수 있습니다. 이 결과는 그래픽카드 GTX1060, CPU i5-4690에서 26시간 학습시킨 결과입니다. 그림 7.27은 15000 에피소드 정도 학습이 진행된 상태입니다.

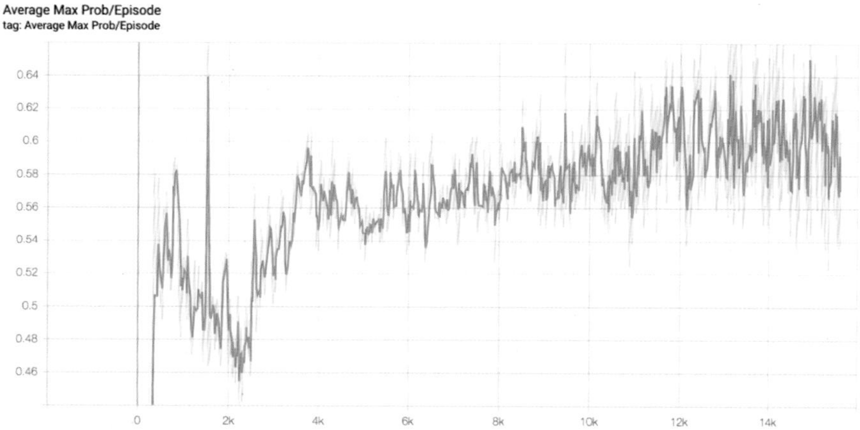

그림 7.27 브레이크아웃 A3C의 평균 최대 확률 그래프

DQN에서 오류함수의 값은 단조롭게 감소하지 않았습니다. 그래서 학습을 판단하는 방법으로 에피소드마다 큐함수의 최댓값을 평균 내는 방법을 이용했습니다. A3C에서도 학습의 판단은 오류함수를 이용하지 않습니다. A3C에서는 에이전트가 지나온 상태에 대해 정책으로 나오는 확률의 최댓값들을 평균 취한 값을 이용하려 합니다. 확률의 최댓값이 판단 기준으로 좋은 이유는 확률의 최댓값이 1에 가까워질수록 정책이 수렴됐다는 것을 직관적으로 알 수 있기 때문입니다.

만약 확률의 최댓값이 1에 가까운데 낮은 점수가 나온다면 잘못 학습됐다는 것을 알 수 있습니다. 만약 이 값이 오르지 않는다면 학습이 아예 이뤄지지 않는다고 판단할 수 있습니다.

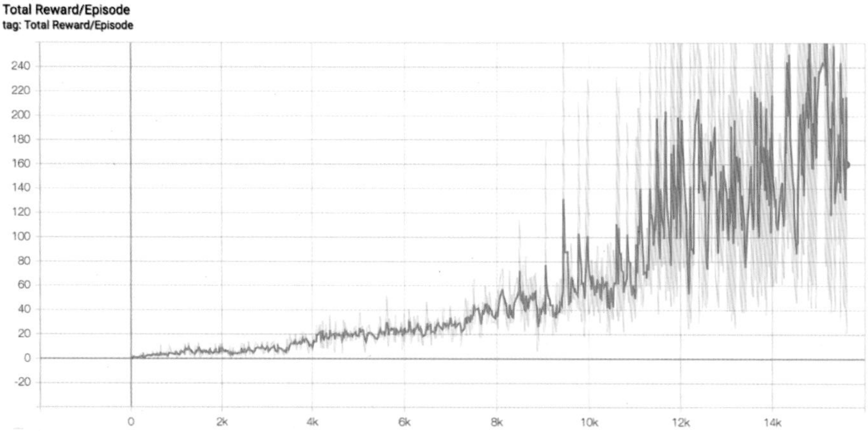

그림 7.28 브레이크아웃 A3C의 에피소드당 점수 그래프

그림 7.28은 A3C 에이전트가 에피소드마다 받은 점수를 보여줍니다. 약 15000에피소드를 학습하면 평균이 250점을 훌쩍 넘기도 합니다. 최대 점수는 420점이었습니다. 점수로는 DQN과 별 차이가 없더라도 A3C의 장점은 바로 빠른 학습 속도입니다. 비슷한 정도의 점수를 얻기 위해서는 DQN에서는 40시간 정도 학습을 해야 하지만 A3C에서는 26시간 정도만 학습하면 됩니다.

최근에는 이 A3C를 GPU에 최적화해서 더 빠른 시간 안에 학습을 하기도 합니다. 이를 통해 A3C가 기존의 DQN에서 사용했던 경험 리플레이를 대체할 방법이라는 것이 증명되는 것입니다.

정리

브레이크아웃 DQN

딥마인드의 DQN 알고리즘에서 아타리 브레이크아웃의 게임화면을 통해 에이전트를 학습시켰습니다. 에이전트가 게임화면과 같은 이미지로 학습하기 위해서는 컨볼루션 신경망을 사용해야 합니다. 컨볼루션 신경망이란 인간 뇌의 시신경 구조를 모사한 것으로 수용영역과 추상화의 개념을 구현한 것입니다.

이전의 다른 머신러닝 기법에서는 특징 추출을 사람이 했지만 컨볼루션 신경망을 사용하면 컨볼루션 신경망 자체가 특징을 자동으로 추출하므로 더 다양한 특징을 이미지로부터 추출할 수 있습니다. 따라서 DQN 에이전트는 컨볼루션 신경망을 통해 게임화면으로부터 다양한 특징을 추출해서 학습했습니다.

브레이크아웃 A3C

DQN 알고리즘의 한계는 리플레이 메모리라는 거대한 메모리를 통해 학습하기 때문에 비효율적이며 학습이 오래 걸린다는 것입니다. 샘플 간의 상관관계를 깨기 위해 경험 리플레이를 사용하는 것이 아니라 비동기적으로 글로벌신경망을 업데이트하면 샘플들 사이의 상관관계 문제를 없앨 수 있습니다.

액터-크리틱이 온폴리시 강화학습이라서 발생했던 문제는 이처럼 액터러너가 각각 따로 환경에서 행동하며 비동기적으로 글로벌신경망을 업데이트하는 것으로 해결할 수 있습니다. 여러 개의 액터러너를 사용하기 위해서 파이썬의 멀티스레딩을 사용합니다. 액터러너마다 하나의 스레드를 사용하며 각 액터러너는 환경에서 일정한 타임스텝 동안 행동하며 샘플을 모으다가 일정 타임스텝이 지나면 글로벌신경망을 업데이트합니다. 에이전트는 결과적으로 DQN보다 더 빠른 시간 안에 브레이크아웃을 학습합니다.

참고문헌

이론

Richard S. Sutton and Andrew G. Barto "Reinforcement Learning: An Introduction"

수식

David Silver, UCL Course on Reinforcement Learning 강의

http://www0.cs.ucl.ac.uk/staff/d.silver/web/Teaching.html

코드

그리드월드 예제의 env.py 코드

https://github.com/MorvanZhou/Reinforcement-learning-with-tensorflow/blob/master/contents/3_Sarsa_maze/maze_env.py

연속적 액터-크리틱의 env.py 코드

https://gist.github.com/iandanforth/e3ffb67cf3623153e968f2afdfb01dc8

3-atari/1-breakout-dqn/train.py

https://github.com/tokb23/dqn

기호

A – O

P – Z

ㄱ – ㅅ

ㅇ – ㅎ